Transformer模型开发从0到1

原理深入与项目实践

李瑞涛 ◎ 编著

跟我一起学 人工智能

清华大学出版社

北京

内 容 简 介

本书以实战项目为主线，以理论基础为核心，引导读者渐进式地学习 Transformer 模型。

本书分为 5 篇共 17 章。Transformer 模型基础篇（第 1～5 章）重点介绍 Transformer 模型框架。把 Transformer 模型"掰开"，从最基础的输入出发，按照模型框架，一点一点地走进 Transformer 模型的内部，直到最终的模型输出；Transformer 模型 NLP 领域篇（第 6 章和第 7 章）重点介绍 Transformer 模型在自然领域中的应用，了解 ChatGPT 的"往世今生"；Transformer 模型计算机视觉篇（第 8～10 章）重点介绍 Transformer 模型在计算机视觉任务中的应用，让 Transformer 模型可以看到真实的世界；Transformer 模型进阶篇（第 11～13 章）重点介绍 Transformer 模型在多模态领域上的应用，以及与其他模型的混合模型；Transformer 模型实战篇（第 14～17 章）从环境搭建到 NLP 领域、计算机视觉领域、音频领域等的代码实战，深入讲解 Transformer 模型的运行机制。

本书的每个章节、每个知识点都有对应的代码解析与精美图片展示，让读者能够更加容易地理解 Transformer 模型的各个核心知识点。

本书既适合初学者入门，也可作为高等院校相关专业和培训机构的教学参考书，精心设计的案例对于工作多年的开发者也有一定的参考价值。

图书在版编目（CIP）数据

Transformer 模型开发从 0 到 1：原理深入与项目实践 / 李瑞涛编著. -- 北京 ：清华大学出版社，2025. 2. --（跟我一起学人工智能）. -- ISBN 978-7-302-68416-9

Ⅰ. TP391

中国国家版本馆 CIP 数据核字第 2025Y6N050 号

责任编辑：赵佳霓
封面设计：吴　刚
责任校对：时翠兰
责任印制：丛怀宇

出版发行：清华大学出版社
　　网　　　址：https://www.tup.com.cn，https://www.wqxuetang.com
　　地　　　址：北京清华大学学研大厦 A 座　　　邮　　编：100084
　　社 总 机：010-83470000　　　　　　　　　　邮　　购：010-62786544
　　投稿与读者服务：010-62776969，c-service@tup.tsinghua.edu.cn
　　质量反馈：010-62772015，zhiliang@tup.tsinghua.edu.cn
　　课件下载：https://www.tup.com.cn，010-83470236
印 装 者：三河市科茂嘉荣印务有限公司
经　　销：全国新华书店
开　　本：186mm×240mm　　　印　　张：19.5　　　　　字　　数：436 千字
版　　次：2025 年 4 月第 1 版　　　　　　　　　　　印　　次：2025 年 4 月第 1 次印刷
印　　数：1～1500
定　　价：79.00 元

产品编号：105244-01

前言
PREFACE

人工智能从广义上来讲,凡是不涉及人类参与的动作或者行为都可以称为"人工智能"。在人工智能初期发展阶段,研究人员试图通过设定复杂的规则与逻辑模拟人类的思维过程,让真正的"人工智能"从科幻小说走进现实生活,但是随着研究的深入,研究人员发现无法通过简单的规则与逻辑来应对现实世界复杂与多变的环境。

20世纪80年代,随着机器学习的兴起,标志着人工智能进入了新的阶段。机器学习强调从数据中学习规律,通过对大量的数据进行训练,机器学习算法可以自动地构建模型,用于预测或决策。机器学习方法显著地提高了人工智能系统的灵活性与适用性,但是机器学习需要人类将大量的数据标注给人工智能模型,让模型去学习所有数据特征,例如如果想让模型识别出一个苹果,就需告诉模型苹果都有哪些特征,符合这些特征的水果便是苹果。机器学习在特征数据搜集上浪费了大量时间。

深度学习的突破引发了人工智能领域又一轮的技术革命。深度学习模仿人类大脑,利用多层的神经网络,能够自动提取数据中的特征,显著地提高了模型的自动识别能力。特别是在图像识别、语音识别和自然语言处理任务上,深度学习取得了显著的成绩,例如让模型同样识别一个苹果,那么就直接告诉模型,这就是一个苹果,其所有的苹果特征由模型的神经网络自动识别提取,大大地提高了模型的表现能力。卷积神经网络与循环神经网络模型作为深度学习的两大代表,分别在图像识别与自然语言处理任务上表现出了强大的能力。

2023年,ChatGPT(智能对话聊天机器人)的流行,让人工智能走进了大众的视野。一直以来人工智能主要是技术专家涉及的领域,但是ChatGPT打破了技术壁垒,让人人可以使用人工智能技术带来的便利。ChatGPT简直是一个"万能通",不仅熟练掌握各国语言,而且掌握了海量的知识,无论什么问题,ChatGPT都能对答如流。

人工智能技术的发展,让人不仅感慨技术的发展是如此之快,让人目不暇接。虽然很多人对人工智能技术持反对意见,但是并没有阻碍人们对技术的热爱,以及人们对人工智能技术的不断追求,而ChatGPT的盛行,让人对背后的技术产生了浓厚的兴趣。剖析ChatGPT背后的技术,便是一个标准的Transformer模型的解码器。

何为Transformer模型?

传统的循环神经网络在处理长序列输入数据时存在一定的局限性。由于循环神经网络模型具有时间特性,所以模型难以捕捉远距离的依赖关系。Transformer模型是谷歌公司开发人员为机器翻译任务打造的一款模型框架,其主要目的是实现机器翻译任务。

Transformer 充分使用了 GPU 硬件资源的优点，开发出了可以并行运算的注意力机制，使模型可以高效地捕捉序列中不同位置之间的关系，而正是注意力机制的优点，让 Transformer 模型在人工智能领域大放光彩。在自然语言处理、计算机视觉、音频视频领域等，研发人员使用 Transformer 模型重新打造了不同领域的 Transformer 模型，让 Transformer 模型几乎占领了整个人工智能领域。

想了解人工智能技术，进军人工智能领域，Transformer 模型必然是一个不可或缺的模型。很多模型借鉴了标准的 Transformer 模型，并在此基础上更新迭代。

那到底 Transformer 模型是什么？由哪些细节成功地打造了人工智能领域的半壁江山？

本书将从 0 到 1，彻底讲透 Transformer 模型，帮助读者深入地理解 Transformer 模型，并学会将模型应用到实际问题中。本书将从 Transformer 的基本原理讲起，逐步介绍在自然语言处理、图像识别、音频等领域的应用。扫描目录上方的二维码可下载本书源码。

人工智能的发展不仅改变了人类的生活方式，也为人类探索智慧提供了新的途径。通过学习本书，希望读者不仅能掌握 Transformer 模型的核心知识，更能从中汲取灵感，投入人工智能的研究与应用中，共同推动人工智能领域不断发展。

本书是作者对 Transformer 模型的个人理解，难免存在疏漏之处，敬请广大读者批评指正。

李瑞涛

2025 年 1 月

于青岛

目 录
CONTENTS

本书源码

Transformer 模型基础篇

第 1 章 Transformer 综述 ··· 3

1.1 Transformer 是什么 ··· 3

   1.1.1 Transformer 模型的工作原理 ································· 3

   1.1.2 Transformer 模型的编码器与解码器简介 ··············· 4

   1.1.3 Transformer 模型编码器层 ································· 4

   1.1.4 Transformer 模型解码器层 ································· 5

   1.1.5 Transformer 模型残差连接与数据归一化 ··············· 6

1.2 Transformer 模型框架 ··· 6

   1.2.1 Transformer 模型的词嵌入 ································· 7

   1.2.2 Transformer 模型的位置编码 ······························ 8

   1.2.3 Transformer 模型的编码器与解码器 ····················· 8

   1.2.4 Transformer 模型的最终输出 ······························ 8

   1.2.5 Transformer 模型的注意力机制 ··························· 9

   1.2.6 Transformer 模型的多头注意力机制 ····················· 10

   1.2.7 Transformer 模型的前馈神经网络 ························ 10

1.3 本章总结 ··· 10

第 2 章 Transformer 模型的输入与输出 ······················· 12

2.1 Transformer 模型的词嵌入 ······································· 13

   2.1.1 Transformer 模型词嵌入的概念 ·························· 13

   2.1.2 Transformer 模型词嵌入的代码实现 ···················· 15

2.2 Transformer 模型的位置编码 ····································· 16

2.2.1 Transformer 模型位置编码的计算过程 ·············· 17

2.2.2 Transformer 模型位置编码的正余弦函数 ·········· 19

2.2.3 Transformer 模型位置编码的代码实现 ·············· 20

2.3 Transformer 模型解码器的输入 ························· 25

2.4 Transformer 模型中的掩码矩阵 ························· 27

2.4.1 Transformer 模型的 Pad Mask ·················· 28

2.4.2 Transformer 模型的 Sequence Mask ··············· 29

2.4.3 Transformer 模型 Sequence Mask & Pad Mask 的代码实现 ······· 30

2.5 Transformer 模型的输出 ····························· 32

2.5.1 Transformer 模型的线性层 ····················· 32

2.5.2 Transformer 模型输出数据的 Softmax 操作 ·········· 33

2.5.3 Transformer 模型输出数据的 Softmax 代码实现 ······· 34

2.6 本章总结 ······································· 35

第 3 章 Transformer 模型的注意力机制 ··················· 36

3.1 Transformer 模型注意力机制的概念 ··················· 36

3.1.1 Transformer 模型的自注意力机制 ················ 37

3.1.2 Transformer 模型注意力机制中两个矩阵乘法的含义 ····· 37

3.1.3 Transformer 模型的 Softmax 操作 ··············· 39

3.1.4 Transformer 模型的注意力矩阵 ················· 39

3.2 Transformer 模型 Q、K、V 三矩阵 ··················· 40

3.2.1 Transformer 模型 Q、K、V 三矩阵的来历 ·········· 41

3.2.2 Transformer 模型 Q、K、V 矩阵注意力机制的运算 ······ 42

3.3 Transformer 模型注意力机制中的缩放点积 ··············· 43

3.3.1 Transformer 模型注意力机制的问题 ·············· 43

3.3.2 Transformer 模型注意力机制的缩放点积 ··········· 44

3.4 Transformer 模型注意力机制的代码实现过程 ············· 46

3.5 Transformer 模型多头注意力机制 ···················· 49

3.5.1 Transformer 模型多头注意力机制的计算公式 ········· 49

3.5.2 Transformer 模型 Q_i、K_i、V_i 的来历 ············· 49

3.5.3 Transformer 模型多头注意力机制的计算 ··········· 51

3.6 Transformer 模型多头注意力机制的代码实现 ············· 52

3.6.1 Transformer 模型多头注意力机制的代码 ··········· 52

3.6.2 Transformer 模型多头注意力矩阵可视化 ··········· 55

3.7 本章总结 ······································· 57

第 4 章　Transformer 模型的残差连接，归一化与前馈神经网络 ············· 59

4.1　Transformer 模型批归一化与层归一化 ························· 59

　　4.1.1　Transformer 模型批归一化 ·························· 60

　　4.1.2　Transformer 模型层归一化 ·························· 60

　　4.1.3　Transformer 模型的层归一化操作 ····················· 61

　　4.1.4　Transformer 模型层归一化的代码实现 ·················· 62

4.2　残差神经网络 ································· 63

　　4.2.1　ResNet 残差神经网络 ··························· 63

　　4.2.2　Transformer 模型的残差连接 ······················ 65

4.3　Transformer 模型前馈神经网络 ························· 65

　　4.3.1　Transformer 模型前馈神经网络的计算公式 ················ 66

　　4.3.2　激活函数 ······························· 67

　　4.3.3　Transformer 模型 ReLU 激活函数 ···················· 68

　　4.3.4　Transformer 模型前馈神经网络的代码实现 ················ 69

4.4　本章总结 ··································· 71

第 5 章　Transformer 模型搭建 ························· 72

5.1　Transformer 模型编码器 ··························· 72

　　5.1.1　Transformer 模型编码器组成 ······················ 72

　　5.1.2　Transformer 模型编码器层的代码实现 ·················· 73

　　5.1.3　搭建 Transformer 模型编码器 ······················ 75

5.2　Transformer 模型解码器 ··························· 77

　　5.2.1　Transformer 模型解码器组成 ······················ 77

　　5.2.2　Transformer 模型解码器层的代码实现 ·················· 77

　　5.2.3　搭建 Transformer 模型解码器 ······················ 79

5.3　搭建 Transformer 模型 ···························· 82

　　5.3.1　Transformer 模型组成 ·························· 82

　　5.3.2　Transformer 模型的代码实现 ······················ 83

5.4　Transformer 模型训练过程 ·························· 85

5.5　Transformer 模型预测过程 ·························· 87

5.6　Transformer 模型 Force Teach ························ 88

5.7　Transformer 模型与 RNN 模型 ························ 89

　　5.7.1　RNN 循环神经网络 ··························· 89

　　5.7.2　Transformer 模型与 RNN 模型对比 ··················· 90

5.8　本章总结 ··································· 91

Transformer 模型 NLP 领域篇

第 6 章　Transformer 编码器模型：BERT 模型 ……………………………………………… 95

　6.1　BERT 模型结构 …………………………………………………………………………… 95

　　6.1.1　BERT 模型简介 …………………………………………………………………… 95

　　6.1.2　BERT 模型构架 …………………………………………………………………… 96

　6.2　BERT 模型的输入部分 ………………………………………………………………… 98

　　6.2.1　BERT 模型的 Token Embedding ……………………………………………… 98

　　6.2.2　BERT 模型的位置编码 …………………………………………………………… 98

　　6.2.3　BERT 模型的序列嵌入 …………………………………………………………… 99

　　6.2.4　BERT 模型的输入 ………………………………………………………………… 99

　6.3　BERT 模型 Transformer 编码器框架 ………………………………………………… 100

　6.4　BERT 模型的输出 ……………………………………………………………………… 101

　　6.4.1　BERT 模型的 MLM 预训练任务 ……………………………………………… 101

　　6.4.2　BERT 模型的 NSP 预训练任务 ……………………………………………… 102

　6.5　BERT 模型的微调任务 ………………………………………………………………… 102

　6.6　BERT 模型的代码实现 ………………………………………………………………… 104

　　6.6.1　BERT 模型的特征嵌入 …………………………………………………………… 104

　　6.6.2　BERT 模型的自注意力机制 ……………………………………………………… 104

　　6.6.3　BERT 模型的多头注意力机制 …………………………………………………… 105

　　6.6.4　BERT 模型的前馈神经网络 ……………………………………………………… 106

　　6.6.5　BERT 模型的编码器层 …………………………………………………………… 106

　　6.6.6　BERT 模型搭建 …………………………………………………………………… 107

　6.7　本章总结 ………………………………………………………………………………… 108

第 7 章　Transformer 解码器模型：GPT 系列模型 ……………………………………… 109

　7.1　GPT 模型结构 …………………………………………………………………………… 109

　　7.1.1　GPT 模型简介 …………………………………………………………………… 109

　　7.1.2　GPT 模型构架 …………………………………………………………………… 110

　7.2　GPT 模型的输入部分 …………………………………………………………………… 111

　　7.2.1　GPT 模型的 Token Embedding ……………………………………………… 111

　　7.2.2　GPT 模型的位置编码 …………………………………………………………… 112

　7.3　GPT 模型的整体框架 …………………………………………………………………… 112

　7.4　GPT 模型的无监督预训练 ……………………………………………………………… 113

　7.5　GPT 模型的微调任务 …………………………………………………………………… 114

　　　7.5.1　GPT 模型微调 ••• 114

　　　7.5.2　GPT 模型监督有标签输入 •• 114

　7.6　GPT-2 模型 •• 115

　　　7.6.1　GPT-2 模型简介 ••• 115

　　　7.6.2　GPT-2 模型的 Zero-shot •• 118

　7.7　GPT-3 模型 •• 119

　　　7.7.1　GPT-3 模型框架 ••• 119

　　　7.7.2　GPT-3 模型下游任务微调 •• 119

　　　7.7.3　GPT-3 模型预训练数据集 •• 120

　7.8　本章总结 ••• 121

Transformer 模型计算机视觉篇

第 8 章　计算机视觉之卷积神经网络 ••••••••••••••••••••••••••••••••••••••• 125

　8.1　卷积神经网络的概念 •• 125

　　　8.1.1　卷积神经网络的填充、步长和通道数 •••••••••••••••••••••••••••• 125

　　　8.1.2　卷积神经网络的卷积核 ••• 126

　　　8.1.3　卷积神经网络卷积层 ••• 127

　　　8.1.4　卷积神经网络池化层 ••• 128

　　　8.1.5　卷积神经网络全连接层 ••• 129

　　　8.1.6　卷积神经网络全局平均池化 ••••••••••••••••••••••••••••••••••••• 130

　　　8.1.7　卷积神经网络的感受野 ••• 131

　　　8.1.8　卷积神经网络的下采样 ••• 131

　　　8.1.9　神经网络中的 DropOut •• 132

　8.2　卷积神经网络 ••• 132

　　　8.2.1　卷积神经网络模型搭建 ••• 132

　　　8.2.2　卷积神经网络 LeNet-5 模型搭建 •••••••••••••••••••••••••••••••• 133

　　　8.2.3　卷积神经网络 LeNet-5 模型的代码实现 •••••••••••••••••••••••••• 134

　8.3　卷积神经网络 LeNet-5 手写数字识别 •••••••••••••••••••••••••••••••••• 135

　　　8.3.1　MNIST 数据集 •• 135

　　　8.3.2　LeNet-5 手写数字模型训练 ••••••••••••••••••••••••••••••••••••• 136

　　　8.3.3　LeNet-5 手写数字模型预测 ••••••••••••••••••••••••••••••••••••• 140

　8.4　本章总结 ••• 143

第 9 章　Transformer 视觉模型：Vision Transformer 模型 ••••••••••••••• 144

　9.1　Vision Transformer 模型 •• 144

9.1.1　Vision Transformer 模型简介 ································· 144

9.1.2　Vision Transformer 模型的数据流 ······················· 145

9.2　Vision Transformer 模型的 Patch Embedding 与位置编码 ············· 147

9.2.1　Vision Transformer 模型的 Patch Embedding ············· 147

9.2.2　Vision Transformer 模型 Patch Embedding 的代码实现 ····· 148

9.2.3　Vision Transformer 模型的位置编码 ······················ 150

9.2.4　Vision Transformer 模型位置编码的代码实现 ············· 151

9.3　Vision Transformer 模型编码器层 ····························· 153

9.3.1　Vision Transformer 与标准 Transformer 编码器层的区别 ··· 153

9.3.2　Vision Transformer 模型多头注意力机制的代码实现 ······· 154

9.3.3　Vision Transformer 模型前馈神经网络的代码实现 ········· 156

9.3.4　搭建 Vision Transformer 模型编码器 ···················· 157

9.4　Vision Transformer 输出层的代码实现 ······················· 160

9.5　搭建 Vision Transformer 模型 ······························ 161

9.6　本章总结 ·· 164

第 10 章　Transformer 视觉模型：Swin Transformer 模型 ················· 165

10.1　Swin Transformer 模型 ································· 165

10.1.1　Swin Transformer 模型简介 ························· 165

10.1.2　Swin Transformer 模型的数据流 ···················· 166

10.1.3　Swin Transformer 窗口注意力机制的框架模型 ········· 167

10.2　Swin Transformer 模型窗口分割 ·························· 168

10.2.1　Swin Transformer 模型的 Patch Embedding ··········· 169

10.2.2　Swin Transformer 模型 Patch Embedding 的代码实现 ··· 169

10.2.3　Swin Transformer 模型窗口分割与窗口复原的代码实现 ··· 172

10.3　Swin Transformer 模型 Patch Merging ····················· 174

10.3.1　Swin Transformer 模型的 Patch Merging 操作 ········· 174

10.3.2　Swin Transformer 模型 Patch Merging 的代码实现 ······ 176

10.4　Swin Transformer 模型的位置编码 ························· 178

10.4.1　Swin Transformer 模型位置编码的来源 ··············· 178

10.4.2　Swin Transformer 模型位置编码的代码实现 ··········· 181

10.5　Swin Transformer 模型移动窗口与掩码矩阵 ················· 183

10.5.1　Swin Transformer 模型的移动窗口 ·················· 183

10.5.2　Swin Transformer 模型的掩码矩阵 ·················· 185

10.5.3　Swin Transformer 模型移动窗口的代码实现 ··········· 187

10.5.4　Swin Transformer 模型掩码矩阵的代码实现 ··········· 188

10.6 Swin Transformer 模型窗口注意力与移动窗口注意力 ·················· 191

    10.6.1 Swin Transformer 模型窗口注意力机制代码 ·············· 191

    10.6.2 Swin Transformer 模型移动窗口注意力机制代码 ·········· 194

10.7 Swin Transformer 模型计算复杂度 ·································· 196

10.8 本章总结 ·· 198

Transformer 模型进阶篇

第 11 章　CNN＋Transformer 视觉模型：DETR 模型 ················· 201

11.1 DETR 模型 ·· 201

    11.1.1 DETR 模型框架 ·· 201

    11.1.2 DETR 模型的 Transformer 框架 ·························· 202

11.2 DETR 模型的代码实现 ·· 203

    11.2.1 DETR 模型搭建 ·· 203

    11.2.2 基于 DETR 预训练模型的对象检测 ······················ 205

11.3 本章总结 ·· 208

第 12 章　Transformer 多模态模型 ·································· 209

12.1 多模态模型简介 ·· 209

12.2 Transformer 多模态模型：VILT 模型 ······························ 210

    12.2.1 VILT 模型简介 ·· 210

    12.2.2 VILT 模型的代码实现 ······································ 211

12.3 Transformer 多模态模型：CLIP 模型 ······························ 213

    12.3.1 CLIP 模型简介 ·· 213

    12.3.2 CLIP 模型的代码实现 ······································ 214

12.4 本章总结 ·· 215

第 13 章　优化 Transformer 模型注意力机制 ························ 217

13.1 稀疏注意力机制 ·· 217

    13.1.1 稀疏注意力机制简介 ·· 217

    13.1.2 稀疏注意力机制的代码实现 ·································· 218

13.2 Flash Attention ·· 220

    13.2.1 标准注意力机制计算过程 ···································· 220

    13.2.2 Flash Attention 注意力机制的计算过程 ·················· 220

    13.2.3 Flash Attention 注意力机制的代码实现 ·················· 222

13.3 MoE 混合专家模型 ·· 223

13.3.1　混合专家模型简介 ································· 223

13.3.2　混合专家模型的代码实现 ····················· 224

13.4　RetNet 模型 ··· 227

13.4.1　RetNet 模型的多尺度保留机制 ··············· 227

13.4.2　RetNet 模型的递归表示 ························· 229

13.4.3　RetNet 模型的代码实现 ························· 233

13.5　本章总结 ·· 236

Transformer 模型实战篇

第 14 章　Transformer 模型环境搭建 ·························· 241

14.1　本地 Python 环境搭建 ································· 241

14.1.1　Python 环境安装 ································· 241

14.1.2　Python 安装第三方库 ··························· 242

14.2　Python 云端环境搭建 ································· 244

14.2.1　百度飞桨 AI Studio 云端环境搭建 ·············· 245

14.2.2　Google Colab 云端环境搭建 ··················· 246

14.3　本章总结 ·· 247

第 15 章　Transformer 模型自然语言处理领域实例 ··········· 248

15.1　基于 Transformer 模型的机器翻译实例 ············· 248

15.1.1　基于 Transformer 模型的机器翻译模型训练 ···· 248

15.1.2　基于 Transformer 模型的机器翻译模型推理过程 · 259

15.2　基于 Transformer 模型的 BERT 模型应用实例 ······ 261

15.2.1　Hugging Face Transformers 库 ················· 261

15.2.2　基于 Transformers 库的 BERT 应用实例 ········ 262

15.2.3　训练一个基于 BERT 模型的文本多分类任务模型 · 263

15.3　本章总结 ·· 267

第 16 章　Transformer 模型计算机视觉领域实例 ·············· 269

16.1　Vision Transformer 模型预训练 ····················· 269

16.1.1　Vision Transformer 模型预训练数据集 ·········· 269

16.1.2　Vision Transformer 模型预训练权重 ············ 270

16.1.3　训练 Vision Transformer 模型 ·················· 271

16.1.4　使用 Vision Transformer 预训练模型进行对象分类 · 274

16.2　Swin Transformer 模型实例 ························· 276

16.2.1　Swin Transformer 预训练模型 ·· 276

16.2.2　训练 Swin Transformer 模型 ··· 277

16.2.3　使用 Swin Transformer 预训练模型进行对象分类 ··············· 279

16.3　使用 DETR 预训练模型进行对象检测 ··· 281

16.4　本章总结 ··· 284

第 17 章　Transformer 模型音频领域实例 ·· 285

17.1　语音识别模型 ·· 285

17.1.1　Whisper 语音识别模型简介 ·· 285

17.1.2　Whisper 语音识别模型的代码实现 ··································· 287

17.2　语音合成模型 ·· 288

17.2.1　ChatTTS 语音合成模型简介 ··· 289

17.2.2　ChatTTS 语音合成模型的代码实现 ·································· 289

17.3　本章总结 ··· 290

参考文献 ·· 292

致谢 ··· 293

Transformer模型基础篇

第1章

Transformer 综述

Transformer 是一个深度学习模型。自从发布以来,它已经被成功地应用于机器翻译、自然语言处理(Natural Language Processing,NLP)、计算机视觉(Computer Vision,CV)、语音识别等各种人工智能(Artificial Intelligence,AI)任务。Transformer 模型之所以能够应用于各种 AI 任务,主要归功于其提出的注意力机制算法。那么,Transformer 模型有何魅力,能够实现统一的 AI 模型呢?本书将使用图文、Python 代码和工具等方式来深入剖析 Transformer 模型。

1.1 Transformer 是什么

Transformer 是一个深度学习模型,最初由谷歌团队在 2017 年的论文 *Attention is All You Need* 中提出。该模型最初是为机器翻译而设计的,但是注意力机制不仅适用于机器翻译领域,还可以应用于自然语言处理、计算机视觉、音频等领域。通过引入注意力机制,Transformer 模型解决了循环神经网络(Recurrent Neural Network,RNN)无法并行计算的问题,使它在机器翻译和自然语言处理任务上取得了巨大成功,并扩展到了计算机视觉和音频等领域。由于 Transformer 模型最初是为机器翻译任务而设计的,所以本书将以机器翻译为例,详细介绍 Transformer 模型。

1.1.1 Transformer 模型的工作原理

在机器翻译实例中,可以将 Transformer 模型看作一个黑箱子,如图 1-1 所示。

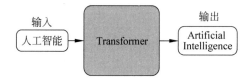

图 1-1　Transformer 黑箱子模型

这个黑箱子的功能是将一种语言作为输入,然后将其翻译成另一种语言,例如,输入中文语言"人工智能",通过 Transformer 模型后,输出英文单词 Artificial Intelligence。

除了输入和输出部分,Transformer 模型由两部分组成,一个是编码器(Encoder);另一个是解码器(Decoder),如图 1-2 所示。

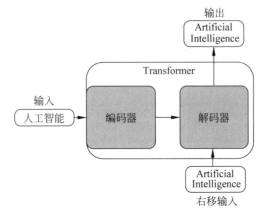

图 1-2　Transformer 模型中的编码器与解码器

输入中文语言"人工智能"经过 Transformer 模型的编码器模块进行编码,然后将编码器编码完成的数据传递给解码器,解码器再解析出英语版本的单词 Artificial Intelligence。这就是 Transformer 模型最简单的工作原理。

1.1.2　Transformer 模型的编码器与解码器简介

针对编码器部分,Transformer 模型由 6 个小的编码器层(Encoder Layer Block)组成,每个小的编码器层都具有完全相似的模型结构。编码器的数据依次通过每个小的编码器层,经过 6 个编码器层后,最终输出编码器的数据。

同样地,针对解码器部分,Transformer 模型由 6 个小的解码器层(Decoder Layer Block)组成。每个小的解码器层也具有完全相似的模型结构。解码器的数据依次通过每个小的解码器层,经过 6 个解码器层后,最终输出解码器的数据,然而,这里的每个小的解码器层都会接收编码器的最终输出数据作为参数,如图 1-3 所示。

在后续的章节中,将逐一介绍有关 Transformer 模型的细节。

1.1.3　Transformer 模型编码器层

每个编码器层由多头注意力机制(Multi-head Attention)和前馈神经网络(Feed Forward Neural Network)两部分组成,如图 1-4 所示。

每个编码器层的输入数据首先经过多头注意力机制,通过该机制,编码器层可以在编码单词的过程中查看输入序列中的其他单词,以计算每个单词与其他单词之间的相关性。

注意力机制是 Transformer 模型中最重要的环节,后续章节将对其进行详细介绍。多头注意力机制的输出将传递给一个全连接前馈神经网络。尽管 6 个编码器层共享相同的神经网络参数,但它们的作用是独立的,每个编码器层只处理一次数据,然后将其传递给下一层的编码器层。

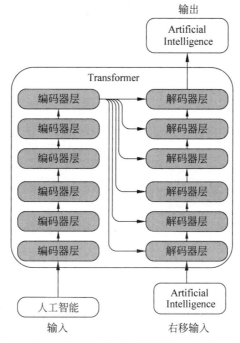

图 1-3　Transformer 模型 6 层编码器与 6 层解码器

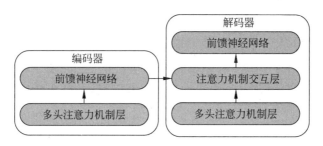

图 1-4　Transformer 模型的编码器与解码器

1.1.4　Transformer 模型解码器层

每个解码器层由多头注意力机制层、注意力机制交互层（Encoder-Decoder Attention）及前馈神经网络三部分组成，如图 1-4 所示。

每个解码器层与编码器层具有类似的结构，但是解码器层比编码器层多了一个子层，称为注意力机制交互层。通过这一层来实现解码器和编码器之间的数据交互。当然，注意力机制交互层也是一个多头注意力机制层。

与编码器层不同，解码器层的输入部分一部分来自解码器的右移输入（Shift Right Input），在训练过程中添加此输入，而在预测过程中没有此输入；另一部分来自编码器的最终输出（通过注意力机制交互层）。编码器的最终输出数据会将部分信息传递给每个解码器层的注意力机制交互子层。

经过 6 层的解码器层后，就得到了 Transformer 模型的最终输出。

1.1.5　Transformer 模型残差连接与数据归一化

多头注意力机制层和前馈神经网络层都会经过一层残差连接与数据归一化层（Add&Layer Normalization），如图 1-5 所示。

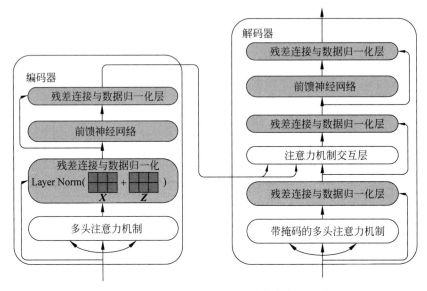

图 1-5　Transformer 模型残差连接与数据归一化层

（1）残差连接：将子层的输入和输出相加，使 Transformer 模型可以直接学习输入和输出之间的差异。这有助于减轻梯度消失和梯度爆炸问题，并提高 Transformer 模型的训练效果。

（2）归一化处理：对残差连接的结果进行归一化操作，以减少输入数据的变化范围，使 Transformer 模型更容易学习和优化。

通过添加残差连接和归一化处理，残差连接与数据归一化层可以帮助 Transformer 模型更好地学习输入和输出之间的关系，提高模型的训练效果和泛化能力。

当然，Transformer 模型会叠加 N 个编码器块和解码器块子层，而 Transformer 模型叠加了 6 层的编码器块和解码器块子层。为什么设计为 6 层，也许是在模型设计时找到的最优解。

1.2　Transformer 模型框架

Transformer 模型主要由 4 部分组成：模型输入部分、编码器、解码器和模型输出部分，这 4 部分组成了完整的 Transformer 模型，如图 1-6 所示。

（1）Transformer 模型输入部分主要包含编码器的输入、解码器的输入（仅在模型训练

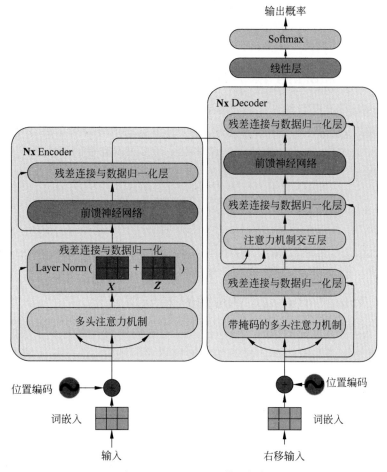

图 1-6　Transformer 模型框架

时添加)及位置编码(Positional Encoding)。

(2) 编码器包含 6 层的编码器层。

(3) 解码器包含 6 层的解码器层。

(4) Transformer 模型输出部分主要包含一层线性层(Linear Layer)和数据最大函数(Softmax)操作。

1.2.1　Transformer 模型的词嵌入

当然,计算机无法直接理解人类的语言或语音信息。为了让计算机能够认识或理解输入的文字信息,需要将文字信息转换为数字信息,例如"人工智能"可以转换为[5,2,0,1]。

(1) 数字[5]代表"人"。

(2) 数字[2]代表"工"。

(3) 数字[0]代表"智"。

（4）数字[1]代表"能"。

为了更好地表示单词与单词之间的语义关系，Transformer 模型使用了词嵌入（Word-embedding），将单词映射到一个高维的连续向量空间中。

1.2.2 Transformer 模型的位置编码

由于 Transformer 模型不包含递归和卷积操作，所以为了使 Transformer 模型能够利用输入序列的顺序，它引入了一些关于输入序列的相对或绝对位置信息。这些位置信息与词嵌入具有相同的维度，因此位置编码信息被添加到编码器和解码器的输入部分。

在 Transformer 模型中，使用不同频率的正弦和余弦函数来计算位置编码：

$$\begin{cases} \text{PE}_{(\text{pos},2i)} = \sin(\text{pos}/10000^{2i/d_{\text{model}}}) \\ \text{PE}_{(\text{pos},2i+1)} = \cos(\text{pos}/10000^{2i/d_{\text{model}}}) \end{cases} \tag{1-1}$$

在式(1-1)中，pos 表示输入序列的单词位置，i 表示维度（$d_{\text{model}} = 512$）。词嵌入加上位置编码，便组成了 Transformer 模型的输入部分。

1.2.3 Transformer 模型的编码器与解码器

编码器由 $N = 6$ 个相同的编码器块组成。每个编码器块包含两个子层，第 1 个是多头注意力机制；第 2 个是简单的全连接前馈神经网络层。在 Transformer 模型中，每个子层之间采用残差连接，并进行数据归一化操作，即每个子层的输出为

$$\text{LayerNorm}(x + \text{Sublayer}(x)) \tag{1-2}$$

在式(1-2)中，Sublayer(x)是子层的实现函数。例如全连接前馈神经网络，Sublayer(x)便是多头注意力机制层的输出。

解码器也由 $N = 6$ 个相同的解码器块组成。除了多头注意力机制和全连接前馈神经网络，解码器还插入了第 3 个子层，即编码器-解码器注意力机制交互层。该子层实际上也是一个多头注意力机制层，不同的是该层的数据输入一部分来自编码器，另一部分来自解码器。与编码器类似，解码器也采用了残差连接，并进行数据归一化。

当然，在训练时为了确保模型不能看到未来的输入信息，Transformer 模型采用了掩码张量的概念（Mask Tensor）。这样可以确保对当前时间步 i 的预测只能依赖于时间步 i 之前的已知输出。

1.2.4 Transformer 模型的最终输出

与 Transformer 模型的输入类似，Transformer 模型的最终输出并不是人类直接能够识别的文本或语音信息，而是一系列数字信息的输出。这些输出数据需要经过一层线性层映射到输出词表的数据维度，然后经过一层 Softmax 操作，就可以得到最终的输出信息。例如，Artificial Intelligence 可以转换为[13,14]，其中，

（1）数字[13]代表 Artificial。

（2）数字[14]代表 Intelligence。

当模型输出[13,14]时，就可以根据词表来索引到最终的输出单词，即 Artificial Intelligence。

1.2.5 Transformer 模型的注意力机制

注意力机制是 Transformer 模型最核心的贡献，其计算公式如下：

$$\text{Attention}(\boldsymbol{Q},\boldsymbol{K},\boldsymbol{V}) = \text{Softmax}\left(\frac{\boldsymbol{Q}\boldsymbol{K}^{\mathrm{T}}}{\sqrt{d_k}}\right)\boldsymbol{V} \tag{1-3}$$

式（1-3）中的参数如下。

（1）$\boldsymbol{Q}$：查询矩阵，用于表示当前位置的信息。

（2）$\boldsymbol{K}$：键矩阵，用于表示其他位置的信息。

（3）$\boldsymbol{V}$：值矩阵，用于表示其他位置的信息的权重。

（4）Softmax：用于计算注意力权重，使其总和为 1。

（5）$\sqrt{d_k}$：缩放因子，用于控制注意力权重的范围，一般为常量。

注意力机制的计算过程如图 1-7 所示。

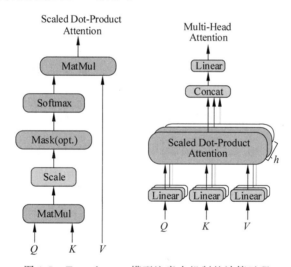

图 1-7 Transformer 模型注意力机制的计算过程

首先，将 $\boldsymbol{Q}$ 矩阵乘以 $\boldsymbol{K}$ 矩阵的转置，得到注意力矩阵，该矩阵体现了输入序列中单词与单词之间的相关性。正是通过这个注意力相关性矩阵，Transformer 模型才能输出符合要求的输出矩阵，然后将注意力矩阵乘以 $\boldsymbol{V}$ 矩阵，得到最终的注意力矩阵。

在计算注意力权重时，引入了缩放系数 $\sqrt{d_k}$，其主要作用如下。

（1）控制注意力权重的范围：注意力机制中的注意力权重是通过 $\boldsymbol{Q}$ 向量和 $\boldsymbol{K}$ 向量的相似度计算得到的。除以缩放因子可以将注意力权重控制在一个合适的范围内，避免权重过大或过小而导致模型不稳定。

（2）缓解梯度消失问题：在深层网络中，由于多次连乘操作，所以梯度可能会变得非常小，从而导致梯度消失。缩放系数的引入可以增大注意力权重的变化幅度，有助于缓解梯度消失问题，提高模型的训练效果。

1.2.6　Transformer 模型的多头注意力机制

为了让 Transformer 模型能够从多个维度来评估输入数据，提出了多头注意力机制的概念。这个概念类似于我们在评估一个人时，如果只听取一个人的意见，就会出现偏见或评估不完全的问题，而如果能够让多个人参与评估，就能够得到更具有参考意义的结果，其 Multi-head Attention 计算公式如下：

$$
\text{MultiHead}(\boldsymbol{Q},\boldsymbol{K},\boldsymbol{V}) = \text{Concat}(\text{head}_1,\text{head}_2,\cdots,\text{head}_n)\boldsymbol{W}^{\boldsymbol{O}}
$$
$$
\text{where head}_i = \text{Attention}(\boldsymbol{Q}\boldsymbol{W}_i^{\boldsymbol{Q}},\boldsymbol{K}\boldsymbol{W}_i^{\boldsymbol{K}},\boldsymbol{V}\boldsymbol{W}_i^{\boldsymbol{V}})
$$
(1-4)

式（1-4）中，$\boldsymbol{W}_i^{\boldsymbol{Q}} \in \mathbf{R}^{d_{\text{model}} \times d_k}$，$\boldsymbol{W}_i^{\boldsymbol{K}} \in \mathbf{R}^{d_{\text{model}} \times d_k}$，$\boldsymbol{W}_i^{\boldsymbol{V}} \in \mathbf{R}^{d_{\text{model}} \times d_v}$，$\boldsymbol{W}^{\boldsymbol{O}} \in \mathbf{R}^{hd_v \times d_{\text{model}}}$。

式（1-4）中使用了 $h=8$ 的多头注意力头数，而针对每个头数，其参数：

$$
d_k = d_v = \frac{d_{\text{model}}}{h} = 64
$$
(1-5)

在多头注意力机制中，通过将输入数据分成多个头（Multi-head），每个头都可以学习不同的注意力权重，从而从不同的角度对输入数据进行评估。这样，Transformer 模型可以综合多个头的评估结果，得到更全面和准确的表示。多头注意力机制的引入使 Transformer 模型能够更好地捕捉输入数据的不同特征和关系，提高了模型的表达能力和性能。

1.2.7　Transformer 模型的前馈神经网络

除了注意力子层之外，编码器和解码器中的每个子块层都包含一个完整的前馈神经网络。这个前馈神经网络由两个线性变换组成，中间有一个 ReLU 激活函数，其计算公式如下：

$$
\text{FFN}(x) = \max(0, x\boldsymbol{W}_1 + b_1)\boldsymbol{W}_2 + b_2
$$
(1-6)

式（1-6）中，前馈神经网络的输入维度为 $d_{\text{model}}=512$，中间层的维度为 d_ff=2048。通过这个前馈神经网络，Transformer 模型能够对输入数据进行非线性变换和特征提取，从而更好地捕捉输入数据的复杂关系和表示。这个前馈神经网络的引入进一步地增强了 Transformer 模型的表达能力和性能。

1.3　本章总结

本章主要介绍了 Transformer 模型的整体神经网络框架、工作原理及相关的核心计算公式，让读者在概念上认识一下 Transformer 模型。

（1）注意力机制的概念：注意力机制是一种用于计算输入序列中不同位置之间相关性

的方法。在 Transformer 模型中,注意力机制被广泛地应用于编码器和解码器的各层中。

注意力机制通过计算查询(Q)和键(K)之间的相似度,然后将相似度与值(V)相乘,得到加权的值表示。这样可以使模型更加关注与查询位置相关的键-值对,从而捕捉输入序列中的重要信息。注意力机制的引入使 Transformer 模型能够捕捉输入序列中不同位置之间的关系,提高模型的表达能力和性能。它在自然语言处理、机器翻译等任务中取得了显著的成果,并成为现代深度学习模型中的重要组成部分。

(2)多头注意力机制的概念:为了从多个维度评估输入数据,Transformer 模型引入了多头注意力机制。通过将输入数据分成多个头,每个头都可以学习不同的注意力权重,从不同的角度对输入数据进行评估。最后,多个头的评估结果被综合起来,从而得到更全面和准确的表示。

在接下来的章节中,将逐一解析 Transformer 模型的各个组成部分,包括编码器和解码器的结构、注意力机制的详细计算过程、残差连接和数据归一化的作用、位置编码的引入等。这将帮助读者更深入地理解 Transformer 模型的原理和运作机制。

第 2 章

Transformer 模型的
输入与输出

Transformer 模型的输入与输出操作是一个复杂的过程，它涉及多个步骤和组件。Transformer 模型的输入与输出操作的主要步骤如图 2-1 所示。

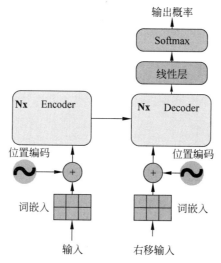

图 2-1　Transformer 模型输入与输出操作

（1）输入文本：将输入的文本分割成单词，并为每个单词分配一个初始的向量表示。

（2）词嵌入：通过词嵌入将每个单词映射到一个高维的连续向量空间中。这个过程可以捕捉单词之间的语义关系和语法关系。

（3）位置编码：为了保留输入序列中单词的位置信息，Transformer 模型引入了位置编码。位置编码是一种与词嵌入具有相同维度的向量，用于表示单词在输入序列中的相对或绝对位置。

（4）编码器：编码器由多个编码器层组成，每个编码器层包含自注意力机制和前馈神经网络。自注意力机制用于计算单词之间的相关性，并根据相关性对单词的表示进行加权。前馈神经网络用于进一步处理单词的表示。编码器将输入序列转换为一个更丰富和抽象的表示。

（5）解码器：解码器也由多个解码器层组成，每个解码器层包含自注意力机制、编码器-

解码器注意力机制和前馈神经网络。自注意力机制用于计算解码器输入序列中单词之间的相关性。编码器-解码器注意力机制用于将解码器的表示与编码器的表示进行交互。前馈神经网络用于进一步处理解码器的表示。解码器逐步生成目标序列的单词。

(6) 线性层和 Softmax 操作：通过线性层将解码器的输出映射到输出词表的数据维度，并通过 Softmax 操作获得最终的输出概率分布。

通过这样的输入与输出操作，Transformer 模型能够将输入的文字信息转换为数字信息，并利用自注意力机制和编码器-解码器结构处理和生成文本数据。这个过程使 Transformer 模型能够更好地理解和处理自然语言文本。

Transformer 模型既不能直接输出，也不能直接接收人类能够直接识别的单词或句子作为输入。因为计算机无法直接理解输入的单词或句子，因此需要将文字信息转换为数字信息，例如，将"人工智能"转换为数字序列"[5,2,0,1]"。

为了更好地表示单词与单词之间的语义关系，Transformer 模型使用了词嵌入维度技术，将单词映射到一个高维的连续向量空间中。通过这种映射，相似的单词在向量空间中更加接近，而不相似的单词则更加远离。这样，Transformer 模型能够更好地捕捉单词之间的语义和语法关系，提高模型在自然语言处理任务中的性能。

2.1 Transformer 模型的词嵌入

Transformer 模型的词嵌入是一种基于 Transformer 模型的词嵌入方法。词嵌入是将单词映射到连续向量空间的技术，它能够捕捉单词之间的语义和上下文信息。传统的词嵌入方法如 Word2Vec 和 GloVe 基于统计模型，而 Transformer 模型词嵌入则利用 Transformer 模型的自注意力机制来学习单词的表示。

在 Transformer 模型词嵌入中，模型首先将输入的文本分割成单词，并将每个单词转换为初始的向量表示，然后通过多层的自注意力和前馈神经网络，模型逐步更新每个单词的表示，使其能够捕捉上下文信息和语义关系。这种方式能够更好地表达单词与单词之间的关联性，提高模型在自然语言处理任务中的性能。

2.1.1 Transformer 模型词嵌入的概念

例如，Transformer 模型的输入是"人工智能"这 4 个汉字。首先，假设有一个包含 20 000 个不重复汉字的数据集，如图 2-2 所示。

这个数据集将作为 Transformer 模型编码器的输入训练数据，每个汉字都用一个数字进行编码，从 0 到 19 999。

数据集一共包含 20 000 个不重复的汉字，每个汉字都对应一个唯一的数字编码。这样，Transformer 模型便可以将汉字转换为数字序列进行处理，从而实现对中文文本的理解和处理。

"人工智能"这 4 个字在整个数据集中的索引分别是[5,2,0,1]。现在的输入数据维度

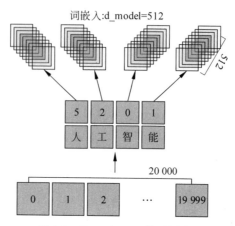

图 2-2 Transformer 模型词嵌入

为[1,4]，其中 1 代表输入是一个句子，4 代表输入的句子中共有 4 个单词。数据维度的概念在讲解整个 Transformer 模型中尤为重要，通过数据维度的概念，可以了解数据在整个 Transformer 模型中的流动和运算过程。数据维度即为输入数据的矩阵形状，而整个 Transformer 模型的输入及输出数据的流向就是矩阵的运算和变形。

为了更好地表达每个词的语义信息及单词之间的语义关系，Transformer 模型引入了词嵌入的概念。词嵌入将每个单词的数字编码转换为一个 d_model＝512 维度的向量表示，即[$x_1,x_2,x_3,\cdots,x_{512}$]，因此，现在的数据维度为[1,4,512]。

（1）1：代表输入一个句子。

（2）4：代表此句子有 4 个单词。

（3）512：代表每个单词经过词嵌入操作后的向量维度为 512。

如果将图 2-2 的坐标轴视为 xy 坐标系，则词嵌入维度就可以在 yz 坐标系上表示。这里将场景转换到 yz 坐标系上，如图 2-3 所示。

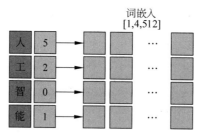

图 2-3 Transformer 模型 yz 坐标系下的词嵌入

在这个坐标系中，Transformer 模型输入了"人工智能"这 4 个汉字，它们在数据集中的索引仍然是[5,2,0,1]这 4 个数字。每个数字经过词嵌入操作后，每个单词就被嵌入了一个 d_model＝512 维度的向量，因此，现在的数据维度为[1,4,512]。以上过程展示了词嵌入的图示过程。当然，在实际实现中会直接使用相关的代码来进行实现。

在 Transformer 模型中,注意力机制并没有考虑位置信息,然而,同一个单词放在句子的不同位置所表达的意思肯定会有所不同,例如,将"人工智能"改为"人工能智",这两个句子表达的意思就不完全相同。因此,在自然语言处理领域,尤其是在机器翻译任务中,位置信息非常重要。

为了解决这个问题,Transformer 模型在输入部分引入了位置编码信息。输入部分经过词嵌入后,其当前的数据维度是[1,4,512],而位置编码的数据维度也必然是[1,4,512],如图 2-4 所示。

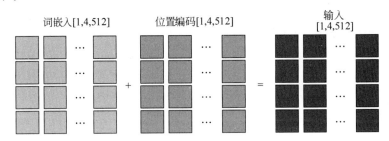

图 2-4　Transformer 模型词嵌入与位置编码

这样,两个矩阵向量才能执行加法操作,输出维度才能保持不变。将词嵌入后的向量与位置编码向量相加,就组成了 Transformer 模型的最终输入数据,其数据向量维度仍然是[1,4,512]。

2.1.2　Transformer 模型词嵌入的代码实现

2.1.1 节详细地介绍了 Transformer 模型中词嵌入的概念。那么,如何实现 512 维度的词嵌入代码呢? 本节将介绍 Transformer 模型的第 1 个类代码,即 nn.embedding 函数。在开始学习本节的代码之前,需要计算机上安装 Python 和 Torch 等第三方库,其中,词嵌入函数是 torch.nn 函数的一部分。关于 Python 和 Torch 等相关库的安装和使用,将在本书最后的章节进行详细讲解。

Transformer 模型词嵌入代码如下:

```
#第 2 章/2.1.2/Transformer 模型 Word-embedding
#插入需要的 Python 库
import torch
import torch.nn as nn
from torch.autograd import Variable
import math
import numpy as np
input = torch.LongTensor([[5,2,0,1]])          #定义一个 1 行 4 列的输入数据
src_vocab_size = 10                             #定义输入句子的长度
d_model = 512                                   #word-embedding 的数据维度
class Embeddings(nn.Module):                    #创建 embedding 类函数
    def __init__(self, vocab_size, d_model):
        super(Embeddings, self).__init__()      #初始化类函数的标准写法
```

```
#使用输入句子长度与 d_model 维度定义一个 emb 变量函数
        self.emb = nn.Embedding(vocab_size,d_model)
    def forward(self,x):              #实现函数标准写法,x 为需要 word-embedding 的数据
        return self.emb(x)            #使用初始化中的 emb 函数,把输入数据 x 进行 embedding
word_emb = Embeddings(src_vocab_size,d_model)      #实例化 Embeddings 函数
word_embr = word_emb(input)        #把输入数据传递给实例化后的 embedding 函数
print('word_embr:',word_embr)               #输出 word embedding 的结果
print(word_embr.shape)                        #输出结果的矩阵形状
```

（1）这段代码初始化了一个输入变量，其变量类型为 long tensor，其中[5,2,0,1]代表输入 Transformer 模型的"人工智能"这 4 个汉字，其数字是在一个包含 20 000 个不重复单词的数据集中的索引。

（2）定义了一个句子的长度变量 src_vocab_size=10，假设输入句子的最大长度为 10。这意味着输入词嵌入函数的句子长度不能超过 10，否则会报错。

（3）在使用词嵌入函数之前，需要了解一下 nn.Embedding 函数接受的两个参数，一个是 vocab_size(句子长度)，另一个是 d_model(词嵌入维度，这里等于 512)。

（4）在使用 nn.embedding 函数时，只需传入一个变量(x)，即需要进行词嵌入的输入矩阵 x。

（5）可以打印一下 embedding 函数的输出及输出的向量维度，可以看到经过词嵌入后，数据的输出维度为[1,4,512]。

Transformer 模型词嵌入代码输出如下：

```
word_embr: tensor([[
[-0.2611, -0.4975, -1.0722, ..., 0.6497, -0.7556, -0.5179],
[-0.4750, -0.1485, 1.0756, ..., -0.2841, 0.7876, -2.9451],
[-0.7457, 0.9012, 0.1085, ..., 0.4113, 0.1720, 1.6020],
[ 0.2231, -2.5349, 1.8920, ..., 0.9899, -1.7408, 0.1604]]],
grad_fn=<EmbeddingBackward>)
torch.Size([1, 4, 512])
```

2.2 Transformer 模型的位置编码

Transformer 模型的位置编码是为了在输入序列中引入位置信息。由于 Transformer 模型只使用了注意力机制，没有使用循环神经网络或卷积神经网络，因此无法通过位置顺序来获取序列中的位置信息。位置编码是一个矩阵，其维度与输入序列的维度相同。位置编码的每个元素都是一个向量，表示输入序列中每个位置的位置信息。这些向量被加到输入序列的词嵌入向量中，以便在输入序列中引入位置信息。

位置编码的作用是为了在输入序列中引入位置信息，使 Transformer 模型能够区分不同位置的词嵌入。通过位置编码，Transformer 模型可以更好地处理序列中的位置信息，从而更好地捕捉序列的结构和依赖关系。自然语言中的单词通常会出现在上下文中，并且单

词之间的顺序很重要,因此,模型需要一种方法来捕捉序列中元素的顺序信息。位置编码提供了这种信息,因为它可以将每个元素的位置转换为一个实数值,这个值可以表示该元素在序列中的位置。

如果不使用位置编码,则模型将无法理解序列中元素的顺序信息,因为它们只依赖于元素的词嵌入表示和注意力权重。这意味着模型可能无法正确地解码序列或生成正确的语法结构,从而无法准确地捕捉序列的结构和依赖关系。

Transformer 模型采用了正弦和余弦位置编码,如图 2-5 所示。

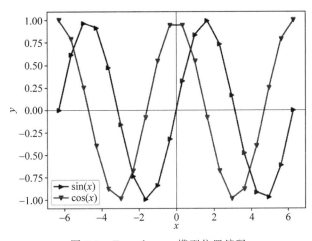

图 2-5　Transformer 模型位置编码

2.2.1　Transformer 模型位置编码的计算过程

根据模型输入部分的详解,当输入 Transformer 模型"人工智能"这 4 个汉字时,它们的编码分别是[5,2,0,1],每个数字经过词嵌入后会得到一个 512 维度的向量,因此,此时数据的输入维度为[1,4,512]。为了让 Transformer 模型更好地处理序列中的位置信息,Transformer 模型引入了位置编码的概念。同样为了保持数据维度不变,位置编码的维度也是[1,4,512]。位置编码矩阵加上词嵌入矩阵,便是 Transformer 模型的输入矩阵,如图 2-6 所示。

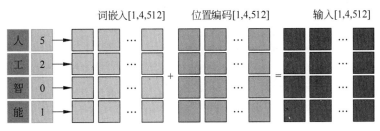

图 2-6　Transformer 模型位置编码与词嵌入

根据 Transformer 模型的位置编码计算公式,对于输入的"人工智能"这 4 个汉字:

(1)"人"是句子的第 1 个字,pos 取值为 0。

(2)"工"是句子的第 2 个字,pos 取值为 1。

(3)"智"是句子的第 3 个字,pos 取值为 2。

(4)"能"是句子的第 4 个字,pos 取值为 3。

式(1-1),$2i$ 和 $2i+1$ 代表每个单词 512 维度的词嵌入向量的位置,其中 $2i$ 代表偶数位置(圆形形状),$2i+1$ 代表奇数位置(方形形状)。由于每个单词的词嵌入是 512 维度的,因此 i 的取值范围为 0～255。这样,偶数位置使用 sin 函数表示,奇数位置使用 cos 函数表示。词嵌入维度常量等于 512。Transformer 模型位置编码计算过程如图 2-7 所示。

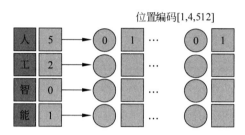

图 2-7　Transformer 模型位置编码计算过程

因此,当 pos 等于 0 且 i 等于 0 时,对第 1 个单词的 512 维度词嵌入向量的第 1 个和第 2 个数字分别进行 sin 和 cos 函数取值,就得到了单词"人"512 维度的位置编码的数值。以此类推,当 pos 等于 0 且 i 等于 255 时,对第 1 个单词的 512 维度嵌入向量的最后两个维度分别进行 sin 和 cos 函数取值,这样就完整地计算了汉字"人"的位置编码信息。

(1)当 pos 等于 1 且 i 取值从 0～255 时,就可以得到第 2 个汉字"工"的位置编码信息。

(2)当 pos 等于 2 且 i 取值从 0～255 时,就可以得到第 3 个汉字"智"的位置编码信息。

(3)当 pos 等于 3 且 i 取值从 0～255 时,就可以得到第 4 个汉字"能"的位置编码信息。

最后,就可以得到整个输入句子的位置编码信息,其数据维度依然是[1,4,512],如图 2-8 所示。

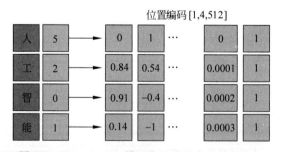

图 2-8　Transformer 模型位置编码完整计算数据

在图 2-8 中,将词嵌入和位置编码相加,便得到了输入 Transformer 模型的最终输入数据,其输入数据维度依然是[1,4,512]。

2.2.2　Transformer 模型位置编码的正余弦函数

那么,为什么 sin 和 cos 函数可以表示位置编码信息呢? 这就要从 sin 和 cos 函数的特性说起。首先,当处于第 k 个位置时,可以根据位置编码的计算公式得到第 k 个位置的位置编码公式,如式(2-1):

$$\begin{cases} \mathrm{PE}_{(k,2i)} = \sin(k/10\ 000^{2i/d_{\mathrm{model}}}) \\ \mathrm{PE}_{(k,2i+1)} = \cos(k/10\ 000^{2i/d_{\mathrm{model}}}) \end{cases} \tag{2-1}$$

当处于 pos$+k$ 位置时,可以根据位置编码的计算公式得到 pos$+k$ 位置的位置编码公式如下:

$$\begin{cases} \mathrm{PE}_{(\mathrm{pos}+k,2i)} = \sin((\mathrm{pos}+k)/10\ 000^{2i/d_{\mathrm{model}}}) \\ \mathrm{PE}_{(\mathrm{pos}+k,2i+1)} = \cos((\mathrm{pos}+k)/10\ 000^{2i/d_{\mathrm{model}}}) \end{cases} \tag{2-2}$$

根据 sin 与 cos 函数的特征公式如下:

$$\begin{cases} \sin(\alpha+\beta) = \sin\alpha\cos\beta + \cos\alpha\sin\beta \\ \cos(\alpha+\beta) = \cos\alpha\cos\beta - \sin\alpha\sin\beta \end{cases} \tag{2-3}$$

就可以得到如下的转换公式:

$$\begin{cases} \mathrm{PE}_{(\mathrm{pos}+k,2i)} = \mathrm{PE}_{(\mathrm{pos},2i)} \times \mathrm{PE}_{(k,2i+1)} + \mathrm{PE}_{(\mathrm{pos},2i+1)} \times \mathrm{PE}_{(k,2i)} \\ \mathrm{PE}_{(\mathrm{pos}+k,2i+1)} = \mathrm{PE}_{(\mathrm{pos},2i+1)} \times \mathrm{PE}_{(k,2i+1)} - \mathrm{PE}_{(\mathrm{pos},2i)} \times \mathrm{PE}_{(k,2i)} \end{cases} \tag{2-4}$$

这样就可以看到每个 pos$+k$ 位置的编码都可以使用 pos 位置的位置编码与 k 位置的位置编码来表示。这样,每个位置的编码都与其他位置存在一定的转换关系,Transformer 模型就可以通过公式转换,了解每个单词的位置信息及单词与单词之间的相对位置信息。

其实,从 sin 与 cos 函数的图形来看(见图 2-5),也不难看出,这两个函数都是周期函数,函数上面的每个点的位置都可以通过两个函数转换变形得到。

位置编码的形式并不是只有这一种形式,还存在如下其他的位置编码形式,随着模型的不断改进,后续也许会出现更多的位置编码表示形式。无论哪种位置编码形式,都是为了让模型能够学习到输入数据的位置信息。

(1) 固定位置编码:将每个位置编码为一个固定的实数值,例如 $[0,1,2,\cdots,\mathrm{seq\_length}-1]$。这种方法简单且易实现,但可能会忽略序列中元素的实际位置信息。

(2) 正弦和余弦位置编码:将每个位置编码为其在序列中的位置的正弦或余弦值。

(3) 线性插值位置编码:将每个位置编码为其在序列中的位置的线性插值。这种方法类似于固定位置编码,但可以更好地保留元素的实际位置信息。

(4) 可以学习的位置编码,在模型初始化时随机初始化,随着模型的训练而自主学习。这里提到的可以学习的位置编码是指在模型初始化时随机初始化,然后随着模型的训练而自主学习。这种方法可以让模型根据具体的输入数据自动学习位置信息,从而更好地处理序列中的位置关系。

2.2.3 Transformer 模型位置编码的代码实现

Transformer 模型的输入包含两部分：一部分是词嵌入；另一部分是位置编码。在 2.2.1 节与 2.2.2 节中介绍了位置编码的计算公式及详细计算过程，接下来将详细介绍 Transformer 模型位置编码的代码实现过程。

2.1.2 节已经详细地介绍了词嵌入的代码实现过程。在这里，输入一个 input 向量（[5,2,0,1]），经过词嵌入后会输出一个维度为 512 的向量，向量维度为[1,4,512]。有了词嵌入的向量，再加上位置编码，才是 Transformer 模型的最终输入数据。

首先，将词嵌入向量经过一个 transpose 函数进行转换，转换之后的向量可以打印出来，以查看当前的输出向量及向量的维度。可以看到，输出矩阵的维度为[4,1,512]。

将词嵌入向量经过一个 transpose 函数进行转换，代码如下：

```
#第 2 章/2.2.3/词嵌入向量 transpose 函数转换
import torch
import torch.nn as nn
import math
import numpy as np
word_embr = word_embr.transpose(0, 1)
print('word_embr:', word_embr)
print(word_embr.shape)
```

运行结果如下：

```
#第 2 章/2.2.3/词嵌入向量 transpose 最终输出
word_embr:
tensor([[[ 0.4418, -0.5623, -1.2943, ..., -2.1598, 2.5126, 0.8105]],
        [[ 1.8438, -1.0933, -1.5599, ..., -0.4709, -0.9695, -0.0482]],
        [[-0.2584, 0.4893, 0.5107, ..., 0.7509, 0.4685, 0.5414]],
        [[-0.9543, -1.1797, 0.6076, ..., -0.6750, 0.5426, 0.0664]]],
        grad_fn=<TransposeBackward0>)
torch.Size([4, 1, 512])
```

然后建立一个位置编码的类函数，该函数继承自 nn.module，代码如下：

```
#第 2 章/2.2.3/PositionalEncoding 位置编码初始化函数
class PositionalEncoding(nn.Module):          #定义一个 PositionalEncoding 类函数
    def __init__(self, d_model, DropOut=0.1, max_len=5000):   #设置句子长度 5000
        super(PositionalEncoding, self).__init__()      #初始化
        self.DropOut = nn.DropOut(p=DropOut)            #输入数据的置零比率
        pe = torch.zeros(max_len, d_model)   #定义一个[max_len, d_model]全 0 矩阵
        position = torch.arange(0, max_len, dtype=torch.float).unsqueeze(1)
        #按照位置编码的计算公式计算位置编码，从公式中可以看到，其中有一部分是定值
        div_term = torch.exp(torch.arange(0, d_model, 2).float() *
                             (-math.log(10000.0) / d_model))
        pe[:, 0::2] = torch.sin(position * div_term)     #偶数位置使用 sin 函数
```

```
pe[:, 1::2] = torch.cos(position * div_term)    #奇数位置使用 cos 函数
pe = pe.unsqueeze(0).transpose(0, 1)            #将计算结果合并到 pe 变量中
self.register_buffer('pe', pe)                  #位置编码不参与训练,因此保存到 buffer 中
```

函数初始化输入 3 个变量。

(1) d_model:词嵌入维度,默认值为 512。

(2) DropOut:位置编码的置零比率,初始化为 0.1。

(3) max_length:输入句子的最大长度。

在这里,将 max_length 定义为 5000。一般句子长度不会超过 30 个单词,但设置一个足够大的值,以便计算位置编码。毕竟,Transformer 模型的位置编码函数只需计算一次,计算较大的句子长度的位置编码后,后续可以直接取用。值得注意的是,Transformer 模型的位置编码是一个固定的相对位置编码,不会随着模型的训练而更新。

在 super 代码中,使用了标准的类函数代码。在这里,输入置零比率(DropOut)参数,将其传递给 nn.DropOut 函数,以初始化 self.DropOut。

使用 torch.zeros 函数初始化一个全零的矩阵,矩阵的维度为[max_len, d_model],其中 max_len 为句子的最大长度,d_model 为词嵌入维度,取值为 512。

输入“人工智能”这 4 个汉字,经过此行代码后,便会生成一个维度为[4,512]形状的全零矩阵,然后初始化一个 position 变量,变量取值为 0 到 max_len 句子的最大长度,经过 unsqueeze 后,扩充 position 变量的维度,其维度为[max_len,1],如图 2-9 所示。

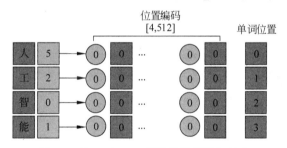

图 2-9　Transformer 模型位置编码初始化

这里针对“人工智能”这 4 个汉字,其矩阵维度为[4,1],position 的取值为“0,1,2,3”。

经过以上初始化,就可以按照位置编码的公式来计算位置编码了。通过查看位置编码的计算公式,无论 sin 函数还是 cos 函数,中间有一部分完全是一样的,div_term 变量便定义了位置编码公式中相同的部分。

pe[:, 0::2]为矩阵切片的函数,其第 1 个冒号表示矩阵中的所有行,[0::2]表示所有的偶数列,[1::2]表示所有的奇数列(图 2-9 位置编码部分)。

按照 Transformer 模型位置编码的计算公式,偶数列(圆形形状)使用 sin 函数来计算,奇数列(方形形状)使用 cos 函数来计算,当计算完成后,就可以把偶数与奇数列重新合并到一起,这样就得到了计算完成的位置编码矩阵,如图 2-10 所示。

位置编码矩阵的维度为[max_length, d_model],对于“人工智能”这 4 个汉字来讲,维

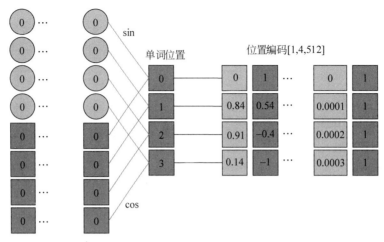

图 2-10　Transformer 模型位置编码 cos 与 sin 函数计算

度是 $[4, 512]$，然后经过 unsqueeze 操作，将维度扩充为 $[batch\_size, max\_length, d\_model]$，对于"人工智能"这 4 个汉字来讲，维度是 $[1, 4, 512]$。最后经过 transpose 操作，将矩阵维度转换为 $[max\_length, batch\_size, d\_model]$。由于位置编码矩阵是一个常量，不参与 Transformer 模型的训练，因此需要将计算结果保存在 buffer 中，以便后续使用，并确保数据不会随着模型的训练而更新。

buffer 变量输出如下：

```
pos:
tensor([[[ 0.0000e+00, 1.0000e+00, 0.0000e+00, ..., 1.0000e+00, 0.0000e+00,
1.0000e+00]],
        [[ 8.4147e-01, 5.4030e-01, 8.2186e-01, ..., 1.0000e+00,1.0366e-04, 1.0000e+
00]],
        [[ 9.0930e-01, -4.1615e-01, 9.3641e-01, ..., 1.0000e+00, 2.0733e-04,
1.0000e+00]],
        [[ 1.4112e-01, -9.8999e-01, 2.4509e-01, ..., 1.0000e+00, 3.1099e-04,
1.0000e+00]]])
torch.Size([4, 1, 512])
```

forward 实现函数仅接受一个参数输入，即输入 input 变量，代码如下：

```
#第 2 章/2.2.3/PositionalEncoding 位置编码 forward 函数
  def forward(self, x):
      #x: [seq_len, batch_size, d_model]
      pos = self.pe[:x.size(0), :, :]        #根据输入数据从 5000 个位置编码截取数据
      print('pos:', pos)                     #打印输出结果
      print(pos.shape)                       #打印输出矩阵形状
      x = x + pos          #位置编码加上词嵌入，获得最终输入 Transformer 模型的数据
      return x
pe = PositionalEncoding(d_model)             #实例化位置编码
pes = pe(word_embr).transpose(0, 1)          #输入数据，计算位置编码
```

```
print('pes:',pes)                    #打印输出结果
print(pes.shape)                     #打印输出矩阵形状
```

需要说明的是,input 需要经过词嵌入,并经过 transpose 来转换矩阵维度,以便与位置编码执行加法运算。由于每次输入 Transformer 模型的句子长度不一致,因此需要使用 x. size 来获取输入句子的长度。

在初始化部分已经计算完成了 5000 个位置编码,因此实现函数部分只需根据输入句子的长度(输入句子的 max_len)来截取符合句子长度的位置编码数据。"人工智能"包含 4 个汉字,那么"人工智能"这 4 个汉字的位置编码便是 buffer 中的前 4 个向量数据,如图 2-11 所示。

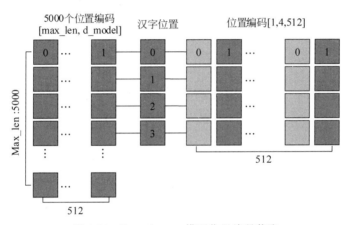

图 2-11　Transformer 模型位置编码截取

得到位置编码后,需要将位置编码与输入矩阵 x 相加,从而得到最终输入 Transformer 模型的输入变量。初始化位置编码函数,将经过 transpose 的矩阵传给位置编码类函数,然后即可计算位置编码。

位置编码矩阵的维度为 $[4,1,512]$,由于词嵌入矩阵经过 transpose 的矩阵维度也是 $[4,1,512]$,因此这两个矩阵可以执行加法运算,相加后的矩阵维度仍然是 $[4,1,512]$。为了保持输入矩阵维度的一致性,经过位置编码函数后,再次使用 transpose 转换矩阵维度,打印出最终的输出矩阵,可以看到矩阵维度为 $[1,4,512]$。

位置编码代码的输出如下:

```
pes:
tensor([[[ 0.4418, 0.4377, -1.2943, ..., -1.1598, 2.5126, 1.8105],
         [ 2.6852, -0.5530, -0.7381, ..., 0.5291, -0.9694, 0.9518],
         [ 0.6509, 0.0731, 1.4471, ..., 1.7509, 0.4687, 1.5414],
         [-0.8132, -2.1697, 0.8527, ..., 0.3250, 0.5429, 1.0664]]],
       grad_fn=<TransposeBackward0>)
torch.Size([1, 4, 512])
```

位置编码的完整代码如下:

```
#第 2 章/2.2.3/positional encoding 位置编码的完整代码
import torch
import torch.nn as nn
import math
import numpy as np
word_embr = word_embr.transpose(0, 1)
print('word_embr:',word_embr)
print(word_embr.shape)
class PositionalEncoding(nn.Module):
    def __init__(self, d_model, DropOut=0.1, max_len=5000):
        super(PositionalEncoding, self).__init__()
        self.DropOut = nn.DropOut(p=DropOut)
        pe = torch.zeros(max_len, d_model)
        position = torch.arange(0, max_len, dtype=torch.float).unsqueeze(1)
        div_term = torch.exp(torch.arange(0, d_model, 2).float() *
                                        (-math.log(10000.0) / d_model))
        pe[:, 0::2] = torch.sin(position * div_term)
        pe[:, 1::2] = torch.cos(position * div_term)
        pe = pe.unsqueeze(0).transpose(0, 1)
        self.register_buffer('pe', pe)
    def forward(self, x):
        #x: [seq_len, batch_size, d_model]
        pos = self.pe[:x.size(0), :,:]
        print('pos:',pos)
        print(pos.shape)
        x = x + pos
        return x
pe = PositionalEncoding(d_model)
pes = pe(word_embr).transpose(0, 1)
print('pes:',pes)
print(pes.shape)
```

可以修改一下实现函数部分,以此来可视化位置编码。这里取前 10 个位置编码,并可视化前 6 个维度与最后一个维度,代码如下:

```
def forward(self, x):
        pos = self.pe[:10, :,:]
        pos_encoding = pos[:10, :, :].squeeze(1).NumPy()        #获取前 10 个位置编码
        plt.figure(figsize=(10, 6))
        positions = np.arange(0, 10)
        #可视化前 6 个维度与最后一个维度
        plt.plot(positions, pos_encoding[:, 0], label='Dimension 0')
        plt.plot(positions, pos_encoding[:, 1], label='Dimension 1')
        plt.plot(positions, pos_encoding[:, 2], label='Dimension 2')
        plt.plot(positions, pos_encoding[:, 3], label='Dimension 3')
        plt.plot(positions, pos_encoding[:, 4], label='Dimension 4')
        plt.plot(positions, pos_encoding[:, 5], label='Dimension 5')
```

```
plt.plot(positions, pos_encoding[:, 511], label='Dimension 511')
plt.xlabel('Position')
plt.ylabel('Value')
plt.title('Positional Encoding')
plt.legend()
plt.show()
'''#可视化每个位置的512维度位置编码
positions1 = np.arange(0, 512)
plt.plot(positions1, pos_encoding[0, :], label='Positional 0')
#plt.plot(positions1, pos_encoding[1, :], label='Positional 1')
#plt.plot(positions1, pos_encoding[2, :], label='Positional 2')
#plt.plot(positions1, pos_encoding[3, :], label='Positional 3')
#plt.plot(positions1, pos_encoding[9, :], label='Positional 9')
plt.xlabel('Dimension')
plt.ylabel('Value')
plt.title('Positional Encoding')
plt.legend()
plt.show()
'''
```

代码输出可视化，如图 2-12 所示。

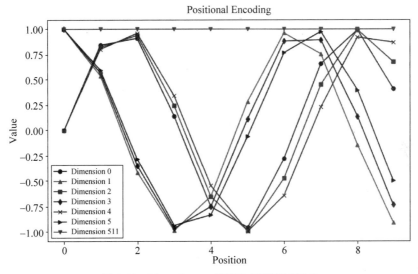

图 2-12　Transformer 模型位置编码可视化

2.3　Transformer 模型解码器的输入

解码器的输入与编码器的输入类似，都需要将经过词嵌入的输入数据加上位置编码后传递给解码器，然而，从 Transformer 模型的框图（见图 2-1）来看，解码器的输入被称为右移输入。这是因为在模型预测时，Transformer 模型是逐步根据前一时间步的所有输出来预测下一时间步的单词。

举例来讲，如果将"Artificial Intelligence"这两个英文单词输入编码器，然后通过解码器来预测"人工智能"这 4 个汉字，具体步骤如下。

（1）传递给解码器的是字母"S"（代表单词 start 的缩写）。解码器利用这个输入字母"S"与编码器的输出进行注意力机制的计算，以预测"人"这个汉字。预测完成后的单词再传递给解码器的输入部分，如图 2-13 所示。

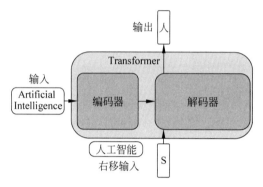

图 2-13　Transformer 模型预测汉字"人"

（2）将字母"S"和汉字"人"传递给解码器，然后解码器利用注意力机制来预测汉字"工"，预测完成后，预测单词再被传递给解码器的输入部分，如图 2-14 所示。

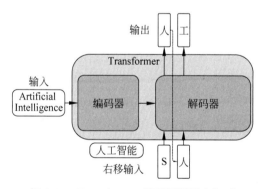

图 2-14　Transformer 模型预测汉字"工"

（3）将字母"S"和汉字"人工"传递给解码器，通过注意力机制预测出汉字"智"，如图 2-15 所示。

（4）将字母"S"和汉字"人工智"传递给解码器，通过注意力机制预测出汉字"能"，如图 2-16 所示。

（5）将字母"S"和单词"人工智能"传递给解码器，通过注意力机制后，模型输出字母"E"（代表单词 end 的缩写），表示整个预测已经完成。模型最终输出"人工智能"这 4 个汉字，如图 2-17 所示。

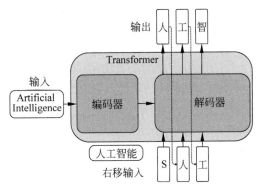

图 2-15　Transformer 模型预测汉字"智"

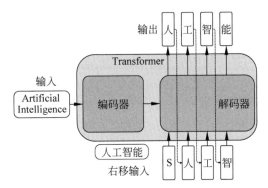

图 2-16　Transformer 模型预测汉字"能"

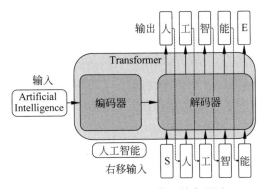

图 2-17　Transformer 模型结束预测

通过以上操作，当将"Artificial Intelligence"输入编码器时，解码器的预测输出就是"人工智能"，完成了英文翻译成中文的任务。

2.4　Transformer 模型中的掩码矩阵

在 Transformer 模型的训练过程中，解码器的输入数据与编码器的输入数据类似，直接传递给解码器的各个模块进行注意力机制的计算，然而，这样做会导致模型提前知道需要预测的单词。为了避免这种情况,这里采用序列屏蔽矩阵(Sequence Mask)来屏蔽传递给解码器的未来数据。这也是为什么解码器的第 1 个注意力机制被称为带有掩码的多头注意力机制(Masked Multi-head Attention)的原因(见图 1-6)。在注意力机制的计算过程中,每个注意力块内部还有一个掩码矩阵,称为占位掩码(Pad Mask)矩阵(见图 1-7)。

2.4.1 Transformer 模型的 Pad Mask

在自然语言处理机器翻译任务中,Transformer 模型的训练不是逐个句子进行的,而是同时将多个句子传递给 Transformer 模型进行批量训练,这也是代码中介绍的批大小(Batch-size)变量的用途。例如,输入以下 3 个句子:

(1)我爱人工智能技术。

(2)最近在学习相关技术与编程。

(3)编程是一门枯燥的学问。

可以发现,每个句子的长度并不完全相同,然而,在 Transformer 模型中,注意力机制计算涉及矩阵乘法,根据数学计算公式,矩阵相乘必须保证每个句子的长度完全一致。

为了确保每个句子具有统一的长度,这里定义了编码器和解码器的输入句子长度变量。当向 Transformer 模型输入的句子长度小于定义的句子长度时,使用字母"P"作为占位符来填充句子长度,如图 2-18 所示。

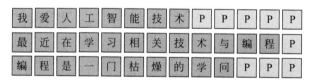

图 2-18　Transformer 模型的 Pad Mask

当句子长度大于定义的句子长度时,其余的单词将被裁剪掉。为了保留所有句子信息,设置的句子长度变量尽量保证句子信息不被裁剪。这类似于卷积神经网络中的填充操作,通过在图片周围补充数字 0 来扩充图片信息。

在 Transformer 模型中,同样采用了类似的思路,使用字母"P"进行填充,例如,将输入句子长度定义为 5。在计算"人工智能"这个句子的注意力机制时,需要在后面使用字母"P"来填充句子长度,以保持句子长度为 5。通过注意力机制的计算,可以看到,在注意力矩阵中,汉字"人"不仅与"人工智能"这个词语中的所有汉字存在注意力数据,而且还与占位字符"P"存在注意力数据,如图 2-19 所示。

根据注意力机制的计算公式(见式(1-3)),在计算完注意力矩阵后,需要进行一次 Softmax 操作,然而,由于占位字符是人为添加的,因此不希望在计算 Softmax 时看到单词信息与填充字符存在注意力机制数据。这样做不仅会影响后期的数据计算与神经网络的训练效果,还会增加计算量。

因此,这里定义了一个 Pad Mask 矩阵,来告诉 Transformer 模型哪些地方是占位字符,哪些地方是真实的输入数据。例如在初始化输入数据时,使用数字 0 代表字符"P",那么输入的 Pad Mask 矩阵就类似如下形状,如图 2-20 所示。

图 2-19　Transformer 模型的 Pad Mask 注意力机制　　图 2-20　Transformer 模型的 Pad Mask 矩阵

这样,经过注意力机制计算后,通过 Pad Mask 矩阵告诉 Transformer 模型哪些地方是占位填充字符。在代码层面,可以将占位填充字符位置设置为一个很小的值。在进行 Softmax 操作时,这些位置的值会变成 0(Softmax 操作会将所有数据置为(0~1)的一个数字,并且所有数字加起来的总和等于 1)。这样,其他单词就不会注意到这个占位字符了,如图 2-21 所示。

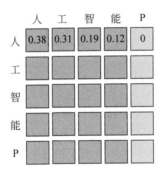

图 2-21　Transformer 模型 Pad Mask 矩阵的 Softmax 操作

2.4.2　Transformer 模型的 Sequence Mask

除了在注意力机制中的 Pad Mask 矩阵外,该如何确保解码器在输入端的矩阵不被模型提前获取,这个问题可以由 Sequence Mask 矩阵来解决。举例来讲,输入解码器的句子还是"人工智能"这 4 个汉字。在处理数据的过程中会在句子前添加一个字母"S",表示开始进行模型预测。

(1)第一阶段,模型仅能观察到字母"S","人工智能"这 4 个字对于模型来讲是不可见的,需要用 Sequence Mask 进行屏蔽。

(2)第二阶段,模型可以观察到"S"和"人"字,剩下的"工智能"3 个字对模型来讲仍然是不可见的,需要用 Sequence Mask 进行屏蔽。

(3)第三阶段,模型可以观察到"S"及"人工"这两个字,而"智能"则应当被 Sequence Mask 进行屏蔽。

（4）第四阶段，模型可以观察到"S"和"人工智"3个字，只有"能"应当用 Sequence Mask 进行屏蔽。

（5）第五阶段，模型可以观察到"S"和全部的"人工智能"这 4 个字，无须进行 Sequence Mask 屏蔽，但字母"E"需要被屏蔽。

这样的过程形成了一个上三角矩阵，在编码阶段可以构建一个同样的上三角矩阵，0 代表需要被 Sequence Mask 屏蔽的信息，1 代表可以被模型获取的信息。这样便构建出了 Sequence Mask 矩阵，如图 2-22 所示。

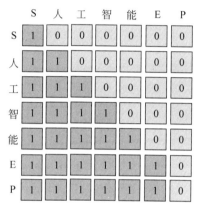

图 2-22　Transformer 模型的 Sequence Mask 矩阵

虽然解码器的输入句子长度未必完全一样，但是可以构建 Pad Mask 矩阵来确保输入句子统一到一个长度。将 Pad Mask 矩阵和 Sequence Mask 矩阵相加，便是解码器输入端的掩码矩阵了。解码器的自注意力机制就会识别到哪些是应该被掩码的信息，因此不会对这些信息计算 Softmax 值（或者说将注意力机制设置为 0）。这样既让模型屏蔽了未来的单词信息，同时也屏蔽了被占位字符填充的信息。

2.4.3　Transformer 模型 Sequence Mask & Pad Mask 的代码实现

Sequence Mask 矩阵的代码如下：

```
#第 2 章/2.4.3/Sequence Mask 代码实现
import torch
import torch.nn as nn
import math
import numpy as np
input = torch.LongTensor([[5,2,1,0,0],[1,3,1,4,0]])        #输入两个句子,其中 0 代表
# pad 字符
def get_attn_subsequence_mask(seq):
    #seq: [batch_size, tgt_len] 输入句子形状
    #attn_shape: [batch_size, tgt_len, tgt_len] 注意力机制形状
```

```
        attn_shape =[seq.size(0), seq.size(1), seq.size(1)]
        #subsequence_mask #[batch_size, tgt_len, tgt_len]
        subsequence_mask = np.triu(np.ones(attn_shape), k=1)      #搭建上三角矩阵
        return torch.from_numpy(subsequence_mask).byte()
subsequence_mask = get_attn_subsequence_mask(input)
print('subsequence_mask',subsequence_mask)                        #输出 Sequence Mask
print(subsequence_mask.shape)              #输出 Sequence Mask 矩阵形状
```

Sequence Mask 矩阵是用于屏蔽输入解码器的句子信息的矩阵,在这之前,输入序列并未经过词嵌入和位置编码处理。例如,在代码中给定的输入序列矩阵的维度为[2,5],其中 2 代表批量大小(表示输入两个句子),5 代表每个句子有 5 个单词。

Sequence Mask 矩阵是一个上三角矩阵,用于屏蔽 Transformer 模型输入的未来句子信息,确保模型每次只能看到当前输入序列之前的信息,避免提前获取未来的句子信息。代码中构建了一个能生成 Sequence Mask 矩阵的函数,函数的输入只有一个变量,即输入序列(维度为[2,5]),并使用 NumPy 函数生成上三角矩阵。

在完成 Sequence Mask 函数的构建后,可以直接将 input 输入序列矩阵传递给这个函数,并打印出 Sequence Mask 矩阵的形状和输出。从输出可以看到,Sequence Mask 函数生成了两个 5×5 的上三角矩阵,其维度为[2,5,5]。在 Sequence Mask 矩阵中,1 表示屏蔽的位置,0 表示模型可以获取的句子信息。

Sequence Mask 代码的输出如下:

```
subsequence_mask tensor([[
        [0, 1, 1, 1, 1],
        [0, 0, 1, 1, 1],
        [0, 0, 0, 1, 1],
        [0, 0, 0, 0, 1],
        [0, 0, 0, 0, 0]],

        [[0, 1, 1, 1, 1],
        [0, 0, 1, 1, 1],
        [0, 0, 0, 1, 1],
        [0, 0, 0, 0, 1],
        [0, 0, 0, 0, 0]]], dtype=torch.uint8)
torch.Size([2, 5, 5])
```

由于 Transformer 模型输入的句子长度不完全一致,所以需要使用 Pad Mask 填充字符来填充句子长度,以便进行注意力机制的计算。Pad Mask 矩阵主要用在注意力计算后进行 Softmax 操作。

Pad Mask 矩阵的代码如下:

```
#第 2 章/2.4.3/pad mask 代码实现
def get_attn_pad_mask(seq_q, seq_k):
    batch_size, len_q = seq_q.size()
```

```
    batch_size, len_k = seq_k.size()
    #eq(0) is PAD token#pad_attn_mask[batch_size, 1, len_k],True is mask
    pad_attn_mask = seq_k.data.eq(0).unsqueeze(1)
    return pad_attn_mask.expand(batch_size, len_q, len_k)
pad_mask = get_attn_pad_mask(input,input)
print('pad_mask',pad_mask)
print(pad_mask.shape)
```

以上建立了一个可以生成 Pad Mask 矩阵的函数。由于 Pad Mask 不仅用在编码器的注意力机制层,还用在解码器注意力机制层及解码器注意力机制交互层,因此函数需要考虑以上这些情况。

该函数需要输入两个序列矩阵参数。在初始化时,将占位字符的序列索引定义为 0,因此代码需要检索矩阵中等于 0 的数字,并将其置为 True,代表这是占位填充字符。最后,直接返回 Pad Mask 矩阵即可。

将输入矩阵 input 传递给刚刚建立好的 Pad Mask 矩阵函数,并打印 Pad Mask 矩阵的输出与矩阵维度,可以看到矩阵形状为[2,5,5]。在 Pad Mask 矩阵中,True 代表占位填充字符,False 代表有数据的地方。在进行 Softmax 计算时会屏蔽占位字符,以便计算有效数据的 Softmax 值。

Pad Mask 代码的输出如下:

```
pad_mask tensor([[
        [False, False, False, True, True],
        [False, False, False, True, True],
        [False, False, False, True, True],
        [False, False, False, True, True],
        [False, False, False, True, True]],


       [[False, False, False, False, True],
        [False, False, False, False, True],
        [False, False, False, False, True],
        [False, False, False, False, True],
        [False, False, False, False, True]]])
torch.Size([2, 5, 5])
```

2.5 Transformer 模型的输出

Transformer 模型的输出与输入类似,不能直接输出人类能够识别的文本、图片或语音信息,而是输出相关的数字信息。

2.5.1 Transformer 模型的线性层

在机器翻译的示例中,假设输入的是"人工智能"这 4 个汉字,其实际输入是[5,2,0,1]

这 4 个数字,每个数字需要经过词嵌入和位置编码处理。假设输出是一个包含了 10 000 个不重复的英文单词的词汇表,单词索引为 $[0,1,2,\cdots,9999]$。在这个例子中,数字"1"代表 Artificial,数字"2"代表 Intelligence。

输入 Transformer 模型的"人工智能"这 4 个汉字,经过词嵌入和位置编码后,其输入数据的矩阵维度为 $[1,4,512]$,然后这个输入矩阵才可以被传递给 Transformer 模型进行注意力机制的计算,如图 2-23 所示。

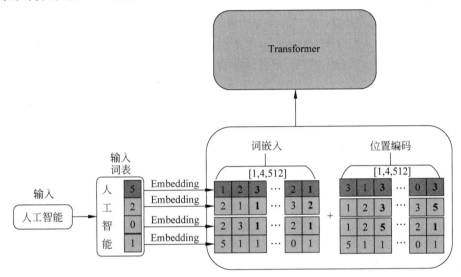

图 2-23 Transformer 模型的输入

由于 Transformer 模型的注意力机制的计算并不会改变数据维度,因此经过 Transformer 模型的注意力机制计算后,输出数据的维度仍然是 $[1,4,512]$,根据 Transformer 模型的系统框架,其输出需要经过一层线性层和一层 Softmax 操作,如图 2-24 所示。

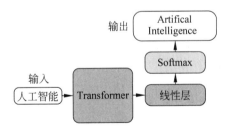

图 2-24 Transformer 模型的线性层与 Softmax 操作

2.5.2 Transformer 模型输出数据的 Softmax 操作

数据经过线性层处理后,其数据维度会变成输出词表的维度。对于机器翻译的实例,输出数据的维度为 $[1,10\,000]$,其中 10 000 代表输出词表的 10 000 个不重复英文单词索引的

概率。最终的模型输出需要经过一层 Softmax 操作,其 Softmax 公式如下:

$$\text{Softmax}(x) = \frac{\text{e}^x}{\sum_{i=1}^{n}\text{e}^x} \tag{2-5}$$

Softmax 操作会对 10 000 个概率数据进行转换,确保每个概率数据都在[0,1]内,并且所有 10 000 个概率数据的总和等于 1。

这样,就可以根据输出的数据概率来选择具有最大概率的数字所代表的英文单词,最终可以根据词表的索引输出英文版本的单词。

2.5.3　Transformer 模型输出数据的 Softmax 代码实现

Softmax 操作的代码如下:

```
#第 2 章/2.5.3/softmax 代码实现
import numpy as np
def softmax(x):
    return np.exp(x) / np.sum(np.exp(x), axis=0)
x = np.array([1, 2, 3, 4, 1, 2, 3])
print(softmax(x))
```

代码运行后的输出如下:

```
[0.02364054  0.06426166  0.1746813  0.474833  0.02364054  0.06426166  0.1746813]
```

Transformer 模型的输出是一个单词一个单词地输出。当模型输入"人工智能"这 4 个汉字时,模型的输出流程如下:

第 1 轮,Transformer 模型根据注意力机制的计算,并经过最终的输出处理,输出一个[1,10 000]维度的向量,其中所有向量的概率经过 Softmax 操作后,总和等于 1。假设输出的向量中第 2 个数字的概率最大,那么对应的数字索引为"1",而数字"1"代表 Artificial。

第 2 轮,模型根据注意力机制的计算,输出第 2 个[1,10 000]维度的向量,经过 Softmax 操作后,向量中第 3 个数字的概率最大,那么对应的数字索引为"2",而数字"2"代表 Intelligence。

这样,经过以上推理,当模型输入"人工智能"这 4 个汉字时,经过编码器与解码器的注意力机制计算,便可以输出英文版本的单词 Artificial Intelligence,如图 2-25 所示。

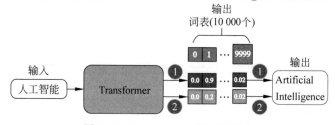

图 2-25　Transformer 模型的输出

2.6 本章总结

本章主要介绍了 Transformer 模型的输入与输出两部分,其中,输入部分包括编码器的输入和解码器的右移输入。这两种输入数据都需要经过词嵌入处理,在添加位置编码后才能传递给 Transformer 模型。

词嵌入是一种将文本数据转换为机器可以理解的向量表示的技术。它可以将输入数据映射到实数向量,从而让 Transformer 模型可以捕捉到单词的语义信息。位置编码用于为输入序列中的每个单词添加位置信息,以帮助 Transformer 模型理解单词之间的相对位置信息。需要注意的是,Transformer 模型的位置编码是相对位置编码,模型只能学习到单词之间的相对位置信息,而无法直接学习得到单词的绝对位置信息。此外,本章还提到后续章节将陆续介绍其他位置编码方式。

接下来,本章重点介绍了 Transformer 解码器的右移输入。这种输入方式主要用于 Transformer 模型的训练阶段,以避免模型提前看到当前时间步之后的输入数据。这样可以确保模型在预测阶段也只能依赖于当前时间步之前的输入数据进行预测。在代码实现阶段,实现此功能的是 Sequence Mask 矩阵。此外,为了保证输入序列长度的统一,Transformer 模型还使用了 Pad Mask 矩阵,以便格式化输入序列,保证注意力机制的矩阵运算。

最后,本章介绍了 Transformer 模型的输出过程,其中包含一层线性层和一层 Softmax 操作。线性层主要是将注意力机制的输出数据维度转换到输出词表维度。Softmax 是一种用于多分类问题的激活函数,它将 Transformer 模型的输出转换为一个概率分布,使模型可以预测出每个类别的预测置信度或权重。

通过本章的学习,读者可以更好地了解 Transformer 模型的输入与输出过程,并具备实现相关功能模块代码的能力。这些概念是 Transformer 模型的基础概念,对后期学习与理解 Transformer 模型都十分重要。

Transformer 模型的注意力机制

第一眼看到这张图片时,你会注意到什么? 如果给你一分钟的时间,则会把大部分时间花费在图片的哪个区域上呢(是蒲公英,还是蓝天或者小草)? 你最关注的地方便是一种注意力机制,如图 3-1 所示。

图 3-1　蒲公英图

本章将探讨注意力机制的概念及如何把注意力机制应用到机器翻译实例任务上。

3.1　Transformer 模型注意力机制的概念

以机器翻译的实例为例,当将"人工智能"这 4 个汉字输入 Transformer 模型时,这 4 个字经过词嵌入和位置编码后,得到一个 $[1,4,512]$ 维度的向量。这个向量随后会被传递给 Transformer 模型,如图 3-2 所示。

在 Transformer 模型框架中,最重要的部分便是注意力机制。那么,到底什么是注意力机制呢?

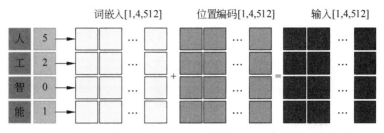

图 3-2　"人工智能"这 4 个汉字经过词嵌入和位置编码后的数据

3.1.1　Transformer 模型的自注意力机制

根据 Transformer 模型的神经网络框架,输入向量首先会被传递给注意力机制层进行注意力机制的计算。在这里,暂时抛开 Q、K、V 三个矩阵,对注意力机制的计算公式进行简化,让 Q、K、V 三个矩阵相等,即都等于输入矩阵 X,这样就得到了一个新的数学公式。

$$\text{Attention}(X,X,X) = \text{Softmax}\left(\frac{XX^{\text{T}}}{\sqrt{d_k}}\right)X \tag{3-1}$$

式(3-1)中,d_k 是一个缩放系数,是一个常量,这里可以暂时忽略这个常量。那么,这个数学公式代表着什么意思呢?

首先输入矩阵 X 是输入序列经过词嵌入与位置编码后的数据,其矩阵维度为[1,4,512]。根据线性代数的知识,可以轻松地得到输入矩阵 X 的转置矩阵,即将输入矩阵 X 的每行顺时针旋转 $90°$,形成新矩阵的每列。通过矩阵转置运算,一个[1,4,512]维度的矩阵向量会变成一个[1,512,4]的新矩阵向量,如图 3-3 所示。

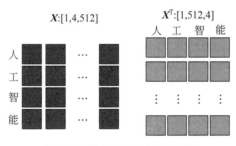

图 3-3　输入矩阵的转置矩阵

根据式(3-1),将输入矩阵 X 与自己的转置矩阵进行注意力机制的计算称为自注意力机制。

3.1.2　Transformer 模型注意力机制中两个矩阵乘法的含义

基于线性代数的原理,可以利用矩阵乘法来处理输入矩阵与转置矩阵的乘法运算($X \times X^{\text{T}}$),例如,输入矩阵 X 的第 1 行的每个元素与转置矩阵 X^{T} 的第 1 列中对应的元素相乘,并对结果求和,从而得到矩阵乘法的结果。类似地,可以按照同样的方式计算输入矩阵 X 的第 1 行与转置矩阵 X^{T} 的第 2 列、第 3 列和第 4 列的乘积,以获得最终输出矩阵的第 1 行数据,其他行的数据也可以通过相同的过程计算得出,如图 3-4 所示。

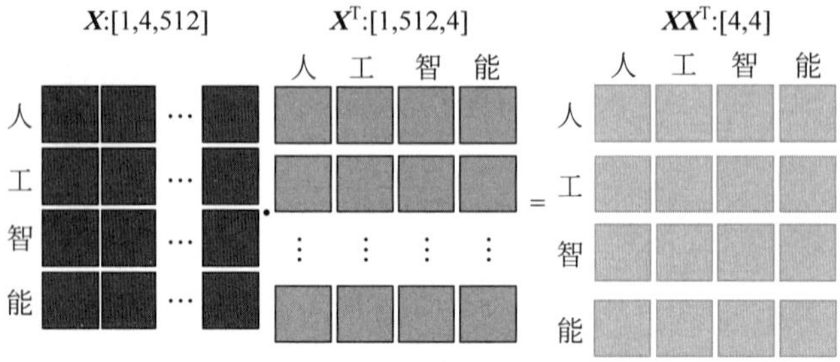

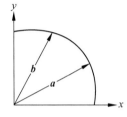

图 3-4 输入矩阵与转置矩阵的乘法运算示意图

针对第 1 行数据,可以观察到,在矩阵乘法中,"人"的词向量分别与"人工智能"这 4 个汉字的词向量进行了乘法运算。那么,这两个向量的乘积代表什么含义呢?

两个向量的乘积也就是它们的内积,表示两个向量之间的夹角,并且还体现了一个向量在另一个向量上的投影。当投影的值越大时,说明这两个向量的相似度越高。如果两个向量的夹角为 90°甚至大于 90°,则这两个向量是线性无关的,完全没有相似性,如图 3-5 所示。

图 3-5 两个矩阵的乘法代表两个向量的夹角

在 Transformer 模型中,这些向量代表了词向量,它们是输入单词经过词嵌入和位置编码后映射到高维空间的数值。当两个词向量的内积较大时,表示这两个单词之间的相关性较高。在 Transformer 模型预测或训练时,当关注某个单词时,应该密切关注与该单词向量内积较大的其他单词。

矩阵 $X \times X^{\mathrm{T}}$ 是一个方阵,在上述例子中为一个 $[4 \times 4]$ 的方阵。通过注意力机制的计算,可以得到单词"人"与单词"人工智能"这 4 个汉字之间的注意力机制数据。当然,"人"与自身的相似度最高,假设为 9,与"工"的相似度假设为 6,与"智"的相似度假设为 3,而与"能"的相似度假设为 1,如图 3-6 所示。

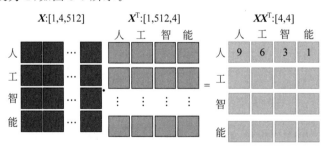

图 3-6 输入矩阵与转置矩阵的乘法结果

两个矩阵的内积数值代表了它们的相似性,数值越大表示与某个单词的相似性越高。在 Transformer 模型中,注意力机制数值较大的地方便是神经网络需要更多关注的地方。

3.1.3　Transformer 模型的 Softmax 操作

根据注意力机制的数学公式,完成注意力计算后,通常需要进行一次 Softmax 操作。Softmax 的主要作用是对模型数据进行归一化,将所有数据映射到[0,1]的范围内,并且各数据之和为 1。另外,这些数值也有另一个称谓,即权重。权重这个词大家应该不陌生,在神经网络模型中,最终的计算结果通过求和得到权重,而这些权重的总和为 1。经过 Softmax 运算后,便得到了单词"人"与其他 4 个汉字"人工智能"的注意力机制概率分布,如图 3-7 所示。

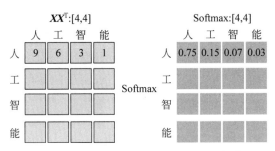

图 3-7　Transformer 模型的 Softmax 操作

当 Transformer 模型关注单词"人"时,应该将 0.75 的注意力分配给它自身,剩下的 0.15 的注意力放在汉字"工",0.07 的注意力放在汉字"智",0.03 的注意力放在汉字"能"(需要注意的是,这里的数值只是用于演示,并不是按照标准公式计算得来的)。当然,在 Transformer 模型的训练过程中会对这些权重进行优化。有关优化训练的详细内容将在后续章节中进行讲解。

3.1.4　Transformer 模型的注意力矩阵

在 Transformer 模型中,对于注意力机制的计算公式,将 Softmax 后的注意力矩阵与输入矩阵 X 相乘,代表着什么含义呢?如图 3-8 所示。

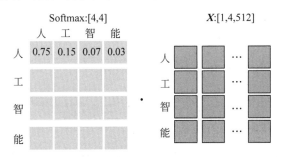

图 3-8　Transformer 模型注意力矩阵与输入矩阵相乘

根据注意力机制的计算公式(见式(3-1)),其注意力矩阵还需要与输入矩阵 X 进行乘法运算。根据矩阵乘法的规则,注意力矩阵的每行与输入矩阵 X 相乘,将得到一个新的矩阵向量。在这个新的矩阵向量中,每个维度的数值(单词 512 维度的词嵌入向量)都是根据"人工智能"这 4 个字向量加权求和得到的。同时,汉字"人"对应的权重较大,因此在矩阵相乘时会更多地提取原始 X 矩阵中与"人"相关的信息,而权重较小的汉字则在加权求和后的过程中其信息会被减弱。这样得到的新的矩阵向量,也就是汉字"人"通过注意力机制加权求和后的矩阵表示,而且每个维度的数字都与其他汉字建立了一定的联系,如图 3-9 所示。

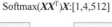

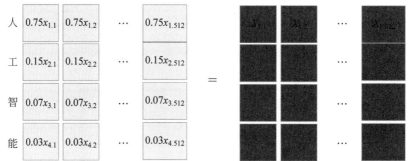

图 3-9　Transformer 模型注意力矩阵与输入矩阵相乘结果示意图

最终结果矩阵按照式(3-2)来计算:

$$
\begin{cases}
\text{第 1 行第 1 列:} X_{1.1} = 0.75x_{1.1} + 0.15x_{2.1} + 0.07x_{3.1} + 0.03x_{4.1} \\
\text{第 1 行第 2 列:} X_{1.2} = 0.75x_{1.2} + 0.15x_{2.2} + 0.07x_{3.2} + 0.03x_{4.2} \\
\text{第 1 行第 512 列:} X_{1.512} = 0.75x_{1.512} + 0.15x_{2.512} + 0.07x_{3.512} + 0.03x_{1.512}
\end{cases}
\tag{3-2}
$$

同样的计算过程也可以用于计算汉字"工"和词语"智能"经过注意力机制后的新矩阵表示,从而得到一个与输入矩阵 X 维度相同的新矩阵。这个新矩阵是输入矩阵经过注意力机制加权求和后的新表示。从以上计算过程可以看出,经过注意力机制加权求和后的矩阵,每个汉字每个维度的数字都是由与其他汉字维度的数值计算而来,因此每个汉字都与其他汉字建立了联系。

Transformer 模型的训练正是针对注意力机制进行的,而且在这里将 Q、K、V 都设为输入矩阵 X(已知矩阵)。这样,注意力机制的计算公式中就没有未知变量了,这使Transformer 模型无法训练出有意义的信息,因此,注意力机制的公式中需要 Q、K、V 三个矩阵的存在。那么 Q、K、V 三矩阵又是从何而来的呢?

3.2　Transformer 模型 Q、K、V 三矩阵

Transformer 模型中的注意力机制概念是通过 Q、K、V 这 3 个矩阵的乘法将每个输入数据转换为一个新的矩阵,其中每个数据都与其他所有单词的数据进行计算,从而建立了所有输入数据之间的联系。然而,当 Q、K、V 三个矩阵都等于输入矩阵 X,并且输入矩阵 X 是一个常量时,注意力机制的公式中就不会存在未知变量了,因此经过注意力机制后得到的结

果也将是一个常量。

　　然而,这样的常量数据无法传入 Transformer 神经网络模型进行相关的数据训练,因为数据本身没有未知变量,而 Transformer 模型也不知道应该训练哪些参数,因此,注意力机制失去了其本质的含义。那么该如何计算注意力呢?

3.2.1　Transformer 模型 Q、K、V 三矩阵的来历

　　按照机器翻译的示例,假设输入了 4 个汉字:“人工智能”。这 4 个汉字经过词嵌入和位置编码后,得到一个[1,4,512]维度的矩阵向量。只有这个矩阵向量才会传递给 Transformer 模型进行训练。根据注意力机制的公式,传递给 Transformer 模型的是 Q、K、V 三个矩阵。

　　假设有一个 W_q 矩阵,其矩阵维度为[512,512]的方阵。根据矩阵计算的规则,将输入矩阵 X 乘以 W_q 矩阵,将会生成一个[4,512]维度的新矩阵,该矩阵称为 Q 矩阵,如图 3-10 所示。

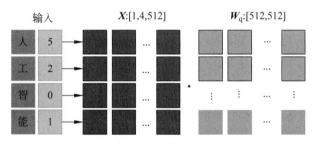

图 3-10　Transformer 模型 Q 矩阵计算方法

　　同样地,假设有一个 W_k 矩阵,其矩阵维度为[512,512]的方阵。将输入矩阵 X 乘以 W_k 矩阵,将会生成一个[4,512]维度的新矩阵,该矩阵称为 K 矩阵,如图 3-11 所示。

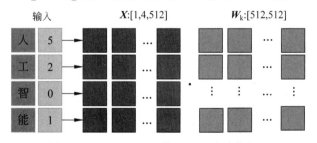

图 3-11　Transformer 模型 K 矩阵计算方法

　　最后,假设有一个 W_v 矩阵,其矩阵维度为[512,512]的方阵。将输入矩阵 X 乘以 W_v 矩阵,将会生成一个[4,512]维度的新矩阵,该矩阵称为 V 矩阵,如图 3-12 所示。

　　通过以上计算,就得到了 Q、K、V 这 3 个矩阵,其矩阵计算公式如式(3-3)所示。

$$Q = XW^q, \quad K = XW^k, \quad V = XW^v \tag{3-3}$$

　　而 W_q、W_k、W_v 这 3 个矩阵是初始化的未知变量,因此 Q、K、V 经过计算后也必然是一个未知的矩阵。当经过注意力机制的计算后,生成的矩阵也将是未知的矩阵,因此,

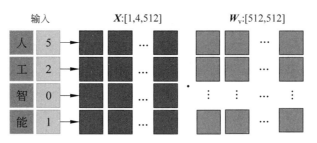

图 3-12　Transformer 模型 V 矩阵计算方法

Transformer 模型的任务就是训练和优化 W_q、W_k、W_v 这 3 个矩阵，以确保经过注意力机制后的矩阵符合预期的输出。

3.2.2　Transformer 模型 Q、K、V 矩阵注意力机制的运算

根据 3.2.1 节得到的 Q、K、V 三个矩阵，就可以使用注意力机制的计算公式来计算注意力。Q 矩阵的维度为 $[4,512]$，而矩阵 K 经过转置后得到一个新的矩阵，其维度为 $[512,4]$。通过将 Q 矩阵乘以 K 矩阵的转置，便得到了注意力机制的注意力矩阵，其维度为 $[4,4]$，如图 3-13 所示。

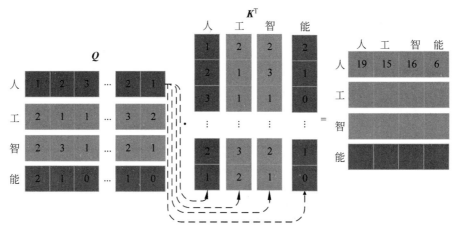

图 3-13　Transformer 模型 Q 矩阵乘以 K 矩阵的转置

当然，在计算注意力之前还会除以一个缩放系数 $\sqrt{d_k}$，并对结果进行 Softmax 计算，从而得到"人工智能"这 4 个汉字分别与汉字"人""工""智""能"之间的权重值。值得注意的是，每行权重值的和等于 1。这也解释了为什么需要进行 Pad Mask 的原因，因为模型希望真正存在数据的地方具有权重值，而被掩码的地方权重值为 0。

最后，将注意力机制的矩阵与矩阵 V 相乘，得到一个新的矩阵，其中，注意力矩阵的维度为 $[4,4]$，而矩阵 V 的维度为 $[4,512]$。通过矩阵乘法，得到的新矩阵的维度仍然是 $[4,512]$，这个新矩阵就是经过加权求和后的输入矩阵 X 新向量表示，如图 3-14 所示。

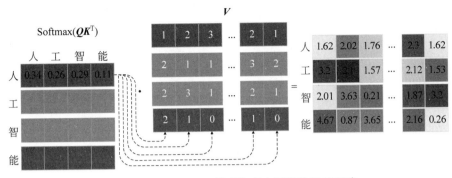

图 3-14　Transformer 模型注意力矩阵乘以 V 矩阵

在整个计算过程中，未知变量是 W_q、W_k、W_v，而 Transformer 模型通过优化不同注意力机制的权重来优化这些未知变量。

3.3　Transformer 模型注意力机制中的缩放点积

从注意力机制的计算公式可以看出，在计算注意力矩阵时，除以一个缩放系数 $\sqrt{d_k}$。那么为什么需要这个缩放系数呢？如果不使用这个系数，则会有什么问题？

3.3.1　Transformer 模型注意力机制的问题

梯度消失问题：神经网络的权重会按照损失的梯度进行更新，但在某些情况下，梯度可能非常小，从而有效地阻止了权重的更新。这会导致神经网络无法进行有效训练，这通常被称为梯度消失问题。

数据 Softmax 操作：假设有一个正态分布，Softmax 的值在很大程度上取决于标准差。如果标准差很大，则 Softmax 函数将只有一个峰值，其他值都趋向于 0。为了更好地可视化这个问题，可以随机生成一些数据，并进行代码的可视化操作，其代码如下：

```
#第 3 章/3.3.1/创建均值为 0、标准差为 100 的正态分布
import torch
import numpy as np
import torch.nn as nn
import matplotlib.pyplot as plt
a = np.random.normal(0,100,size=(20000))    #创建均值为 0、标准差为 100 的数据
plt.hist(a)
plt.show()                                  #可视化
```

代码执行后，其输出如图 3-15 所示。

其 Softmax 操作的代码如下：

```
#第 3 章/3.3.1/创建均值为 0、标准差为 100 的正态分布，并执行 Softmax 操作
import torch
import numpy as np
```

```
import torch.nn as nn
import matplotlib.pyplot as plt
a = np.random.normal(0,100,size=(20000))          #创建均值为 0、标准差为 100 的正态分布
attn = nn.Softmax(dim=-1)(torch.from_numpy(a))     #执行 Softmax 操作
plt.plot(attn)
plt.show()                                          #可视化
```

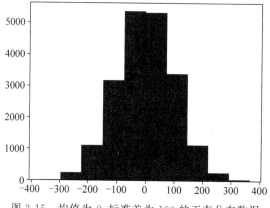

图 3-15　均值为 0、标准差为 100 的正态分布数据

　　利用上述数据进行一层 Softmax 操作，并可视化经过 Softmax 后的数据。从可视结果可以看出，在 Softmax 操作后只存在一个有效的值 1，其他值都为 0。这意味着注意力权重消失，模型很难进行有效学习，如图 3-16 所示。

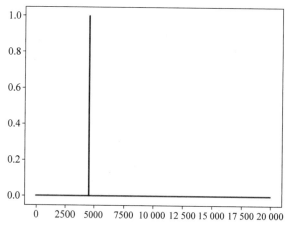

图 3-16　均值为 0、标准差为 100 的数据经过 Softmax 可视化

3.3.2　Transformer 模型注意力机制的缩放点积

　　缩放点积操作的目的是确保点积的值不会因为向量维度的增加而变得过大。通过引入缩放因子，可以将点积的值控制在一个合适的范围内，使 Softmax 函数能够更好地处理注意力权重。可以通过创建一个均值为 0，标准差为 100 的正态分布，并将其标准差缩放为 1

来说明这一点,其代码如下:

```
#第3章/3.3.2/创建一个均值为0,标准差为100的正态分布,并将其标准差缩放为1
import torch
import numpy as np
import torch.nn as nn
import matplotlib.pyplot as plt
a = np.random.normal(0, 100, size=(20000))      #创建一个均值为0,标准差为100的数据
b = a / 100
#创建一个包含两个子图的画布
fig, (ax1, ax2) = plt.subplots(1, 2, figsize=(10, 5))
#绘制a的直方图
ax1.hist(a)
ax1.set_title('Histogram of a')
#绘制b的直方图
ax2.hist(b)
ax2.set_title('Histogram of b')
#调整子图之间的间距
plt.tight_layout()
#显示图形
plt.show()
```

代码执行后,两种数据分布的直方图完全相同,只是数据的标准差不同(一种是100,另一种是1),如图3-17所示。

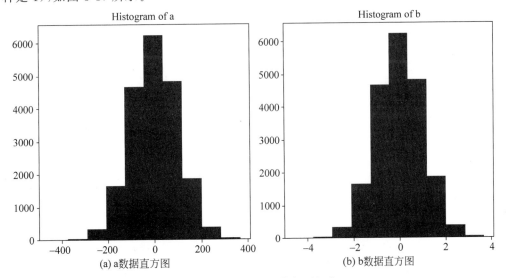

图3-17 均值为0的数据可视化

然后观察这两种数据经过Softmax操作后的数值,代码如下:

```
#第3章/3.3.2/Softmax操作
attn = nn.Softmax(dim=-1)(torch.from_numpy(a))      #Softmax操作
plt.plot(attn)
```

```
plt.show()
attn_b = nn.Softmax(dim=-1)(torch.from_numpy(b))          #Softmax 操作
plt.plot(attn_b)
plt.show()
```

代码执行后如图 3-18 所示,可以看到,经过缩放点积后的数据,在经过 Softmax 操作后呈现出更加分散、分布更加均匀的特点,不再局限于单个数值,这有助于有效地改善模型的学习机制,避免梯度消失或者梯度爆炸问题。

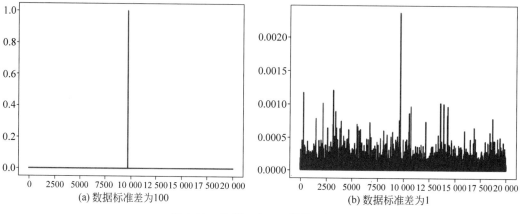

(a) 数据标准差为100   (b) 数据标准差为1

图 3-18   数据 Softmax 操作可视化

3.4   Transformer 模型注意力机制的代码实现过程

按照标准的注意力机制公式来编写 Transformer 模型最关键的注意力机制的代码,其代码如下:

```
#第 3 章/3.4/注意力机制代码实现过程-第一部分
import torch
import torch.nn as nn
import math
import numpy as np
import matplotlib.pyplot as plt
input = torch.LongTensor([[5,2,1,0,0],[1,3,1,4,0]])      #初始化一个变量
src_vocab_size = 10                                       #输入词表长度
d_model = 512                                             #word-embedding 维度
d_k = d_v = 64                                            #多头注意力机制维度
word_embr = word_emb(input)                  #[2,5,512],输入数据经过词嵌入
pes = pe(word_embr).transpose(0, 1)          #[2,5,512],输入数据添加位置编码
enc_pad_mask = get_attn_pad_mask(input,input)     #[2,5,5] 获取 Pad Mask 矩阵
```

首先,初始化输入一个 LongTensor 变量,其矩阵维度为[2,5],其中,2 代表输入两个句子,5 代表每个句子有 5 个汉字。假设在矩阵中,数字 0 代表 Pad Mask,然后引入 word_emb()函数和 pe()函数,这些函数是第 2 章中介绍的词嵌入和位置编码函数。输入数据需

要经过词嵌入和位置编码后才能传递给 Transformer 的注意力机制模块。经过以上操作后，数据的维度变为[2,5,512]。由于输入数据存在 Pad Mask，所以代码使用 get_attn_pad_mask()函数获取 Pad Mask 矩阵，以便在进行注意力机制计算时使用。如果是解码器的输入，则需要计算 Sequence Mask 矩阵。

```
#第3章/3.4/注意力机制代码实现过程-第二部分
class ScaledDotProductAttention(nn.Module):
    def __init__(self):
        super(ScaledDotProductAttention, self).__init__()
    def forward(self, Q, K, V, attn_mask):
        #Q: [batch_size, len_q, d_k]              #[2,5,512]定义 Q 矩阵
        #K: [batch_size, len_k, d_k]              #[2,5,512]定义 K 矩阵
        #V: [batch_size, len_v(=len_k), d_v]      #[2,5,512]定义 V 矩阵
        #attn_mask: [batch_size, seq_len, seq_len] #[2,5,5]定义 mask 矩阵
        #scores:[batch_size,len_q,len_k]          #[2,5,5]注意力矩阵
        #根据注意力机制计算公式计算 Q 乘以 K 的转置矩阵,再除以根号下 d_k
        scores = torch.matmul(Q, K.transpose(-1, -2)) / np.sqrt(d_k)
        if attn_mask is not None: #若存在 mask,则添加 mask 矩阵
            scores.masked_fill_(attn_mask, -1e9)   #[2,5,5]
        attn = nn.Softmax(dim=-1)(scores)  #对最后一个维度(v)执行 Softmax 操作
        #result: [batch_size, len_q, d_v]          #[2,5,512]
        #根据注意力机制的公式,注意力矩阵再乘以 V 矩阵
        result = torch.matmul(attn, V)             #[2,5,512]
        return result, attn              #attn 注意力矩阵(用于可视化)
```

接下来，建立一个注意力机制计算函数，该函数接受 4 个参数，分别是 Q、K、V 三个矩阵，以及掩码矩阵。Q、K、V 三个矩阵是通过将输入矩阵 X 经过线性变换得到的新矩阵表示，其维度仍然是[2,5,512]，而掩码矩阵的维度为[2,5,5]。

根据注意力机制的计算公式，让矩阵 Q 乘以 K 矩阵的转置，并除以一个缩放系数 $\sqrt{d_k}$，得到注意力矩阵，其维度为[2,5,5]。在这一步中，还需要判断是否存在掩码矩阵。如果存在掩码矩阵，则需要将掩码的位置置为一个很小的负无穷数，这样在进行 Softmax 计算时，掩码的位置的数值就会变为 0，而其他没有被掩码的位置的数值和为 1。最后，根据注意力机制的计算公式，将计算得到的注意力矩阵乘以输入矩阵 V，就得到了最终的结果矩阵。

建立完成注意力机制实现函数后，可以初始化一下数据，并进行注意力机制的可视化操作，其代码如下：

```
#第3章/3.4/注意力机制代码输出可视化
Q = K = V = X                            #初始化 Q,K,V 矩阵,使它们都等于 X
self_attention = ScaledDotProductAttention()  #初始化注意力机制函数
atten_result, atten = self_attention(Q,K,V,enc_pad_mask)  #计算注意力机制
print('atten_result',atten_result)         #打印输出结果
print('atten_result',atten_result.shape)   #打印最终输出的数据形状
#数据可视化
import matplotlib.pyplot as plt
#将注意力矩阵的形状从 [batch_size, len_q, len_k] 转换为 [len_q, len_k]
```

```
attention_matrix = atten[0].detach().NumPy()
#绘制热力图
plt.imshow(attention_matrix, cmap='viridis', interpolation='nearest')
#添加颜色条
plt.colorbar()
#添加坐标轴标签
plt.xlabel('len_k')
plt.ylabel('len_q')
#显示图形
plt.show()
```

让输入矩阵 Q、K、V 都等于输入矩阵 X，并将 Q、K、V 三个矩阵与 Pad Mask 矩阵一起传递给注意力机制函数。在这里，可以打印出经过注意力机制计算后的结果矩阵及其形状。由于注意力机制不改变输入矩阵的维度，所以经过注意力机制的计算后，矩阵的维度仍然是 $[2,5,512]$，其输出如下：

```
atten_result tensor([[
        [ 1.2291,  1.3626,  2.1573, ...,  3.4164, -1.2502,  0.5883],
        [ 0.6696,  0.3658,  2.0497, ..., -0.1866,  0.7938,  0.1699],
        [ 1.8404, -0.1952,  0.9078, ...,  0.0304,  1.6829, -0.0272],
        [ 1.7838, -0.1680,  0.9630, ...,  0.0200,  1.6399, -0.0177],
        [ 1.8168, -0.1839,  0.9308, ...,  0.0261,  1.6650, -0.0233]],
       [[ 1.1720,  0.8458,  0.2195, ...,  0.0304,  1.6828, -0.0272],
        [ 1.5178,  0.0592,  0.9711, ..., -0.1349, -0.4596,  0.7501],
        [ 1.8346, -0.1861,  0.9018, ...,  0.0304,  1.6829, -0.0272],
        [ 0.9450, -0.2576,  1.6519, ...,  0.2529, -0.5878,  1.4342],
        [ 1.3575, -0.2256,  1.3054, ...,  0.1499,  0.4633,  0.7577]]],
       grad_fn=<UnsafeViewBackward>)
atten_result torch.Size([2, 5, 512])
```

当然，也可以对注意力机制的矩阵进行可视化，使用热力图表示，不同颜色表示注意力权重的大小，颜色越亮表示权重越大，说明注意力数值越大。代码可视化执行后，其输出如图 3-19 所示。

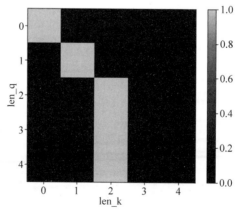

图 3-19　Transformer 模型注意力矩阵可视化

3.5 Transformer 模型多头注意力机制

相比于多头注意力机制,3.4 节中介绍的注意力机制可以看作其中的一头。那么为什么需要多头注意力机制呢? 实际上,这与我们对人、事、物的评估类似,不同的人对同一个人或同一件事可能会有不同的看法。如果只听从某个人的意见,则必然会偏离事实,而如果多人评价同一件事情,综合多个人的观点,就能更接近真相。多头注意力机制也是基于同样的道理,它使用多个矩阵来关注相同的输入矩阵,并最终通过综合多个头的权重信息来获取最终的输出权重,从而获得更有效的注意力。那么在 Transformer 模型中,多头注意力机制是如何处理的呢?

3.5.1 Transformer 模型多头注意力机制的计算公式

仍以机器翻译为例。输入 Transformer 模型的仍然是"人工智能"这 4 个汉字,通过词嵌入和位置编码后,生成一个维度为[1,4,512]的输入向量矩阵 $\boldsymbol{X}$。只有经过这样的处理,输入矩阵 $\boldsymbol{X}$ 才会被传递到 Transformer 模型中,并进行多头注意力机制的计算,其多头注意力机制的计算公式如下:

$$\begin{cases} \text{MultiHead}(\boldsymbol{Q},\boldsymbol{K},\boldsymbol{V}) = \text{Concat}(\text{head}_1,\text{head}_2,\cdots,\text{head}_n)\boldsymbol{W}^O \\ \text{where head}_i = \text{Attention}(\boldsymbol{Q}\boldsymbol{W}_i^Q,\boldsymbol{K}\boldsymbol{W}_i^K,\boldsymbol{V}\boldsymbol{W}_i^V) \end{cases} \quad (3\text{-}4)$$

式(3-4)中,$\boldsymbol{W}_i^Q \in \mathbf{R}^{d_{\text{model}} \times d_k}$,$\boldsymbol{W}_i^K \in \mathbf{R}^{d_{\text{model}} \times d_k}$,$\boldsymbol{W}_i^V \in \mathbf{R}^{d_{\text{model}} \times d_v}$,$\boldsymbol{W}^O \in \mathbf{R}^{hd_v \times d_{\text{model}}}$,而多头的维度如式(3-5)所示,都是 64。

$$d_k = d_v = \frac{d_{\text{model}}}{h} = 64 \quad (3\text{-}5)$$

根据多头注意力机制的计算公式,每个头可以看作一个注意力机制。在式(3-4)中,有3 个变量,这 3 个变量的计算公式如下:

$$\begin{cases} \boldsymbol{Q}_i = \boldsymbol{Q}\boldsymbol{W}_i^Q \\ \boldsymbol{K}_i = \boldsymbol{K}\boldsymbol{W}_i^K \\ \boldsymbol{V}_i = \boldsymbol{V}\boldsymbol{W}_i^V \end{cases} \quad (3\text{-}6)$$

将它们代入注意力机制的公式中,就可以得到每个头的注意力计算公式,其公式如下:

$$\text{head}_i = \text{Attention}(\boldsymbol{Q}_i,\boldsymbol{K}_i,\boldsymbol{V}_i) = \text{Softmax}\left(\frac{\boldsymbol{Q}_i\boldsymbol{K}_i^{\text{T}}}{\sqrt{d_k}}\right)\boldsymbol{V}_i \quad (3\text{-}7)$$

其中,i 表示多头注意力机制的头数,在 Transformer 模型中,将其定义为 8。

3.5.2 Transformer 模型 Q_i、K_i、V_i 的来历

通常情况下,$\boldsymbol{Q}$、$\boldsymbol{K}$、$\boldsymbol{V}$ 三个矩阵都等于输入矩阵 $\boldsymbol{X}$,其维度为[4,512],因此,假设有一个 $\boldsymbol{W}_{q_0}$ 矩阵,其维度为[512,64],将其与输入矩阵 $\boldsymbol{Q}$ 相乘($\boldsymbol{Q} \times \boldsymbol{W}_{q_0}$),得到一个新的矩阵 $\boldsymbol{Q}_0$,其

维度为[4,64],如图 3-20 所示。

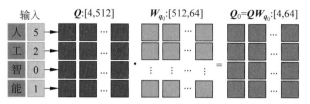

图 3-20　Transformer 模型 $\boldsymbol{Q}_0$ 矩阵的计算过程

同理,假设有一个 $\boldsymbol{W}_{k_0}$ 矩阵,其维度为[512,64],将其与输入矩阵 $\boldsymbol{K}$ 相乘($\boldsymbol{K}\times\boldsymbol{W}_{k_0}$),得到一个新的矩阵 $\boldsymbol{K}_0$,其维度为[4,64],如图 3-21 所示。

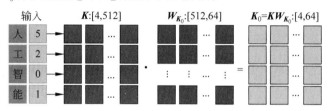

图 3-21　Transformer 模型 $\boldsymbol{K}_0$ 矩阵的计算过程

假设有一个 $\boldsymbol{W}_{v_0}$ 矩阵,其维度为[512,64],将其与输入矩阵 $\boldsymbol{V}$ 相乘($\boldsymbol{V}\times\boldsymbol{W}_{v_0}$),得到一个新的矩阵 $\boldsymbol{V}_0$,其维度为[4,64],如图 3-22 所示。

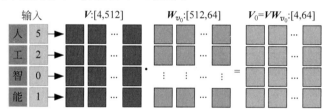

图 3-22　Transformer 模型 $\boldsymbol{V}_0$ 矩阵的计算过程

通过以上运算,就得到了多头注意力机制中第 1 个头的 $\boldsymbol{Q}_0$、$\boldsymbol{K}_0$、$\boldsymbol{V}_0$ 三矩阵,然后根据多头注意力机制的计算公式,就可以得到经过注意力机制计算后的 $\boldsymbol{Z}_0$ 矩阵,其维度为[4,64]。计算公式如下:

$$\boldsymbol{Z}_0 = \text{head}_0 = \text{Attention}(\boldsymbol{Q}_0,\boldsymbol{K}_0,\boldsymbol{V}_0) = \text{Softmax}\left(\frac{\boldsymbol{Q}_0\boldsymbol{K}_0^{\mathrm{T}}}{\sqrt{d_k}}\right)\boldsymbol{V}_0 \tag{3-8}$$

同样的方法,假设有一个 $\boldsymbol{W}_{q_1}$ 矩阵,$\boldsymbol{W}_{k_1}$ 与 $\boldsymbol{W}_{v_1}$ 矩阵。使其与输入 $\boldsymbol{Q}$、$\boldsymbol{K}$、$\boldsymbol{V}$ 三矩阵分别做乘法,就得到了多头注意力机制中的第 2 个头的 $\boldsymbol{Q}_1$、$\boldsymbol{K}_1$、$\boldsymbol{V}_1$ 三矩阵。再根据多头注意力机制的计算公式,就可以得到经过注意力机制计算后的 $\boldsymbol{Z}_1$ 矩阵,其维度为[4,64]。计算公式如下:

$$\boldsymbol{Z}_1 = \text{head}_1 = \text{Attention}(\boldsymbol{Q}_1,\boldsymbol{K}_1,\boldsymbol{V}_1) = \text{Softmax}\left(\frac{\boldsymbol{Q}_1\boldsymbol{K}_1^{\mathrm{T}}}{\sqrt{d_k}}\right)\boldsymbol{V}_1 \tag{3-9}$$

当然,由于是多头注意力机制,其头数为 8,因此假设有 8 个 $\boldsymbol{W}_q$ 矩阵,输入矩阵 $\boldsymbol{Q}$ 乘以

8个 $\boldsymbol{W_q}$ 矩阵,便得到了8个 $\boldsymbol{Q}$ 矩阵,分别是 $[\boldsymbol{Q}_0,\boldsymbol{Q}_1,\cdots,\boldsymbol{Q}_7]$,计算公式如下:

$$[\boldsymbol{Q}_0,\boldsymbol{Q}_1,\cdots,\boldsymbol{Q}_7]=\boldsymbol{Q}\boldsymbol{W}_i^Q,\quad i=[0,1,\cdots,7] \tag{3-10}$$

$\boldsymbol{W}_k$ 矩阵同样也有8个,输入矩阵 $\boldsymbol{K}$ 乘以8个 $\boldsymbol{W}_k$ 矩阵,便得到了8个 $\boldsymbol{K}$ 矩阵,分别是 $[\boldsymbol{K}_0,\boldsymbol{K}_1,\cdots,\boldsymbol{K}_7]$,计算公式如下:

$$[\boldsymbol{K}_0,\boldsymbol{K}_1,\cdots,\boldsymbol{K}_7]=\boldsymbol{K}\boldsymbol{W}_i^K,\quad i=[0,1,\cdots,7] \tag{3-11}$$

$\boldsymbol{W}_v$ 矩阵同样也有8个,输入矩阵 $\boldsymbol{V}$ 乘以8个 $\boldsymbol{W}_v$ 矩阵,便得到了8个 $\boldsymbol{V}$ 矩阵,分别是 $[\boldsymbol{V}_0,\boldsymbol{V}_1,\cdots,\boldsymbol{V}_7]$,计算公式如下:

$$[\boldsymbol{V}_0,\boldsymbol{V}_1,\cdots,\boldsymbol{V}_7]=\boldsymbol{V}\boldsymbol{W}_i^V,\quad i=[0,1,\cdots,7] \tag{3-12}$$

通过以上的计算,便得到了多头注意力机制中8个头的 $\boldsymbol{Q}_i$、$\boldsymbol{K}_i$、$\boldsymbol{V}_i$ 三矩阵。

3.5.3　Transformer 模型多头注意力机制的计算

根据注意力机制的计算公式,可以计算每个头经过注意力机制后的矩阵,一共得到8个矩阵,分别是 $[\boldsymbol{Z}_0,\boldsymbol{Z}_1,\cdots,\boldsymbol{Z}_7]$。每个 $\boldsymbol{Z}$ 矩阵的维度都为 $[4,64]$,如图 3-23 所示。

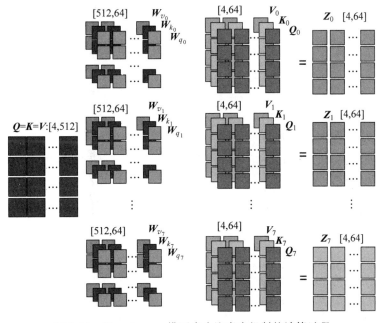

图 3-23　Transformer 模型多头注意力机制的计算过程

根据多头注意力机制的计算公式(见式(3-4)),使用 Concat 方法将 $[\boldsymbol{Z}_0,\boldsymbol{Z}_1,\cdots,\boldsymbol{Z}_7]$ 这8个输出矩阵合并在一起,得到一个新的矩阵 $\boldsymbol{Z}$,其维度为 $[4,512]$,其计算公式如下:

$$\boldsymbol{Z}=\mathrm{Concat}(\mathrm{head}_1,\mathrm{head}_2,\cdots,\mathrm{head}_n) \tag{3-13}$$

假设有一个矩阵 $\boldsymbol{W}_o$,其维度为 $[512,512]$,将输出矩阵 $\boldsymbol{Z}$ 与 $\boldsymbol{W}_o$ 矩阵相乘,得到经过多头注意力机制后的矩阵,矩阵维度仍然是 $[4,512]$,其计算公式如下:

$$\mathrm{MultiHead}(\boldsymbol{Q},\boldsymbol{K},\boldsymbol{V})=\boldsymbol{Z}\boldsymbol{W}_o \tag{3-14}$$

当然，在这里假设 batch-size 为 1，所以实际的矩阵维度为$[1,4,512]$，通过以上的计算过程便得到了最终多头注意力机制的结果，如图 3-24 所示。

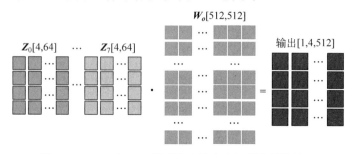

图 3-24　Transformer 模型多头注意力机制的计算结果

本节所讲解的多头注意力机制，其中未知参数是 W_o 矩阵及 8 个 W_q、W_k、W_v 矩阵，而 Transformer 模型对以上未知矩阵进行了训练与优化。

3.6　Transformer 模型多头注意力机制的代码实现

与注意力机制的代码相比，多头注意力机制的代码是在原有基础上计算多个头的 Q、K、V 矩阵，然后进行注意力机制的计算。

3.6.1　Transformer 模型多头注意力机制的代码

多头注意力机制的代码如下：

```python
#第 3 章/3.6.1/多头注意力机制代码实现-第一部分
import torch
import torch.nn as nn
import math
import numpy as np
import matplotlib.pyplot as plt
input = torch.LongTensor([[5,2,1,0,0],[1,3,1,4,0]])
src_vocab_size = 10
d_model = 512
word_embr = word_emb(input)                              #词嵌入
word_embr = word_embr.transpose(0, 1)
d_k = d_v = 64
pes = pe(word_embr).transpose(0, 1)                      #位置编码 [2,5,512]
enc_pad_mask = get_attn_pad_mask(input,input)            #Pad Mask 矩阵 [2,5,5]
n_heads = 8
input_Q = input_K = input_V = pes
```

输入数据仍然是 LongTensor($[[5,2,1,0,0]$，$[1,3,1,4,0]]$)变量，经过词嵌入和位置编码后，将输出数据传递给多头注意力机制，其中数字"0"代表 Pad Mask。最后，将输入 Q、K、V 三个矩阵都设为输入矩阵 X，有了 Q、K、V 三个矩阵，就可以分别计算多头注意力机制的矩阵。当然,还使用了 get_attn_pad_mask 方法获取 Pad Mask 矩阵。

```
#第 3 章/3.6.1/多头注意力机制代码实现-第二部分
class MultiHeadAttention(nn.Module):
    def __init__(self):
        super(MultiHeadAttention, self).__init__()
        #初始化注意力机制中需要的 Wq、Wk、Wv 及 Wo 矩阵,矩阵维度为[512,512]
        self.W_Q = nn.Linear(d_model, d_k *n_heads, bias=False)        #[512,512]
        self.W_K = nn.Linear(d_model, d_k *n_heads, bias=False)        #[512,512]
        self.W_V = nn.Linear(d_model, d_v *n_heads, bias=False)        #[512,512]
        self.W_O = nn.Linear(n_heads *d_v, d_model, bias=False)        #[512,512]
    def forward(self, input_Q, input_K, input_V, attn_mask):
        #输入 Q、K、V 三矩阵,矩阵维度都为 [2,5,512]
        #input_Q: [batch_size, len_q, d_model]                         #[2,5,512]
        #input_K: [batch_size, len_k, d_model]                         #[2,5,512]
        #input_V: [batch_size, len_v(=len_k), d_model]                 #[2,5,512]
        #计算 Pad Mask 矩阵,矩阵维度为[2,5,5]
        #attn_mask: [batch_size, seq_len, seq_len]                     #[2,5,5]
        #设置 residual,便于计算残差连接
        residual, batch_size = input_Q, input_Q.size(0)               #[2,5,512]
        #B: batch_size, S:seq_len, D: dim
        #(B,S,D)-proj-> (B,S,D_new)-
        #split->(B,S,Head,W)-trans->(B,Head,S,W)
        #获取多头注意力机制中的 8 个 Q、K、V 矩阵,每个矩阵的维度都为[2,8,5,64]
        #Q: [batch_size, n_heads, len_q, d_k]                          #[2,8,5,64]
        Q = self.W_Q(input_Q).view(batch_size, -1, n_heads, d_k).transpose(1, 2)
        #K: [batch_size, n_heads, len_k, d_k]                          #[2,8,5,64]
        K = self.W_K(input_K).view(batch_size, -1, n_heads, d_k).transpose(1, 2)
        #V: [batch_size, n_heads, len_v(=len_k), d_v] #[2,8,5,64]
        V = self.W_V(input_V).view(batch_size, -1, n_heads, d_v).transpose(1, 2)
        #attn_mask:[batch_size,seq_len,seq_len]->->->->
        #->->->->->[batch_size,n_heads,seq_len,seq_len]
        #重复 8 次,得到 8 个头的 Pad Mask 矩阵
        attn_mask = attn_mask.unsqueeze(1).repeat(1, n_heads, 1, 1)    #[2,8,5,5]
        #result:[batch_size,n_heads,len_q,d_v]                         #[2,8,5,64]
        #attn:[batch_size,n_heads,len_q, len_k]                        #[2,8,5,5]
        #计算多头注意力机制
        result, attn = ScaledDotProductAttention()(Q, K, V, attn_mask)

        #result:[batch_size,n_heads,len_q,d_v]->[batch_size,len_q,n_heads *d_v]
        #contat heads #result 2*5*512
        result = result.transpose(1, 2).reshape(batch_size, -1, n_heads *d_v)
        #乘以 Wo 矩阵,合并 8 个头的输出数据
        output = self.W_O(result) #[batch_size, len_q, d_model]        #[2,5,512]
        #执行残差连接后,再做一次数据归一化操作,就可以传递给下一层的神经网络模型了
        return nn.LayerNorm(d_model)(output + residual), attn          #[2,5,512]
```

这里定义了一个 MultiHeadAttention 多头注意力机制函数,并在初始化部分定义了 4 个线性变换矩阵,分别是 W_q、W_k、W_v、W_o。这 4 个矩阵是 Transformer 模型需要训练的未

知参数矩阵,每个矩阵的维度为$[512,512]$。每个头的 $\boldsymbol{W}_{q_i}$、$\boldsymbol{W}_{k_i}$、$\boldsymbol{W}_{v_i}$ 矩阵的维度都为$[512,64]$。在代码实现中,8 个头的 $\boldsymbol{Q}$、$\boldsymbol{K}$、$\boldsymbol{V}$ 矩阵一起计算,因此 $\boldsymbol{W}_q$、$\boldsymbol{W}_k$、$\boldsymbol{W}_v$ 矩阵的维度都为$[512,512]$,其计算公式如下:

$$\boldsymbol{W}_q = \mathrm{Concat}(\boldsymbol{W}_{q_0},\boldsymbol{W}_{q_1},\cdots,\boldsymbol{W}_{q_7}) \tag{3-15}$$

$$\boldsymbol{W}_k = \mathrm{Concat}(\boldsymbol{W}_{k_0},\boldsymbol{W}_{k_1},\cdots,\boldsymbol{W}_{k_7}) \tag{3-16}$$

$$\boldsymbol{W}_v = \mathrm{Concat}(\boldsymbol{W}_{v_0},\boldsymbol{W}_{v_1},\cdots,\boldsymbol{W}_{v_7}) \tag{3-17}$$

式(3-15)、式(3-16)、式(3-17)中 $\boldsymbol{W}_{q_i}$、$\boldsymbol{W}_{k_i}$、$\boldsymbol{W}_{v_i}$ 矩阵维度都为$[512,64]$,因此 $\boldsymbol{W}_q$、$\boldsymbol{W}_k$、$\boldsymbol{W}_v$ 的数据维度都为$[512,512]$。

实现函数接受 4 个参数,分别是输入矩阵 $\boldsymbol{Q}$、$\boldsymbol{K}$、$\boldsymbol{V}$ 和 Pad Mask 矩阵。$\boldsymbol{Q}$、$\boldsymbol{K}$、$\boldsymbol{V}$ 三矩阵的维度与输入矩阵 $\boldsymbol{X}$ 的维度相同,均为$[2,5,512]$,而 Pad Mask 的矩阵维度为$[2,5,5]$。

(1) 2:代表输入两个句子。

(2) 5:代表每个句子中有 5 个汉字。

(3) 512:词嵌入的数据维度。

然后使用变量 residual 保存输入矩阵和变量 batch_size。residual 变量是为了 Transformer 模型中的残差连接操作,关于这点稍后会在后续章节中进行说明。接下来,使用输入矩阵 $\boldsymbol{Q}$、$\boldsymbol{K}$、$\boldsymbol{V}$ 与 $\boldsymbol{W}_q$、$\boldsymbol{W}_k$、$\boldsymbol{W}_v$ 矩阵进行线性变换,得到了 8 个头的 $\boldsymbol{Q}$、$\boldsymbol{K}$、$\boldsymbol{V}$ 三矩阵,每个头的矩阵维度都为$[2,5,64]$,而代码中的 $\boldsymbol{Q}$、$\boldsymbol{K}$、$\boldsymbol{V}$ 三个矩阵的维度为$[\mathrm{batch\_size},\mathrm{n\_heads},\mathrm{len\_q},\mathrm{d\_v}]$,对于这个例子来讲,维度为$[2,8,5,64]$。

(1) 2:Batch Size,输入两个句子。

(2) 8:head num,一共有 8 个头。

(3) 5:len_q,每个句子中有 5 个汉字(这里包含 Pad Mask)。

(4) 64:d_v,每个头的词嵌入维度。

由于采用了多头注意力机制,所以在计算注意力机制之前,需要将 Pad Mask 矩阵拆分成多个头的 Pad Mask。首先,Pad Mask 的矩阵维度为$[2,5,5]$,利用 unsqueeze(1)函数增加一个维度,此时矩阵维度为$[2,1,5,5]$,然后将第二维度复制 8 次,便得到了多头注意力机制的 Pad Mask 矩阵,其维度为$[2,8,5,5]$。

得到 8 个头的 $\boldsymbol{Q}$、$\boldsymbol{K}$、$\boldsymbol{V}$ 矩阵后,就可以使用注意力机制的代码来计算注意力机制了。将输入矩阵 $\boldsymbol{Q}$、$\boldsymbol{K}$、$\boldsymbol{V}$ 及 Pad Mask 矩阵传递给 3.4 节介绍的注意力机制函数,计算注意力,并将结果返回。注意力机制不会改变输入矩阵的维度,因此输出矩阵的维度依然为$[2,8,5,64]$。

最后,通过 transpose 函数对结果变量的第二维度、第三维度进行转换,使矩阵维度变为$[2,5,8,64]$,然后通过 reshape 函数对多头的输出维度进行转换,将矩阵维度转换为$[2,5,512]$。这样就得到了经过多头注意力机制的结果。再根据多头注意力机制的公式,将结果矩阵通过 $\boldsymbol{W}_o$ 矩阵进行一次线性变换,其矩阵维度仍为$[2,5,512]$。

代码到这里为止,多头注意力机制的代码已经完整实现。在这里,只需返回结果变量,但是根据 Transformer 模型的架构,每次数据通过一个模块时都需要进行残差连接和数据归一化操作,因此最后一行代码执行了残差连接与数据归一化操作,以便传递给下一层的神经网络。

最后,初始化多头注意力机制函数,并传递相关的输入矩阵。可以打印输出结果矩阵和结果矩阵维度。可以看到,经过多头注意力机制后,矩阵的维度保持不变,依然为[2,5,512],输出如下:

```
m_head_atten_result tensor([[
        [-0.1605, 1.2608, -0.6856, ..., 0.5043, -1.6757, 1.2376],
        [-0.3512, -0.1073, 1.3214, ..., 1.4473, -0.8715, 0.8557],
        [ 1.5346, -0.9605, 1.6794, ..., 0.3909, 0.6375, 1.9169],
        [-1.2765, -0.8159, -0.1087, ..., 0.5661, 1.1516, 1.4668],
        [-1.9795, -0.4878, -0.8385, ..., 0.5787, 1.1683, 1.4647]],
       [[ 0.7732, 0.2312, 0.8715, ..., 0.2745, 0.9548, 2.0081],
        [ 2.0831, 0.4099, -0.6964, ..., 0.5363, 0.5820, 0.6014],
        [ 1.5541, -1.0806, 1.6650, ..., 0.2298, 0.9527, 1.9963],
        [ 0.0689, -0.8965, -0.3886, ..., 0.4475, 1.1963, 0.9367],
        [-2.0188, -0.6554, -0.8316, ..., 0.4140, 1.4297, 1.6245]]],
       grad_fn=<NativeLayerNormBackward>)
torch.Size([2, 5, 512])
```

3.6.2 Transformer 模型多头注意力矩阵可视化

得到多头注意力矩阵后,可以按照以下代码进行热力图的可视化操作,其可视化代码如下:

```
#第 3 章/3.6.2/Transformer 模型多头注意力矩阵可视化
import matplotlib.pyplot as plt
#将注意力矩阵的形状从 [batch_size, n_heads, len_q, len_k]
#转换为 [n_heads, len_q, len_k]
attention_matrices = attn.detach().NumPy()      #转换到 NumPy 数据格式
n_heads = attention_matrices.shape[1]           #获取注意力机制头数
#可视化多头注意力机制
n_rows = (n_heads + 1) //2
n_cols = min(2, n_heads)
fig, axes = plt.subplots(n_rows, n_cols, figsize=(12, 8))
for i in range(n_heads):
    attention_matrix = attention_matrices[0, i]   #可视化第 1 个 batch
    #[1, i]可视化第 2 个 batch
    row = i //n_cols
    col = i % n_cols
    #在当前子图中绘制热力图
    im = axes[row, col].imshow(attention_matrix, cmap='hot', interpolation=
'nearest')
    axes[row, col].set_xlabel('len_k')
    axes[row, col].set_ylabel('len_q')
```

```
fig.colorbar(im, ax=axes)
plt.tight_layout()
plt.show()
```

　　由于是多头注意力机制,所以代码会生成8个头的注意力矩阵(矩阵维度为[2,8,5,5]),并且此处的Batch Size为2,因此会有16个注意力矩阵。首先,使用代码attention_matrix=attention_matrices[0,i]来可视化第1个batch的8个注意力矩阵。从注意力矩阵可以看出,颜色越深的地方表示对应位置的注意力权重越大。注意,在第1个batch后面的两个数字"0"处为Pad Mask,经过Softmax操作后,对应的注意力机制权重为0,可视化结果如图3-25所示。

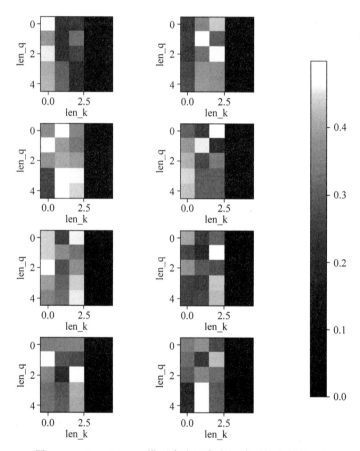

图3-25　Transformer模型多头注意力矩阵可视化结果(1)

　　接下来,可以通过修改代码attention_matrix = attention_matrices[1,i]来可视化第2个batch的多头注意力矩阵热力图。从可视化结果可以看出,注意力权重也随着颜色变深而增大。同样,在第2个batch后面的一个数字"0"处为Pad Mask,经过Softmax操作后,对应的注意力机制权重为0,可视化结果如图3-26所示。

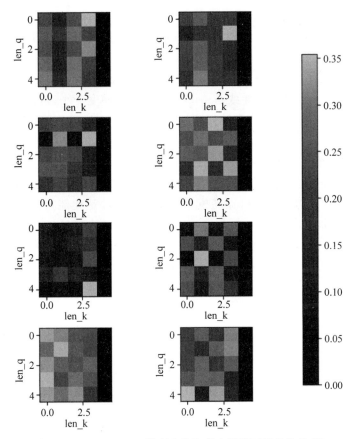

图 3-26　Transformer 模型多头注意力矩阵可视化结果(2)

3.7　本章总结

本章主要介绍了 Transformer 模型中的注意力机制和多头注意力机制的概念和实现，以及其在自然语言处理中的应用。

首先，介绍了注意力机制的概念。注意力机制是指在处理序列数据时，模型能够自动学习不同位置的权重，从而选择性地关注与当前任务相关的信息。在 Transformer 模型中，注意力机制是通过计算输入序列中各个位置之间的相关性来实现的。

接下来，介绍了自注意力机制。自注意力机制是指在计算注意力权重时，只关注输入序列本身，而不需要引入其他的上下文信息。自注意力机制可以有效地捕捉输入序列中长距离依赖的信息，是 Transformer 模型中的核心组件之一。

在自注意力机制的基础上，本章进一步地介绍了注意力机制中的两个矩阵乘法操作，其中，第 1 个矩阵乘法操作用于计算输入序列中各个位置之间的相关性，也称为点积注意力；第 2 个矩阵乘法操作用于计算输入序列中各个位置的注意力权重，也称为 Softmax 操作。

Softmax 操作是将点积注意力得到的权重矩阵进行归一化处理,使每个位置的权重值在 0~1,并且所有位置的权重值之和为 1。Softmax 操作可以使模型更加关注与当前任务相关的信息,同时也可以避免梯度消失的问题。

在计算注意力权重时,本章介绍了使用缩放点积注意力的原因。由于点积注意力在计算过程中会产生较大的值,从而导致 Softmax 操作后的梯度变小,进而影响模型的训练效果。为了解决这个问题,在计算点积注意力时引入了一个缩放因子,使点积注意力的值在一个合适的范围内,从而提高了模型的训练稳定性。

接下来,本章介绍了多头注意力机制。多头注意力机制是将自注意力机制扩展到多个子空间中,每个子空间都有自己的注意力权重,从而使模型能够更好地捕捉输入序列中的多种语义信息。多头注意力机制可以提高模型的表达能力和泛化能力,是 Transformer 模型中的另一个核心组件之一。

最后,本章介绍了注意力机制和多头注意力机制的代码实现。在实现过程中,需要计算 Q 矩阵、K 矩阵和 V 矩阵,其中 Q 矩阵用于计算注意力权重,K 矩阵和 V 矩阵用于计算输出序列。在计算 Q 矩阵、K 矩阵和 V 矩阵时,需要使用线性变换和激活函数等操作,以提高模型的表达能力。

第4章 Transformer 模型的残差连接，归一化与前馈神经网络

在 Transformer 模型中，每次经过一个功能模块后都会使用一层 Add&Norm(Add：残差连接，Norm：normalization 数据归一化)操作。Add 表示残差连接，即将输出矩阵 Z 与输入矩阵 X 进行加法运算。加法操作不会影响数据，因此数据维度经过加法操作后，其数据维度保存不变。接着，需要进行一层归一化操作，即使用层归一化操作(Layer Normalization,Layer Norm)对数据进行处理，以避免梯度消失或梯度爆炸问题，如图 4-1 所示。

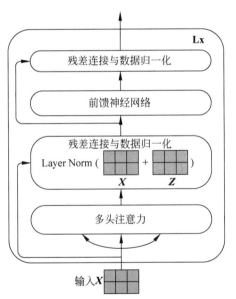

图 4-1　Transformer 模型残差连接与数据归一化

4.1　Transformer 模型批归一化与层归一化

无论是批归一化(Batch Normalization,Batch Norm)还是层归一化，其目的都是优化模型参数，避免梯度消失或者梯度爆炸，以提升模型训练的稳定性和性能。在计算出数据的均

值和标准差后,可以根据归一化的数学公式对数据进行归一化处理。

4.1.1　Transformer 模型批归一化

Batch Norm 顾名思义,是对一个 batch 内的特征进行数据归一化。以图 4-2 所示的输入数据为例,其中输入数据的 Batch Size 为 6,表示每次模型训练时同时传递给模型的是 6 个句子。

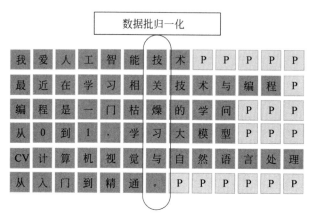

图 4-2　Transformer 模型批归一化示意图

因此,可以将 Batch Norm 理解为在纵向进行列方向上的数据(词嵌入维度)归一化操作,然后根据式(4-1)计算列方向(batch 维度)上的均值和标准差。

$$\mu = \frac{1}{M}\sum_i x_i, \quad \sigma = \sqrt{\frac{1}{M}\sum_I (x_i - \mu)^2} \tag{4-1}$$

其中,M 表示 Batch Size,这里取值为 6。

Batch Norm 归一化操作的特点:

(1) 在输入数据的 Batch Size 维度上进行操作。

(2) 通过减去 Batch 维度的均值并除以 Batch 维度的标准差,对 Batch 维度上的数据进行归一化。

(3) 在训练过程中,在每个小 Batch Size 内计算均值和标准差,并使用这些数据进行归一化操作。

(4) 引入了额外的可学习参数,以让模型学习最佳的归一化参数。

(5) 常用于卷积神经网络和全连接层。

4.1.2　Transformer 模型层归一化

Layer Norm 是一种在输入数据的特征维度上进行数据归一化的操作。假设输入 Transformer 模型如图 4-3 所示的输入数据,其输入数据的 Batch Size 为 6。

尽管在模型训练时同时处理 6 个句子,但这仅仅是为了并行计算。Layer Norm 操作仅

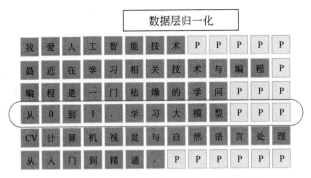

图 4-3　Transformer 模型层归一化示意图

在输入数据的特征维度上进行归一化，对一个句子（词嵌入的数据维度）进行操作。相比之下，Batch Norm 需要对 6 个句子的数据进行归一化。Layer Norm 的均值和方差计算公式如下：

$$\mu = \frac{1}{H}\sum_i x_i, \quad \sigma = \sqrt{\frac{1}{H}\sum_I (x_i - \mu)^2} \tag{4-2}$$

其中，H 的取值为 13（句子长度）。

Layer Norm 数据归一化的特点：

（1）在输入数据的特征维度上进行操作。

（2）通过减去均值并除以标准差，对特征维度上的数据进行归一化。

（3）在每层内计算均值和标准差，并使用这些数据进行归一化。

（4）不引入额外的可学习参数。

（5）常用于循环神经网络和自注意力层。

4.1.3　Transformer 模型的层归一化操作

在 Transformer 模型中，由于自注意力机制的特性，选择 Layer Norm 而不是 Batch Norm。自注意力机制在序列维度上操作，应用 Batch Norm 会引入序列元素之间的依赖关系，这是不可取的，而 Layer Norm 可以独立地应用于序列中的每个样本，实现更好的并行化，并且不会引入序列元素之间的依赖关系，因此，Layer Norm 是在 Transformer 模型中进行归一化操作的更合适的选择。在机器翻译实例中，输入 Batch Size 数据只是为了并行计算。模型真正关心的是每层之内的特征数据，而对 Batch 维度的数据并不关心，因此，Layer Norm 就比较合适，这也是为什么 Transformer 模型使用 Layer Norm 的原因。

Layer Norm 的具体操作是通过均值与标准差将特征归一化后，再通过可以学习的参数 gamma 与 beta 映射到一个新的数值分布上，当然在均值的部分还添加了一个较小的参数 epsilon，以避免方差为 0 的情况，如式（4-3）所示。

$$y = \frac{x - E[x]}{\sqrt{\text{Var}[x] + \varepsilon}} \times \gamma + \beta \tag{4-3}$$

4.1.4　Transformer 模型层归一化的代码实现

在 3.6 节中详细讨论了多头注意力机制的代码实现。在代码的最后一行，直接使用了 nn.LayerNorm 函数进行 Layer Norm 操作。然而，也可以根据式（4-3）来编写 Layer Norm 代码，代码如下：

```
#第 4 章/4.1.4/Transformer 模型层归一化代码实现
#return nn.LayerNorm(d_model)(output + residual), attn #[2,5,512]
input_Q = input_K = input_V = residual = pes
m_head_atten = MultiHeadAttention()            #多头注意力机制
m_head_atten_result, attn = m_head_atten(input_Q,input_K,input_V,enc_pad_mask)
    #获取多头注意力机制数据
class LayerNorm(nn.Module):                    #定义 LayerNorm 函数
    def __init__(self,d_model = 512,eps = 1e-6):
        super(LayerNorm, self).__init__()
        #初始化 3 个参数
        self.a = nn.Parameter(torch.ones(d_model))
        self.b = nn.Parameter(torch.zeros(d_model))
        self.eps = eps
    def forward(self,x):
        #根据 Layer Norm 公式计算数据归一化
        mean = x.mean(-1,keepdim=True)
        std = x.std(-1,keepdim=True)
        return self.a * (x - mean)/(std + self.eps) + self.b
laynorm = LayerNorm()                          #初始化 Layer Norm 函数
#使用自己搭建的 Layer Norm 函数进行数据归一化操作
layernorm_result = laynorm((m_head_atten_result+residual))
#输出结果数据与数据维度
print('layernorm_result',layernorm_result)
print(layernorm_result.shape)
#使用 nn.LayerNorm 函数进行数据归一化操作
nn_laynorm = nn.LayerNorm(d_model)((m_head_atten_result+residual))
print('nn_laynorm',nn_laynorm)
print(nn_laynorm.shape)
```

首先，根据 3.6 节定义一些输入参数，并将定义好的参数传递给多头注意力机制代码。值得注意的是，这里的多头注意力机制代码删除了最后一行 nn.LayerNorm 操作，然后编写自己的 LayerNorm 函数。

定义 3 个参数，即 LayerNorm 公式中的 gamma、beta 及 epsilon。由于 gamma 和 beta 是模型可学习的参数，所以可以直接进行随机初始化。这里用 a 来代表参数 gamma，并初始化为 1 的矩阵；用 b 来代表参数 beta，并将其初始化为 0 的矩阵。之后定义一个较小的值 epsilon。在函数实现部分，先计算数据的均值和标准差。最后，根据 LayerNorm 的公式进行数据归一化处理。

完成了 LayerNorm 函数定义后，先将经过多头注意力机制处理的数据与输入数据进行加法运算，然后使用新创建的 LayerNorm 函数进行数据归一化处理，并打印出数据归一化后的数据和数据形状。得到的数据维度依然是[2,5,512]，代码输出如下：

```
layernorm_result tensor([[
        [-2.0379, -0.3513, -1.4498, ..., -0.1675, -0.5735, 0.4268],
        [ 0.8150, 0.6953, 0.0141, ..., 0.4145, -0.7799, 2.7005],
        [ 0.1918, -1.4693, -1.1249, ..., 0.1729, -1.2533, 1.2551],
        [-0.5280, -1.0027, 0.6524, ..., 0.1222, 0.9956, 0.2402],
        [-1.2640, -0.6702, -0.0875, ..., 0.1481, 1.0060, 0.2632]],

        [[-0.3579, 0.0111, -1.7528, ..., 0.1335, -1.2843, 0.9756],
        [-0.6551, 0.7818, -0.4858, ..., 0.4424, -0.8753, 0.9072],
        [ 0.4007, -1.2429, -1.0369, ..., 0.1055, -1.3755, 0.9519],
        [-1.3658, -0.6098, 0.1189, ..., 0.6464, -2.9134, 0.8585],
        [-1.1028, -0.6678, 0.0098, ..., 0.0814, 0.8641, -0.0711]]],
        grad_fn=<AddBackward0>)
torch.Size([2, 5, 512])
```

虽然可以直接使用 nn.LayerNorm 函数来进行数据归一化操作，但通过对比，可以看到以上建立的 LayerNorm 函数得到的归一化参数与 nn.LayerNorm 函数几乎一致，并且数据维度保持不变，依然是[2,5,512]。nn.LayerNorm 数据归一化代码的输出如下：

```
nn_laynorm tensor([[
        [-2.0398, -0.3516, -1.4512, ..., -0.1677, -0.5740, 0.4272],
        [ 0.8158, 0.6959, 0.0141, ..., 0.4149, -0.7807, 2.7031],
        [ 0.1920, -1.4708, -1.1260, ..., 0.1731, -1.2545, 1.2564],
        [-0.5286, -1.0037, 0.6530, ..., 0.1223, 0.9965, 0.2404],
        [-1.2653, -0.6709, -0.0876, ..., 0.1482, 1.0070, 0.2635]],

        [[-0.3582, 0.0111, -1.7546, ..., 0.1336, -1.2856, 0.9766],
        [-0.6558, 0.7825, -0.4863, ..., 0.4428, -0.8761, 0.9081],
        [ 0.4011, -1.2441, -1.0379, ..., 0.1056, -1.3768, 0.9528],
        [-1.3671, -0.6104, 0.1190, ..., 0.6471, -2.9162, 0.8593],
        [-1.1039, -0.6685, 0.0098, ..., 0.0815, 0.8649, -0.0712]]],
        grad_fn=<NativeLayerNormBackward>)
torch.Size([2, 5, 512])
```

4.2 残差神经网络

在 Transformer 模型的编码器和解码器部分，每当输入数据经历一层的功能模块处理之后都会出现一个 Add 操作，如图 4-4 所示。

4.2.1 ResNet 残差神经网络

卷积神经网络的深度发展使计算机视觉领域的图像分类和识别工作取得了显著的成绩，然而，随着神经网络层数的增加，模型的训练难度也随之急剧增加，并可能产生饱和，甚

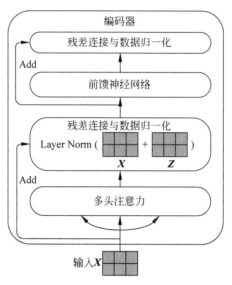

图 4-4　Transformer 模型残差连接示意图

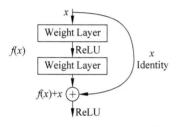

图 4-5　ResNet 残差连接网络

至降低模型的准确性。针对这些问题,残差神经网络(Residual Network,ResNet)被设计出来。这是一种携有残差连接特性的特殊神经网络,它实现了更深的神经网络的有效训练,如图 4-5 所示。

在早期的深度神经网络中,每层输出的数据都直接作为下一层的输入。假设每层的激活函数为 $f(x)$,那么每层的输出将如式(4-4)所示,并直接作为下一层的输入。

$$H(x) = f(x) \tag{4-4}$$

然而,随着神经网络模型层数的增多,数据经过多层操作后,可能会出现数据失真的问题,导致神经网络出现梯度消失或梯度爆炸问题。ResNet 网络的出现有效地解决了这些问题。在 ResNet 网络中,虽然每层的输出仍为 $f(x)$,但在传输至下一层作为输入时,每层的输入数据都包含了上一层的输入,如图 4-6 所示。

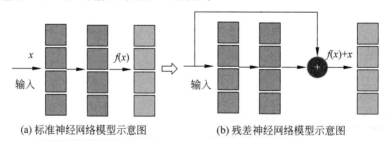

(a) 标准神经网络模型示意图　　　　(b) 残差神经网络模型示意图

图 4-6　标准神经网络与残差神经网络模型对比图

其输入下一层的数据如式(4-5)所示,然而,多少层需要跨步添加一个 ResNet 网络,需要根据具体的模型进行配置。

$$H(x) = f(x) + x \tag{4-5}$$

4.2.2　Transformer 模型的残差连接

Transformer 模型在其编码器和解码器部分都加入了残差连接网络，并在每层中的注意力机制和前馈神经网络后都添加了残差连接网络，如图 4-7 所示。

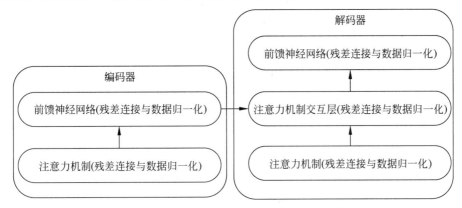

图 4-7　Transformer 模型中的残差连接网络

残差网络实际上就是一层的数据加法运算。矩阵的加法操作不会改变矩阵的维度，因此经过 ResNet 残差连接操作后，数据的输出维度保持不变。该网络的引入主要是为了解决深度网络中的梯度消失和梯度爆炸问题，以使模型更好地进行学习。同时，残差连接能够将原始观测的特征与经过一层或多层变换后的特征添加在一起，因此能将原始特征传递至后续的神经网络层。这种操作的优势主要体现在以下几点。

（1）梯度传播：通过残差连接，梯度可以更好地传播回网络的较早层，从而有效地解决深层网络中梯度消失或梯度爆炸问题。

（2）信息转播：残差连接能够保留原始特征的信息，并将其传递到后续的层，从而使模型更好地学习输入数据的有效表示。

（3）模型表达能力：通过将原始特征与变换后的特征相加，残差连接能够增强模型的表达能力，从而提高模型的拟合能力。

总体来讲，残差连接在 Transformer 模型中起到了缓解梯度问题、保留原始输入信息和增强模型表达能力的作用。借助于残差连接，Transformer 模型能更好地进行训练和学习，从而提高了模型的性能和效果。

4.3　Transformer 模型前馈神经网络

在 Transformer 模型中，编码器与解码器的每个子层都添加了一层全连接的前馈神经网络（Feed Forward），如图 4-8 所示。

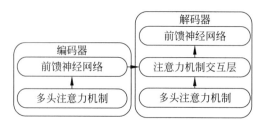

图 4-8　Transformer 模型中的前馈神经网络

4.3.1　Transformer 模型前馈神经网络的计算公式

一般来讲,前馈神经网络包含两层线性层和一个中间的 ReLU 激活函数,其公式如下:

$$\mathrm{FFN}(x) = \max(0, xW_1 + b_1)W_2 + b_2 \tag{4-6}$$

其中,$W_1 \in \mathbf{R}^{d_{ff} \times d_{\mathrm{model}}}$,$W_2 \in \mathbf{R}^{d_{\mathrm{model}} \times d_{ff}}$($d_{ff} = 2048$,$d_{\mathrm{model}} = 512$)。

式(4-6)由 3 部分组成。第一部分是 $xW_1 + b_1$ 线性变换函数,此函数虽然简单,但却被视为人工智能领域的核心操作之一。这部分包括权重 W_1(维度为[512,2048]),偏差 b_1(一般取值为 0),而 W_2 和 b_2 则是需要通过模型训练获取的未知参数。当然矩阵的加法不会影响矩阵的维度,依然按照机器翻译的实例,输入"人工智能"4 个汉字,其输入矩阵经过多头注意力机制后,输出的 Z 矩阵维度为[1,4,512],然后这个输出矩阵 Z 乘以 W_1,得到输出矩阵 O,其矩阵维度为[1,4,2048],如图 4-9 所示。

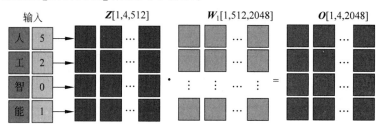

图 4-9　Transformer 模型中的前馈神经网络第一部分计算示意图

第二部分是 $\max(0, xW_1 + b_1)$ ReLU 激活函数,它并不会改变矩阵的维度,其维度依然保持为[1,4,2048]。这一函数取线性函数 $xW_1 + b_1$ 与 0 之间的最大值,其作用是添加非线性因素,对模型的学习能力起到至关重要的作用。

第三部分 $\max(0, xW_1 + b_1)W_2 + b_2$ 是另一次线性变换。这时数据矩阵 O 与另一个未知矩阵 W_2(矩阵维度为[2048,512])做乘法运算,然后加上 b_2(一般取值为 0)。最终,得到最终的前馈神经网络输出矩阵,其维度为[1,4,512],如图 4-10 所示。

尽管经过了前馈神经网络,但是矩阵的维度仍然保持不变。这是 Transformer 模型设计的精妙之处,无论数据如何在模型中变换,输出数据的维度始终保持一致。这无疑为模型的数据分析带来了极大的便捷,并保证了数据的敏感性和一致性。前馈神经网络层的作用主要有以下几点。

(1)增强非线性表达能力:通过 ReLU 激活函数,前馈神经网络层可以增强模型的非

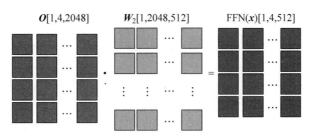

图 4-10　Transformer 模型中的前馈神经网络第三部分计算示意图

线性表达能力,这使模型能够表示和处理更复杂的函数关系。

（2）捕获局部特征：通过对每个位置进行独立变换,前馈神经网络层有助于将输入序列中的局部特征转换为全局特征。

（3）提升模型深度：Transformer 模型通过堆叠多个前馈神经网络层,增强了模型的深度,并能够学习到更丰富的特征表示。

4.3.2　激活函数

激活函数在模型设计时扮演着关键性的角色,它们的主要类型可以分为线性激活函数和非线性激活函数,然而,线性激活函数（如 $f(x)=x$）无法限制函数输出的范围,并且当数据的复杂性增加或者需要优化参数时,线性激活函数未能提供有效的途径,因此神经网络的激活函数一般选择非线性激活函数。

非线性激活函数通过在不同的输入范围引入不一样的数学公式,使神经网络可以学习和处理复杂的非线性关系,其在神经网络中有多方面的功能,例如激活神经元、增加非线性属性,以及调控激活的程度等,这对于网络的有效学习和表示起到了重要的作用,因此,为神经网络选择适当的激活函数是影响网络性能和训练效果的关键因素。常用的激活函数如图 4-11 所示。

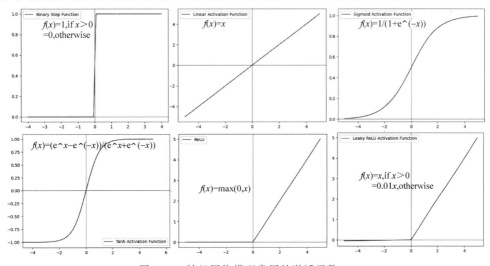

图 4-11　神经网络模型常用的激活函数（1）

（1）Sigmoid 函数（也称为 Logistic 函数）：它将输入值映射到 0～1 的连续输出。它常用于二分类问题，可以将输出解释为概率。

（2）ReLU 函数（Rectified Linear Unit）：它将负输入值映射为 0，而正输入值保持不变。ReLU 函数在深度学习中非常流行，因为它可以有效地解决梯度消失问题，并且可以提高计算速度。

（3）Leaky ReLU 函数：它是 ReLU 函数的变体，当输入为负时，它不会完全置零，而是乘以一个小的斜率。这样可以解决 ReLU 函数在负输入时可能出现的神经元死亡问题。

（4）Tanh 函数（双曲正切函数）：它将输入值映射到 −1～1 的连续输出。与 Sigmoid 函数类似，Tanh 函数也常用于二分类问题，但它的输出范围更广。

（5）Softmax 函数：它将输入向量映射为概率分布，常用于多分类问题。Softmax 函数可以将神经网络的输出解释为各个类别的概率。

除了以上激活函数外，现在出现了更多的激活函数，例如 Parametric ReLU、SELU、ELU、ELU（a＝1）＋Derivative、GELU、Swish 等，如图 4-12 所示。

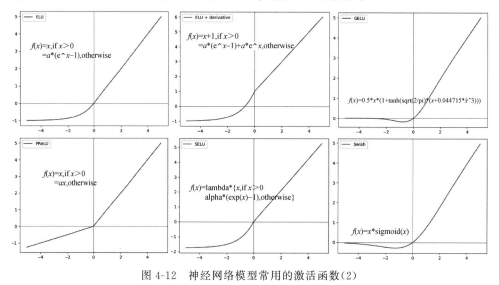

图 4-12　神经网络模型常用的激活函数（2）

激活函数需要根据自己的模型参数特点选择合适的激活函数，而 Transformer 模型采用了 ReLU 激活函数。

4.3.3　Transformer 模型 ReLU 激活函数

假设在一个坐标系中有两条直线，一条为 $f(x)=x$，另一条为 $f(x)=0$。当 x 大于 0 时，取值为 x，当 x 小于 0 时，全部映射为 0，这就是标准的 ReLU 激活函数，如图 4-13 所示。

Transformer 模型中使用 ReLU 激活函数的主要原因是其简单性和计算效率。ReLU 函数将负数映射为 0，保留正数，主要具有以下几个优点。

（1）非线性特性：ReLU 引入了非线性变换，使 Transformer 模型能够学习和表示更加复杂的函数关系。非线性激活函数是神经网络中的关键组成部分，它们允许模型拟合非线性数据和决策边界。

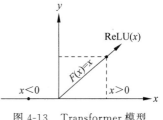

图 4-13　Transformer 模型 ReLU 激活函数

（2）梯度传播：ReLU 函数在正数部分的导数为 1，这意味着正数部分的梯度可以直接传播到后续层，不会受到梯度消失的影响。这有助于解决深层网络中的梯度消失问题，使模型能够更好地进行反向传播和优化。

（3）稀疏激活性：ReLU 函数将负数部分的输入值直接置为 0，这导致了稀疏激活性，即只有部分神经元被激活。这种稀疏性有助于降低模型的计算复杂度和存储需求，提高模型的计算效率。

（4）快速收敛：ReLU 函数具有简单的计算形式，只需比较输入值与 0 的大小。这使 ReLU 函数的计算速度非常快，加速了模型的训练和推理过程。

总之，ReLU 激活函数在 Transformer 模型中的作用是引入非线性特性、解决梯度消失问题、提高计算效率和加速模型的收敛速度。它是一种简单而有效的激活函数，适用于大多数深度学习任务。

4.3.4　Transformer 模型前馈神经网络的代码实现

实现 Transformer 模型前馈神经网络的代码如下：

```
#第 4 章/4.3.4/Transformer 模型前馈神经网络代码实现
input = torch.LongTensor([[5,2,1,0,0],[1,3,1,4,0]])
d_model = 512                          #词嵌入维度
d_ff = 2048                            #前馈神经网络层维度（512->2048->512)
d_k = d_v = 64 #dimension of K(=Q), V
n_layers = 6                           #Block 的个数
n_heads = 8                            #多头注意力头数
#获取多头注意力机制后的输出数据
nn_laynorm = nn.LayerNorm(d_model)((m_head_atten_result+residual))
class PoswiseFeedForwardNet(nn.Module):    #搭建前馈神经网络
    def __init__(self):
        super(PoswiseFeedForwardNet, self).__init__()
        self.fc = nn.Sequential(
            #前馈神经网络公式的第一部分
            nn.Linear(d_model, d_ff, bias=False), #W1 [512,2048]
            #前馈神经网络公式的第二部分
            nn.ReLU(),                     #max(0,w1*x+b1)
            #前馈神经网络公式的第三部分
            nn.Linear(d_ff, d_model, bias=False)) #W2 [2048,512]
    def forward(self, inputs):             #实现函数
        residual = inputs                  #为了残差连接
        output = self.fc(inputs)           #计算前馈神经网络
```

```
                return nn.LayerNorm(d_model)(output + residual)    #残差与数据归一化
FF = PoswiseFeedForwardNet()                                        #初始化前馈神经网络
FF_result = FF(nn_laynorm)                                          #传递输入数据
print('FF_result',FF_result)                                       #打印输出数据
print(FF_result.shape)                                             #打印输出数据维度
```

首先,假定有一个 Long Tensor 类型的输入变量,它的维度为[2,5]。这里的 2 代表有两个句子,即批处理大小,5 则代表每个句子中有 5 个汉字。将模型的嵌入维度(d_model)设置为 512,将前馈神经网络的线性变换维度(d_ff)设置为 2048,将多头注意力机制的数据维度(d_v, d_k)设置为 64,将堆叠的编码器与解码器模型数量(n_layer)设置为 6,以及将多头注意力的头数(n_head)设置为 8。

输入矩阵首先经过多头注意力机制处理和残差连接,然后进行归一化处理,它的输出矩阵会被传送至前馈神经网络,此时的矩阵维度为[2,5,512]。接下来,建立一个前馈神经网络的类函数。在初始化部分,使用 nn. sequential 函数来建立一个函数序列。根据前馈神经网络的计算公式,输入矩阵首先需要经过一次线性变换,并与 W_1 权重矩阵相乘。这里将偏差(bias)参数设为 False,代表其值为 0,然后输入数据通过 ReLU 激活函数,接下来再经过一次线性变换,与 W_2 权重矩阵相乘,这里将 b_2 偏差参数同样设置为 0。当然,也可以随机定义一个 W_1 和 W_2 矩阵,然后根据前馈神经网络的公式进行计算。

在实现函数部分,前馈神经网络函数只接受一个输入参数。注意,在 Transformer 模型架构中,每次通过一个功能模块后都会增加一个残差连接与数据归一化操作,因此需要将输入数据保存下来,然后输入矩阵经过前馈神经网络,得到最终的输出矩阵,其维度为[2,5,512]。最后,输出矩阵经过残差连接与数据归一化操作后,便得到了前馈神经网络的最终输出,其矩阵维度仍然为[2,5,512]。

最后,可以初始化前馈神经网络的类函数,传递其输入矩阵,并打印输出矩阵及其维度,其输出矩阵维度依然是[2,5,512],其输出如下:

```
FF_result tensor([[
        [-1.8898, -0.7659, 0.4809, ..., 0.5608, -1.0731, 0.0980],
        [ 0.9197, -0.5285, 0.7892, ..., 0.3359, -0.7746, 1.0440],
        [-1.0700, -2.4247, 1.5572, ..., -0.9723, -0.7384, 0.8855],
        [-1.6171, -2.6883, 0.9414, ..., 1.1911, -0.6247, 2.7181],
        [-2.3821, -2.3199, 0.1365, ..., 1.2146, -0.5724, 2.7227]],
       [[-1.4414, -1.3547, 0.6000, ..., -0.8977, -0.3528, 1.1181],
        [-0.3697, -0.6796, -0.0123, ..., 1.0438, -0.8956, 1.2809],
        [-0.7898, -2.5009, 1.4112, ..., -0.9625, -0.2584, 1.1813],
        [-1.7172, -1.0911, 0.8737, ..., 0.6524, 0.7546, 0.6535],
        [-2.1124, -2.4260, -0.0262, ..., 1.1215, -0.1614, 2.9835]]],
       grad_fn=<NativeLayerNormBackward>)
torch.Size([2, 5, 512])
```

4.4　本章总结

本章主要介绍了 Transformer 模型中层归一化和批归一化的概念，以及其在 Transformer 模型中的应用。同时，本章还介绍了残差连接、前馈神经网络和激活函数的概念和实现。

首先，本章介绍了层归一化和批归一化的概念。归一化是指在神经网络训练过程中，对输入数据进行标准化处理，使其服从均值为 0、方差为 1 的高斯分布。这样做可以加速神经网络的训练过程，提高模型的泛化能力。层归一化和批归一化是两种常用的归一化方法。

接下来，本章介绍了为什么 Transformer 模型选择层归一化。在 Transformer 模型中，每个子层都包含自注意力机制、前馈神经网络和残差连接等组件。由于自注意力机制和前馈神经网络的输入和输出的尺度可能会有较大的差异，因此需要对每个子层的输入进行归一化处理。层归一化是对每个样本的每个特征进行归一化处理，而批归一化是对每个批次的所有样本进行归一化处理。由于 Transformer 模型中每个子层的输入尺度差异较大，因此选择层归一化进行归一化处理比批归一化更加适合。

在介绍了层归一化的概念之后，本章进一步地介绍了层归一化的代码实现。在 PyTorch 中，可以使用 nn.LayerNorm 类来实现层归一化操作。在实现过程中，需要指定层归一化操作所作用的特征维度，以及是否使用偏移量和缩放因子。

接下来，本章介绍了残差连接的概念。残差连接是指在神经网络中，将前一层的输出直接加到后一层的输入上，从而使模型能够更好地学习身份映射。残差连接可以有效地缓解深度神经网络中的梯度消失问题，提高模型的训练效果。

在介绍了残差连接的概念之后，本章进一步地介绍了前馈神经网络的概念。前馈神经网络是 Transformer 模型中的一个子层，用于对输入序列进行非线性变换。前馈神经网络包含两个线性变换和一个激活函数，其中激活函数通常选择 ReLU 或 GELU 等函数。

最后，本章介绍了激活函数的概念。激活函数是指在神经网络中，对输入进行非线性变换的函数。激活函数可以增加模型的表达能力，使模型能够更好地拟合复杂的数据分布。

第 5 章

Transformer 模型搭建

5.1 Transformer 模型编码器

在本书的前 4 章中，已经探讨了 Transformer 模型的关键基础核心知识，包括诸如词嵌入和位置编码、注意力机制和多头注意力机制、残差连接与数据归一化操作，以及前馈神经网络等 Transformer 核心部件。有了这些基础知识，就可以构建完整的 Transformer 模型了。

5.1.1　Transformer 模型编码器组成

在 Transformer 模型的结构中，编码器由 6 个完全相同的层组成，每层都包括多头注意力机制和前馈神经网络。数据按顺序通过每层编码器，在全部经过 6 层编码器层处理后，最终的输出数据矩阵会被传递给解码器进一步地进行数据交换，如图 5-1 所示。

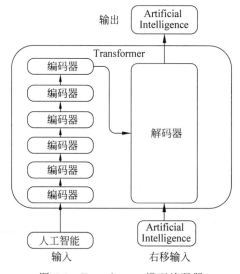

图 5-1　Transformer 模型编码器

Transformer 模型选择使用 6 个编码器层并非出于某种特别的考虑,而是经过一系列的实验和优化得到的结果。

(1)选择层数需要在复杂性和计算资源之间进行权衡。增加层数可以提高模型的泛化能力,但同时也会提高计算成本,然而,在很多自然语言处理任务中,6 层编码器已经能够获得相当高的性能,同时也降低了计算成本。

(2)选择 6 个编码器层的决策也考虑了训练数据的规模和多样性。如果训练数据较少或较为简单,则可能只需较少的层数就已经足够,然而,如果训练数据庞大或复杂,则增加层数可能有助于模型捕捉数据中更多的依赖关系。

(3)选择 6 个编码器层可以在保持模型深度和防止过拟合之间找到一个平衡点。具体多少层最佳,需要基于自己的数据和模型复杂度来进行决策。也就是说,Transformer 模型使用了 6 层编码器,旨在平衡计算成本和泛化能力,而没有任何特殊含义。当数据复杂性增加或计算能力提升时,模型层数和参数可能需要增加。

5.1.2 Transformer 模型编码器层的代码实现

无论是编码器还是解码器都由 6 个编码器层或者解码器层组成。每个编码器层或者解码器层都包含多头注意力机制和前馈神经网络。在数据经过单个功能模块时都会进行一次残差连接与数据归一化操作。Transformer 模型中包含 6 层的编码器层和 6 层的解码器层,每层的结构都完全相同。在代码设计上,只需编写一个编码器层和解码器层函数,剩下的部分可以通过循环迭代 6 次实现。

编码器层的代码如下:

```
#第 5 章/5.1.2/Transformer 模型编码器层代码实现
input = torch.LongTensor([[5,2,1,0,0],[1,3,1,4,0]])         #输入数据
d_model = 512                                               #词嵌入维度
d_ff = 2048                                                 #512->2048->512
d_k = d_v = 64                                              #多头注意力机制的维度 K(=Q), V
n_layers = 6                                                #编码器与解码器 Block 的个数
n_heads = 8                                                 #多头注意力机制的头数
src_vocab_size = 10                                         #最大句子长度
class EncoderLayer(nn.Module):                             #编码器层函数
    def __init__(self):
        super(EncoderLayer, self).__init__()
        self.enc_self_attn = MultiHeadAttention()          #编码器层包含多头注意力机制
        self.pos_ffn = PoswiseFeedForwardNet()             #编码器层包含前馈神经网络
    def forward(self, enc_inputs, enc_self_attn_mask):
        #enc_inputs: [batch_size, src_len, d_model]编码器层输入数据维度
        #mask 矩阵(pad mask or sequence mask)pad mask 维度
        #enc_self_attn_mask: [batch_size, src_len, src_len]
        #编码器层的输出数据维度
        #enc_outputs: [batch_size, src_len, d_model][2,5,512]
        #注意力矩阵的维度
        #attn: [batch_size, n_heads, src_len, src_len][2,5,5]
```

```
        #输入数据首先经过多头注意力机制,输出数据维度[2,5,512]
        enc_outputs, attn = self.enc_self_attn(enc_inputs, enc_inputs,
                                          enc_inputs,enc_self_attn_mask)
        #输入数据再经过前馈神经网络,输出数据维度[2,5,512]
        enc_outputs = self.pos_ffn(enc_outputs)        #[2,5,512]
        #enc_outputs: [batch_size, src_len, d_model]
        return enc_outputs, attn

enc_layer = EncoderLayer()                              #初始化编码器层函数
enc_layer_result , atten = enc_layer(pes,enc_pad_mask)  #输入数据,计算注意力
print('enc_layer_result',enc_layer_result)              #输出经过编码器层的数据
print(enc_layer_result.shape)          #输出经过编码器层的数据维度
```

首先,在初始化部分定义一些超参数,然后建立一个编码器层函数。在此过程中,需要定义多头注意力机制和前馈神经网络函数。这两部分的代码可以参考多头注意力机制与前馈神经网络章节的代码实现。

在实现函数部分,需要输入两个参数。一个是编码器的输入矩阵,该矩阵是经过词嵌入和位置编码后的矩阵,其数据维度为[2,5,512]。另一个是编码器的掩码矩阵,对编码器来讲,掩码矩阵只需 Pad Mask 矩阵,其维度为[2,5,5],然后将输入矩阵和掩码矩阵传递给多头注意力机制函数进行计算。函数返回一个注意力机制的结果,其矩阵维度仍为[2,5,512]。另一个返回参数为注意力矩阵,注意力矩阵一般用来可视化注意力机制,其矩阵维度为[2,8,5,5]。

(1) 2:Batch Size 的维度。

(2) 8:多头注意力机制的头数。

(3) [5,5]:每个头的 Pad Mask 矩阵。

然后将多头注意力机制的结果传递给前馈神经网络,得到编码器层的最终输出矩阵,其矩阵维度仍为[2,5,512]。最后,直接返回最终的输出矩阵和可视化注意力矩阵。

最后,可以初始化编码器层函数,将经过词嵌入和位置编码的矩阵及 Pad Mask 矩阵传递给编码器层函数。这里可以输出经过一个编码器层后的输出矩阵及矩阵的维度,可以看到其输出矩阵的维度仍然是[2,5,512],其输出如下:

```
enc_layer_result tensor([[
        [-0.5642, 0.6319, -1.6371, ..., -0.4036, 1.3698, 0.7781],
        [-0.2029, -0.5430, 0.0197, ..., -0.2712, 0.0181, 1.5683],
        [ 0.1140, 0.2228, -0.4459, ..., -2.2531, -0.4930, 1.4589],
        [ 0.4019, -1.2653, 1.7782, ..., 0.4035, -0.7254, 1.9217],
        [-0.3809, -0.9320, 1.0707, ..., 0.4113, -0.7139, 1.9630]],

       [[-0.7108, 1.2283, -0.9787, ..., -2.1162, -0.4393, 1.6217],
        [-1.2407, -0.2840, -0.0511, ..., 0.1400, 0.6175, 1.0268],
        [ 0.0642, 0.0590, -0.2607, ..., -2.1618, -0.4967, 1.6326],
        [ 1.3433, 0.1424, -0.0636, ..., -0.1151, 0.8437, 0.8036],
        [-0.2812, -1.0145, 1.2016, ..., 0.3304, -0.8454, 1.9554]]],
```

```
                  grad_fn=<NativeLayerNormBackward>)
torch.Size([2, 5, 512])
```

5.1.3　搭建 Transformer 模型编码器

有了一层编码器层函数以后,就可以通过循环来搭建全部的编码器函数。或者,还可以摒弃循环,而是按照 Transformer 模型框架和数据流向,层层搭建 6 个编码器层,以此实现整个 Transformer 模型的编码器。

Transformer 模型编码器的代码如下:

```
#第 5 章/5.1.3/Transformer 模型编码器代码实现
input = torch.LongTensor([[5,2,1,0,0],[1,3,1,4,0]])        #输入数据
d_model = 512                                             #词嵌入维度
d_ff = 2048                                               #512->2048->512
d_k = d_v = 64                                            #多头注意力机制的维度 K(=Q),V
n_layers = 6                                              #编码器与解码器 Block 的个数
n_heads = 8                                               #多头注意力机制的头数
src_vocab_size = 10                                       #最大句子长度
class Encoder(nn.Module):
    def __init__(self):
        super(Encoder, self).__init__()
        self.src_emb = Embeddings(src_vocab_size, d_model)    #词嵌入函数
        self.pos_emb = PositionalEncoding(d_model)            #位置编码函数
        #使用 for 循环,循环 6 次
        self.layers = nn.ModuleList([EncoderLayer() for _ in range(n_layers)])

    def forward(self, enc_inputs):
        #enc_inputs: [batch_size, src_len]                    #[2,5]输入数据维度
        enc_outputs = self.src_emb(enc_inputs)                #[2, 5, 512],词嵌入
        #enc_outputs [batch_size, src_len, src_len]           #[2, 5, 512],词嵌入维度
        #添加位置编码
        enc_outputs = self.pos_emb(enc_outputs.transpose(0,1)).transpose(0, 1)
        #输入 Pad Mask 矩阵,[batch_size, src_len, src_len][2,5,5]
        enc_self_attn_mask = get_attn_pad_mask(enc_inputs, enc_inputs)
        enc_self_attns = []                                   #为了可视化注意力矩阵
        for layer in self.layers:    #for 循环访问 nn.ModuleList,进行 6 次循环堆叠
            #enc_outputs: [batch_size, src_len, d_model],[2, 5, 512]
            #编码器输出数据维度
            #enc_self_attn: [batch_size, n_heads, src_len, src_len][2,8,5,5]
            #多头注意力矩阵维度
            enc_outputs, enc_self_attn =layer(enc_outputs,enc_self_attn_mask)
            #计算每层的注意力机制,一共计算 6 层
            enc_self_attns.append(enc_self_attn)              #保存注意力矩阵
        return enc_outputs, enc_self_attns                    #编码器输出 enc_outputs[2, 5, 512]

encoder = Encoder()                                          #初始化编码器
encoder_result,enc_attens = encoder (input)                  #传递输入数据,计算 6 层的编码器
```

```
print('Encoder_result',encoder_result)           #输出编码器的数据
print(encoder_result.shape)                       #输出编码器的数据维度
```

在 Transformer 编码器的构造函数中,首先需要对词嵌入及位置编码函数进行初始化,然后通过 nn. ModuleList 函数对 6 层编码器层函数进行保存,接下来便可在实现函数中直接调用此 ModuleList,进而构建 Transformer 编码器模型。

在实现函数过程中,首先将输入数据传递给词嵌入函数,进行输入数据的词嵌入处理,输入数据的维度为[2,5]。"2"代表一次性输入的句子数为两个,"5"则表示每个句子中包含 5 个汉字。在输入数据中,数字"0"指的是 Pad Mask 的标记。经过词嵌入后,输出数据维度变为[2,5,512]。接下来,输入数据还需经过位置编码函数处理,词嵌入后的数据加上位置编码,其数据维度依然是[2,5,512]。之后该数据才能传递给 Transformer 模型的编码器。

在进行注意力计算之前,需要计算输入数据的 Pad Mask 矩阵,以方便后期进行注意力的 Softmax 操作。在这里,由于是编码器层,所以只需使用 Pad Mask 矩阵,不需要 Sequence Mask 矩阵。这里可以直接利用掩码矩阵章节中介绍的掩码矩阵函数来生成输入数据的 Pad Mask 矩阵,其维度为[2,5,5]。这样,得到以上所有的输入数据后,就可以开始计算多头注意力机制了。

通过 for 循环函数,可以依序调用编码器层函数来计算注意力机制。注意力机制函数有两个输入变量,一个是维度为[2,5,512]的编码器输入数据,另一个是维度为[2,5,5]的输入数据的 Pad Mask 矩阵。当计算完成后,将得到最终的编码器输出矩阵,其维度仍是[2,5,512]。同样,代码也会保存所有的注意力矩阵,通常该矩阵被用来进行注意力机制的可视化操作,其矩阵维度为[2,8,5,5],代表 8 个头的注意力矩阵。最后,只需返回经过 6 层编码器层处理的数据。

以上便是整个 Transformer 模型编码器的具体实现流程。最终,可以利用此函数,将输入变量传递给编码器函数,并输出数据及其维度进行展示。可以看出,输出的矩阵维度仍然是[2,5,512],其输出如下:

```
encoder_result tensor([[
        [-1.2558, 0.5679, -0.2423, ..., 2.2966, -1.4775, -0.0496],
        [ 0.7694, -0.0459, -0.2256, ..., 1.2954, 0.4919, 0.4077],
        [ 0.4128, -0.7950, 1.0712, ..., 1.0821, -0.4719, 0.2722],
        [ 0.7594, -1.1542, 0.6070, ..., 1.8225, 0.1423, 0.4011],
        [ 0.2369, -0.8219, 0.1158, ..., 1.8352, 0.1824, 0.3232]],

       [[-0.3012, -0.4196, 0.2384, ..., 0.8722, -0.4522, 0.9629],
        [ 0.4609, -1.7442, -0.1379, ..., 1.2779, -1.2562, 0.9374],
        [ 0.1731, -1.4041, 0.5622, ..., 0.8569, -0.4222, 0.7444],
        [ 0.0784, -3.4037, -0.4995, ..., 0.7952, -0.4251, 0.5451],
        [-0.1042, -1.5095, -0.2837, ..., 1.1985, 0.2166, 0.8027]]],
       grad_fn=<NativeLayerNormBackward>)
torch.Size([2, 5, 512])
```

5.2　Transformer 模型解码器

Transformer 模型采用了完全对称的设计,其编码器由 6 层组成。那么与此相对应解码器必然也由 6 层组成。

5.2.1　Transformer 模型解码器组成

正如编码器那样,解码器也是由 6 层结构一致的解码器层构成的。这里的 6 层解码器与 6 层的编码器相关联,构造较为对称。值得注意的是,只有在 6 层编码器的最终输出阶段,数据才会被传输到 6 层的解码器层,如图 5-2 所示。

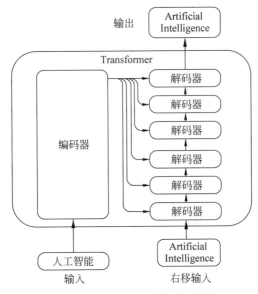

图 5-2　Transformer 模型解码器

然而,每层的解码器层不仅有多头注意力机制和前馈神经网络,还嵌有一层注意力机制交互层。此层通过对解码器层与编码器层的数据进行交流,进行交叉注意力机制的计算,其 **K**、**V** 矩阵源自编码器,**Q** 矩阵源自解码器。实际上,这个交叉注意力机制交互层也是一层多头注意力机制,只是其中的 **Q** 矩阵由解码器提供,而 **K**、**V** 矩阵则来自编码器的最终输出数据,如图 5-3 所示。

5.2.2　Transformer 模型解码器层的代码实现

解码器部分代码在编写上与编码器部分的代码有许多相似之处,然而,它们之间也存在一些关键的区别:

(1) 由于解码器需要屏蔽未来信息的访问,所以除了 Pad Mask 矩阵之外,还引入了 Sequence Mask 矩阵。

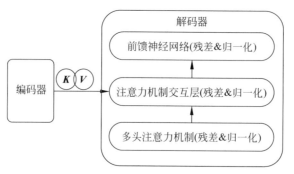

图 5-3　Transformer 模型交叉注意力机制交互层

（2）解码器部分比编码器部分多出一层交叉注意力机制交互层。
解码器层的代码如下：

```
#第 5 章/5.2.2/ Transformer 模型解码器层代码实现
class DecoderLayer(nn.Module):
    def __init__(self):
        super(DecoderLayer, self).__init__()
        #decoder 自注意力机制
        self.dec_self_attn = MultiHeadAttention()
        #decoder enc_dec_attention 交互层
        self.dec_enc_attn = MultiHeadAttention()
        #decoder 前馈神经网络
        self.pos_ffn = PoswiseFeedForwardNet()
    def forward(self, dec_inputs, enc_outputs, dec_self_attn_mask, dec_enc_attn_
mask):
        #dec_inputs: [batch_size, tgt_len, d_model]          #[2,5,512]
        #dec_self_attn_mask: [batch_size, tgt_len, tgt_len]  #[2,5,5]
        #dec_outputs: [batch_size, tgt_len, d_model]         #[2,5,512]
        #dec_self_attn: [batch_size, n_heads, tgt_len, tgt_len]  #[2,8,5,5]
        #decoder 自注意力机制,Q、K、V 来自 Decoder 的输入      #[2,5,512]
        dec_outputs, dec_self_attn = self.dec_self_attn(dec_inputs, dec_inputs,
dec_inputs,dec_self_attn_mask)                    #计算自注意力机制
        #dec_outputs: [batch_size, tgt_len, d_model]         #[2,5,512]
        #enc_outputs: [batch_size, src_len, d_model]         #[2,5,512]
        #dec_enc_attn: [batch_size, h_heads, tgt_len, src_len]  #[2,8,5,5]
        #dec_enc_attn_mask: [batch_size, tgt_len, src_len]   #[2,5,5]
        #这里 encoder 输入长度与 decoder 输入句子长度不一定相等,本程序句子的长度是一
        #样的
        #dec_enc_Attention 层的 Q(来自 decoder),K、V(来自 encoder)  #[2,5,512]
        dec_outputs, dec_enc_attn = self.dec_enc_attn(dec_outputs, enc_outputs,
enc_outputs,dec_enc_attn_mask)                    #计算交叉注意力机制
        dec_outputs = self.pos_ffn(dec_outputs)     #[2,5,512]前馈神经网络
        #dec_self_attn、dec_enc_attn 两个矩阵用于可视化
        return dec_outputs, dec_self_attn, dec_enc_attn
```

新建一层解码器层函数,该层是解码器的一层输入函数。整个解码器由 6 层解码器层

组成。可以按照编码器的搭建方式,使用 for 循环来构建解码器。

初始化部分:

(1) 建立一个解码器层的多头注意力机制函数。

(2) 建立一个解码器层的交叉注意力机制交互层函数,其本质上也是一层多头注意力机制。

(3) 建立一个前馈神经网络。

实现函数部分:

输入 4 个参数,其中 decoder-input 是解码器的输入矩阵(矩阵维度为[2,5,512]),encoder-output 是编码器的输出矩阵(矩阵维度为[2,5,512]),另外两个参数为掩码矩阵,其中,解码器的多头注意力机制使用的掩码矩阵维度为[2,5,5],交叉注意力机制交互层使用的掩码矩阵维度为[2,8,5,5]。多头自注意力层的掩码矩阵包含 Pad Mask 矩阵与 Sequence Mask 矩阵。

解码器的输入数据需要经过解码器层的多头注意力机制计算注意力,其中的 Q、K、V 三个矩阵都来源于解码器的输入,其矩阵维度为[2,5,512]。需要注意的是,解码器的输入与编码器的输入句子长度并不一定相等。函数返回多头注意力机制计算的结果矩阵,并返回多头注意力矩阵,该矩阵可用于绘制热力图,便于查看单词之间的语义关系。

多头注意力机制的输出还需要经过一层交叉注意力机制交互层。该层的 Q 矩阵来源于解码器层多头注意力机制的输出,而 K 和 V 矩阵来源于编码器层的最终输出。同样,交叉注意力机制交互层也要使用 Pad Mask 矩阵。针对以上代码,Pad Mask 矩阵的维度为[2,5,5]。需要注意的是,编码器的输入句子长度与解码器的输入句子长度不一定相等,因此,该掩码矩阵的维度为[batch-size, decoder input length, encoder input length]。

(1) batch-size:批处理维度。

(2) decoder input length:解码器输入数据的长度。

(3) encoder input length:编码器输入数据的长度。

经过交叉注意力机制交互层后,输出数据维度仍为[2,5,512],而输出矩阵还需要经过一层前馈神经网络。函数返回解码器的最终输出与两个注意力矩阵(一个自注意力矩阵,一个交叉注意力矩阵)。

5.2.3　搭建 Transformer 模型解码器

可以借助解码器层函数来构建出完整的 Transformer 模型解码器,构建过程中参照的是编码器层的设计,使用 for 循环函数依次循环生成 6 层的解码器层,代码如下:

```
#第 5 章/5.2.3/ Transformer 模型解码器代码实现
enc_input = torch.LongTensor([[5,2,1,0,0],[1,3,1,4,0]])
dec_input = torch.LongTensor([[5,2,1,0,0],[1,3,1,4,0]])
enc_output = encoder_result          #编码器的最终输出
d_model = 512                        #词嵌入维度
d_ff = 2048                          #(两次线性层中的隐藏层 512->2048->512,
```

```python
#线性层是用来进行特征提取的),当然最后会再接一个线性层
d_k = d_v = 64                         #多头注意力维度 K(=Q), V
n_layers = 6                           #编码器与解码器层数
n_heads = 8                            #多头注意力头数
src_vocab_size = 10                    #编码器输入最大句子长度
tgt_vocab_size = 10                    #解码器输入最大句子长度,两个输入句子长度不一定相等
class Decoder(nn.Module):
    def __init__(self):
        super(Decoder, self).__init__()
        self.tgt_emb = Embeddings(tgt_vocab_size, d_model)      #词嵌入
        self.pos_emb = PositionalEncoding(d_model)              #位置编码
        #DecoderLayer block 一共 6 层,与 encoder 相同
        self.layers = nn.ModuleList([DecoderLayer() for _ in range(n_layers)])
    def forward(self, dec_inputs, enc_inputs, enc_outputs):
        #dec_inputs: [batch_size, tgt_len]                     [2,5]
        #enc_inputs: [batch_size, src_len]                     [2,5]
        #enc_outputs 用在编码器-解码器注意力交互层
        #enc_outputs: [batch_size, src_len, d_model]           [2,5,512]
        dec_outputs = self.tgt_emb(dec_inputs)                 #[2,5,512]词嵌入维度
        #dec_outputs 位置编码+embedding 词嵌入                   #[2,5,512]添加位置编码
        dec_outputs = self.pos_emb(dec_outputs.transpose(0, 1)).transpose(0, 1)
        #解码器输入序列的 Pad Mask 矩阵                           #[2,5,5]
        dec_self_attn_pad_mask = get_attn_pad_mask(dec_inputs, dec_inputs)
        #解码器输入序列的 Sequence Mask 矩阵                      #[2,5,5]
        dec_self_attn_subsequence_mask = get_attn_subsequence_mask(dec_inputs)
        #解码器中把 Pad Mask + Sequence Mask
        #既屏蔽了 pad 的信息,也屏蔽了未来的信息                    #[2,5,5]
        dec_self_attn_mask = torch.gt((dec_self_attn_pad_mask +
                        dec_self_attn_subsequence_mask), 0)
        #dec_enc mask 主要用于编码器-解码器注意力交互层
        #因为 dec_enc_attn 输入是编码器的 K、V,解码器的 Q
        #dec_inputs 提供扩展维度的大小
        #[batc_size, tgt_len, src_len],这里 tgt_len 与 src_len 不一定相等   #[2,5,5]
        dec_enc_attn_mask = get_attn_pad_mask(dec_inputs, enc_inputs)
        #用于可视化的矩阵,一个是 dec_self-attention,另一个是 enc_dec_attention
        dec_self_attns, dec_enc_attns = [], []
        for layer in self.layers:           #遍历 decoder block, n = 6
            #dec_outputs:[batch_size,tgt_len,d_model]解码器的输入[2,5,512]
            #enc_outputs:[batch_size,src_len,d_model]编码器的输入[2,5,512]
            #dec_self_attn:[batch_size,n_heads,tgt_len,tgt_len]    [2,8,5,5]
            #dec_enc_attn:[batch_size,h_heads,tgt_len,src_len]     [2,8,5,5]
            #解码器的 Block 是上一个 Block 的输出 dec_outputs(变化矩阵)
            #编码器网络的输出 enc_outputs(固定矩阵)
            dec_outputs, dec_self_attn, dec_enc_attn = layer(dec_outputs,
                        enc_outputs, dec_self_attn_mask, dec_enc_attn_mask)
            dec_self_attns.append(dec_self_attn)          #可视化矩阵 [2,8,5,5]
            dec_enc_attns.append(dec_enc_attn)            #可视化矩阵 [2,8,5,5]
        #dec_outputs: [batch_size, tgt_len, d_model]      #[2,5,512]
        return dec_outputs, dec_self_attns, dec_enc_attns
```

```
decoder = Decoder()
decoder_result,self_attn,de_enc_attn=decoder(dec_input,enc_input,enc_output)
print('decoder_result', decoder_result)
print(decoder_result.shape)
```

初始阶段需要 3 个输入数据,分别是编码器的输入(主要用于交叉注意力机制交互层的 Pad Mask 计算)、解码器的输入,以及编码器层的最终输出,这样才能进行交叉注意力机制的计算。

随后创建解码器类函数。在初始化部分,初始化所需的词嵌入与位置编码函数。与编码器搭建过程类似,用 Module.List 来保存 6 层的解码器层函数,这样就方便使用 for 循环构建解码器。

在实现函数部分,接收 3 个输入参数,分别是解码器的输入(其输入矩阵维度为[2,5])、编码器的输入(其输入矩阵维度为[2,5],主要用于交叉注意力机制交互层的 Pad Mask 计算),以及编码器的最终输出(其矩阵维度为[2,5,512],用于进行交叉注意力机制的计算)。

首先,解码器的输入矩阵在经过词嵌入与位置编码后才能输入解码器层,此时其矩阵维度为[2,5,512]。在执行多头注意力机制之前,首先计算解码器输入矩阵的 Pad Mask 矩阵,其矩阵维度为[2,5,5]。交叉注意力机制交互层也需要 Pad Mask 矩阵,因此,还需要用到编码器与解码器的输入数据来计算交叉注意力机制交互层的 Pad Mask 矩阵。此矩阵维度为[2,5,5],但在实际应用过程中,编码器和解码器的输入长度并不一定完全相等,因此实际上此矩阵的维度为[batch size,decoder input length,encoder input length]。

最后,把经过词嵌入和位置编码后的矩阵(矩阵维度为[2,5,512])、编码器的最终输出矩阵(矩阵维度为[2,5,512])及两个掩码矩阵一并交给解码器层来进行注意力机制的计算。该函数将返回经过处理后的输出矩阵和多头注意力矩阵及交叉注意力机制层的注意力矩阵,其矩阵维度为[2,8,5,5]。这里利用两个列表变量来记录两个可视化矩阵,以备后续绘制热力图使用。

经过 6 层的解码器层处理之后,直接返回最终的输出矩阵,其矩阵维度依然是[2,5,512]。最终可以初始化解码器类函数,并输入函数所需的参数,并打印出通过解码器函数处理后的最终输出及输出矩阵维度。可以看到,其输出矩阵维度依然是[2,5,512],其输出如下:

```
decoder_result tensor([[
        [-1.2468e+00, 4.5989e-01, -1.3258e-01, ..., -1.0994e+00, -5.6946e-01,
1.0559e+00],
        [-2.9721e-01, 6.7347e-01, 2.3816e-01, ..., -2.2039e+00, 1.2414e+00,
1.0486e+00],
        [-4.9882e-01, 5.1537e-01, -1.5587e+00, ..., -3.3027e-01, -6.7481e-01,
1.6427e+00],
        [-1.9220e+00, -1.1277e+00, -1.2631e+00, ..., 2.3327e-01, -5.6917e-01,
1.3093e+00],
```

```
        [-2.3022e+00, -8.9679e-01, -1.6558e+00, ..., 2.9868e-01, -6.3239e-01,
1.3052e+00]],

        [[-1.9229e+00, -2.9489e-01, -2.1268e+00, ..., 3.0097e-01, -6.7756e-01,
8.8094e-01],
        [ 1.7832e-01, -9.7633e-01, -1.6108e+00, ..., -6.8099e-02, 5.9771e-01,
-7.9235e-02],
        [-1.0999e+00, -6.9100e-01, -1.6478e+00, ..., 3.6269e-01, -5.6357e-01,
1.1377e+00],
        [-2.2280e+00, -1.6373e+00, -1.7092e+00, ..., 4.3180e-01, -3.5748e-01,
9.9174e-04],
        [-2.6631e+00, -1.7869e+00, -2.3886e+00, ..., 5.8578e-01, -7.6391e-01,
8.0873e-01]]],
        grad_fn=<NativeLayerNormBackward>)
torch.Size([2, 5, 512])
```

5.3 搭建 Transformer 模型

Transformer 模型，除了编码器和解码器部分，还需要输入和输出部分，这些部分共同构成了完整的 Transformer 模型。

5.3.1 Transformer 模型组成

Transformer 模型编码器和解码器都由 6 层完全相同的结构组成，编码器为解码器提供 **K**、**V** 矩阵，使编码器和解码器之间的数据进行交互，从而实现了将一种语言转换为另一种语言的机器学习任务，如图 5-4 所示。

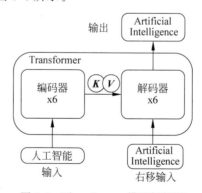

图 5-4 Transformer 模型框架图

在编码器和解码器之外，Transformer 模型还包括以下几个重要组件。

（1）注意力机制：Transformer 模型使用自注意力机制来捕捉输入序列中不同位置之间的依赖关系。注意力机制使编码器和解码器之间的输入序列进行数据交互，这也是 Transformer 模型最重要的创新之一。

（2）多头注意力：为了提高模型的表达能力，Transformer 模型使用多个注意力头来进行注意力机制的计算。每个注意力头都可以关注不同的部分，然后对它们的输出进行拼接或加权求和，以获得更全面的表示。

（3）位置编码：由于 Transformer 模型没有使用循环神经网络或卷积神经网络，它无法自动捕捉输入序列中的位置信息。为了解决这个问题，Transformer 引入了位置编码，将位置信息嵌入输入序列中，以帮助模型理解序列中不同位置的相对顺序。

（4）残差连接：为了避免深层网络中的梯度消失或梯度爆炸问题，Transformer 模型使用了残差连接。残差连接将输入直接添加到网络的输出中，使网络可以更容易地学习到残差部分，从而提高模型的性能。

（5）层归一化：为了进一步稳定训练过程，Transformer 模型在每个子层之后都应用了层归一化。层归一化对每个子层的输出进行归一化，使模型在不同层之间更容易进行信息传递和学习。

Transformer 模型通过编码器和解码器之间的交互、注意力机制、多头注意力、位置编码、残差连接和层归一化等技术，在机器翻译等任务中取得了很好的效果。基于注意力机制的其他模型也将 Transformer 应用到不同的机器学习任务中，如自然语言处理和计算机视觉等领域，其基于 Transformer 的变形模型也取得了很好的效果。

5.3.2 Transformer 模型的代码实现

完成 Transformer 模型的编码器和解码器代码后，接下来利用两个类函数来构建整个 Transformer 模型的实现代码。Transformer 模型的实现代码如下：

```python
import torch.nn.functional as F
enc_input = torch.LongTensor([[5,2,1,0,0],[1,3,1,4,0]])
dec_input = torch.LongTensor([[5,2,1,0,0],[1,3,1,4,0]])
class Transformer(nn.Module):
    def __init__(self):
        super(Transformer, self).__init__()
        self.encoder = Encoder()              #编码器
        self.decoder = Decoder()              #解码器
        #最终模型的输出经过 linear 层进行 shape 转换
        self.projection = nn.Linear(d_model, tgt_vocab_size, bias=False)

    def forward(self, enc_inputs, dec_inputs):
        #enc_inputs: [batch_size, src_len] [2,5]
        #dec_inputs: [batch_size, tgt_len] [2,5]
        #enc_outputs: [batch_size, src_len, d_model], [2,5,512]
        #enc_self_attns: [n_layers, batch_size, n_heads, src_len, src_len]
        #经过 Encoder 网络后，输出[batch_size, src_len, d_model][2,5,512]
        enc_outputs, enc_self_attns = self.encoder(enc_inputs)
        #dec_outputs: [batch_size, tgt_len, d_model][2,5,512]
        #dec_self_attns: [n_layers, batch_size, n_heads, tgt_len, tgt_len]
        #dec_enc_attn: [n_layers, batch_size, tgt_len, src_len][8,2,5,5]
```

```
        dec_outputs, dec_self_attns, dec_enc_attns = self.decoder(dec_inputs,
enc_inputs, enc_outputs)          #解码器
        #dec_outputs: [batch_size, tgt_len, d_model] [2,5,512]->
        #dec_logits: [batch_size, tgt_len, tgt_vocab_size] [2,5,10]
        dec_logits = self.projection(dec_outputs)        #输出经过一层线性层
        dec_logits = F.log_softmax(dec_logits, dim=-1)    #输出每个预测值的概率
        return (dec_logits.view(-1, dec_logits.size(-1)),
                    enc_self_attns, dec_self_attns, dec_enc_attns)

model = Transformer()                              #初始化 Transformer 模型
#传递输入数据
model_result,enc_att,dec_att,de_enc_att = model(enc_input,dec_input)
print('model_result',model_result)                #打印输出数据
print(model_result.shape)                          #打印输出数据形状
```

首先,建立一个名为 Transformer 的类函数,并在初始化部分对编码器和解码器两个类函数进行初始化。此外,还在初始化部分添加了一个线性层函数,用于格式化 Transformer 模型的输出,将输出数据的词嵌入维度转换为解码器输入序列长度。

在实现函数部分,接受两个输入,一个是编码器的输入,另一个是解码器的输入,其输入矩阵维度都是[2,5]。首先,将编码器的输入数据矩阵经过编码器进行编码,其函数最终返回经过编码器的输出,其矩阵维度为[2,5,512]。有了编码器的输出,就可以执行解码器的解码工作了。这里将解码器的输入、编码器的输入及编码器的最终输出传递给解码器。经过解码器的计算后,最终返回经过解码器的输出,其矩阵维度依然是[2,5,512]。

最后,其输出数据还需要经过一次线性变换,将矩阵维度[2,5,512]转换成[2,5,10],其中数字"10"便是定义的解码器输入数据的序列长度,然后经过一个 Softmax 函数,得到每个单词针对整个输入序列的概率分布。程序就可以使用此概率分布,挑选出针对每个单词概率最大的输出。这样就可以实现输入一个句子,翻译成另外一种语言的句子,机器翻译的任务就完成了。

需要注意的是,Transformer 模型并不会直接输出需要的单词,而是输出在整个数据集上每个单词的概率。程序代码只需挑选出概率最大的单词,然后把所有单词组合起来,就完成了一个句子的翻译过程。程序最后直接返回模型预测的概率分布,当然这里使用 view 操作,把 Batch Size 的维度与解码器输入句子长度维度合并,因此当前的矩阵维度为[10,10]。第 1 个数字"10"代表 Transformer 模型最终会输出 10 个单词;第 2 个数字"10"代表每个单词在 10 个单词上的概率分布。程序需要挑选最大概率的单词,并且 10 个数字的概率和为"1",如图 5-5 所示。

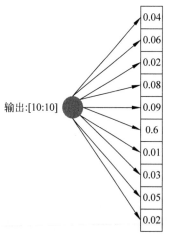

图 5-5 Transformer 模型的输出,每个单词对应 10 个概率分布

最后，初始化一个 Transformer 模型的函数，并输入编码器和解码器的输入矩阵，可以打印出经过 Transformer 模型的输出及输出的矩阵维度，可以看到经过 Transformer 模型后，输出了一个矩阵维度为[10,10]的矩阵，其输出如下：

```
model_result tensor([
        [-2.6741, -3.7803, -3.0414, -3.2264, -2.7376, -2.5425, -1.5795, -1.2638,
-1.8878,-3.2889],
        [-3.0494, -3.5199, -2.7973, -2.9748, -3.6690, -3.0864, -2.1896, -0.7255,
-2.3638,-3.0014],
        [-2.0200, -3.5256, -2.3064, -3.8264, -3.2494, -2.6365, -1.6868, -1.7005,
-1.7162,-2.8362],
        [-1.9222, -3.1514, -2.3846, -3.5230, -2.8151, -2.6279, -1.8144, -1.2476,
-2.5905,-3.4405],
        [-1.9152, -3.1320, -2.4085, -3.4537, -2.8232, -2.7306, -1.8954, -1.2086,
-2.5043,-3.4329],

        [-1.4140, -3.3145, -1.8412, -3.7134, -3.5885, -2.2777, -2.0321, -2.3979,
-2.1502,-2.6755],
        [-1.7039, -2.9270, -2.4014, -3.1103, -3.4213, -1.9536, -2.2433, -1.6777,
-2.6153,-2.4215],
        [-1.4116, -3.2959, -1.7004, -3.7672, -3.5506, -2.3468, -2.2345, -2.3013,
-2.1494,-2.7275],
        [-1.8619, -2.6240, -1.8548, -3.0520, -3.0201, -2.0142, -2.1630, -2.1502,
-2.3939,-2.7580],
        [-1.4741, -2.7903, -1.7404, -3.2648, -2.9819, -2.3859, -2.4127, -1.8542,
-2.7061,-3.2111]],
        grad_fn=<ViewBackward>)
torch.Size([10, 10])
```

5.4 Transformer 模型训练过程

Transformer 模型的训练过程和推理过程在工作方式和数据流向上有些微妙的区别。首先，来看训练过程的工作方式和数据流向。

训练数据由两部分组成：源输入序列，例如机器翻译实例中的英语句子"How are you"，作为编码器的输入；目标输入序列，例如翻译成的中文句子"你好吗"，作为解码器的输入。

Transformer 模型的目标是通过输入和目标序列来学习如何将英文版本的句子翻译成中文版本的句子。以下是 Transformer 模型的训练过程，如图 5-6 所示。

（1）首先，需要重申的是，Transformer 模型无法直接识别输入的汉语句子或英语句子，因此，无论是编码器的源输入序列，还是解码器的目标输入序列都需要进行单词 ID 的初始化（将每个单词都赋予一个不重复的数字）。这样，编码器的源输入序列和解码器的目标输

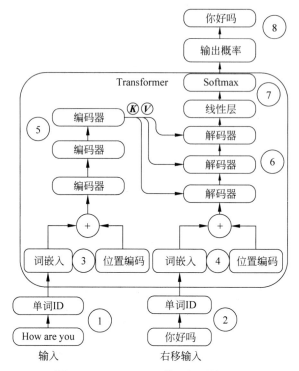

图 5-6　Transformer 模型的训练过程

入序列都初始化了一个数字数据集(第 1 步和第 2 步)。

(2)接下来,需要对句子经过词嵌入进行编码,再加上位置编码(第 3 步和第 4 步)。

(3)将经过词嵌入和位置编码相加后的句子序列传递给 Transformer 模型的 6 层编码器进行多头注意力机制的计算(第 5 步)。

(4)将目标序列传递给 Transformer 模型的 6 层解码器进行多头注意力机制的计算。在解码器-编码器-注意力机制交互层中,其 K、V 矩阵来源于编码器的最终输出,而 Q 矩阵则来源于解码器(第 6 步)。当然,在将目标序列传递给解码器之前,需要进行 Sequence Mask 操作,以避免在训练过程中 Transformer 模型提前看到未来的输入序列。

(5)经过解码器的序列,最后经过一层线性层与 Softmax 计算后便生成了目标序列单词 ID 的权重值(第 7 步)。

(6)根据单词 ID 的权重值,挑选出最大权重对应的中文文字即可(第 8 步)。

在训练过程中,解码器输出的句子会与真实输入的句子进行 loss 损失的计算,而模型训练的目的是让 loss 越小越好。需要注意的是,在训练过程中,Transformer 模型使用的是教师强制(Teacher Forcing)技术,即在每步中都将真实的目标序列输入解码器中,以帮助模型更快地收敛。在推理过程中,则不再使用 Teacher Forcing,而是使用自回归的方法,逐步生成输出序列。

5.5　Transformer 模型预测过程

Transformer 模型在推理阶段的工作方式与训练阶段略有不同。在推理阶段,只有编码器有输入数据,而解码器则没有输入数据。Transformer 模型的目标是仅从输入序列(如英文句子)中生成目标序列(如中文句子)。因此,Transformer 模型的推理过程类似于循环神经网络模型,其模型循环输出中文版本的单词,并将前一个时间步的输出单词提供给下一个时间步的解码器,直到遇到结束预测标记"END"。

Transformer 模型与循环神经网络模型的不同之处在于,在每个时间步,重新输入解码器的单词是到目前时间步为止生成的所有输出序列,而不仅是最后一个时间步的输出单词,Transformer 模型的预测过程如图 5-7 所示。

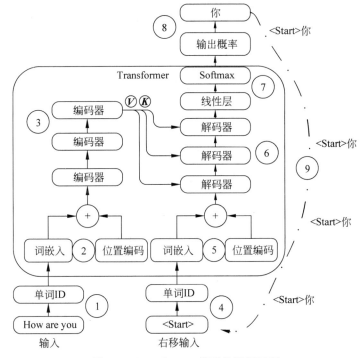

图 5-7　Transformer 模型的预测过程

(1) 首先,输入序列数据需要经过初始化处理后,传递给编码器,包括词嵌入编码和位置编码(第 1 步和第 2 步)。

(2) 然后输入序列经过 6 层编码器的多头注意力机制计算,输出 K、V 矩阵并传递给解码器(第 3 步)。

(3) 在推理预测时,并没有目标输入序列,因此,通常会初始化一个"Start"单词,标志着模型可以开始预测了(第 4 步)。

(4) "Start"单词在目标输入序列数据集中也有对应的 ID,因此也需要经过词嵌入编码和位置编码,然后传递给解码器(第 5 步)。

(5)在解码器-编码器-注意力机制交互层中,解码器接受目标输入序列提供的 Q 矩阵,与编码器最终输出提供的 K、V 矩阵进行注意力机制的交互计算(第 6 步)。

(6)解码器的输出还需要经过一个线性层与 Softmax 层,输出模型预测的单词概率分布,根据概率分布挑选出最大概率的单词 ID,然后根据输出的数据集找到预测的最大概率的单词(第 7 步和第 8 步)。

(7)然后把"Start"单词与预测到的第 1 个单词"你"一起传递给第 4 步,以此类推,推理出其他的所有单词(第 9 步)。

例如,首先输入模型"Start"单词,模型预测出单词"你",然后把单词"Start"和"你"同时传递给解码器,模型预测出单词"好",接下来把单词"Start""你"和"好"同时传递给解码器,然后模型预测出单词"吗",最后把单词"Start""你""好"和"吗"同时传递给解码器,模型预测出结束字符"END",整个模型预测完成,结束预测。需要注意的是,在推理过程中,第 1 步、第 2 步和第 3 步只需执行一次。

需要注意的是,在推理过程中,Transformer 模型使用的是自回归方法,逐步生成输出序列。在每个时间步,模型都会根据到目前为止生成的所有输出序列来预测下一个单词。这种方法可以更好地利用上下文信息,提高模型的预测准确性。

5.6　Transformer 模型 Force Teach

在 Transformer 模型的训练过程中,将目标输入序列直接传递给解码器的方法称为教师强制。这种方法的目的是避免模型在训练过程中陷入错误的循环依赖,从而提高模型的训练效率和准确性。

在推理过程中,Transformer 模型会根据之前预测的单词来预测下一个单词,这种循环机制会导致训练花费更长的时间,同时也会使模型更难训练。因为如果模型在预测第 1 个单词时出错了,则后续的预测就很可能都会出错,这是因为后续的预测都是基于前面预测的结果进行的。

为了解决这个问题,在训练过程中,可以采用 Teacher Forcing 方法,将目标输入序列提前传递给解码器。这样做的好处是,即使模型在预测第 1 个单词时出错了,模型也可以根据正确的第 1 个单词来预测第 2 个单词,从而避免错误的信息传递到后续的预测中。同时,Transformer 模型还可以在不循环的情况下并行输出所有单词,大大地加快了训练速度。这就是 Sequence Mask 的作用。

需要注意的是,虽然 Teacher Forcing 可以提高模型的训练效率和准确性,但是它也有一定的局限性。因为在实际应用中,模型并不一定能够获取正确的输入序列,因此模型在推理过程中可能会出现一些问题,因此,在实际应用中,需要结合具体情况,采用不同的训练策略来提高模型的性能。

5.7 Transformer 模型与 RNN 模型

在 Transformer 模型出现之前，循环神经网络（Recurrent Neural Network，RNN）及其变种长短期记忆网络（Long Short-Term Memory，LSTM）是所有自然语言处理（NLP）应用程序的主要模型架构。RNN 和 LSTM 在处理序列数据方面表现出色，并且被广泛地应用于语音识别、机器翻译、情感分析等各种 NLP 任务中。

5.7.1 RNN 循环神经网络

在 Transformer 模型发布之前，循环神经网络是最先进的顺序数据算法，其模型被应用在苹果的 Siri 和谷歌的语音搜索等应用中。由于其先进的顺序输入模型，循环神经网络是第 1 个可以记住输入训练的算法，这使循环神经网络非常适合涉及顺序数据的机器学习问题，例如时间序列、语音、文本、财务数据、音频、视频、天气等相关机器学习任务。与其他算法相比，循环神经网络可以对序列及其上下文信息理解得更加透彻。由于循环神经网络具有记忆和时间依赖性，所以适用于各种自然语言处理、时间序列分析、语音识别等任务。循环神经网络的模型结构如图 5-8 所示。

RNN 的基本模型结构包括一个循环单元，通常被称为隐藏层或循环层（A），以及输入层（X_t）和输出层（O_t）。循环层在每个时间步（t）接收输入数据（X_t）和前一个时间步的隐藏状态（V_t-1），然后输出一个新的隐藏状态（V_t）。这个新的隐藏状态会被传递给下一个时间步（$t+1$），从而使模型能够在处理序列数据时保持记忆。这里把 RNN 模型的结构展开，如图 5-9 所示。

具体来讲，RNN 循环神经网络模型在每个时间步 t 的计算如下。

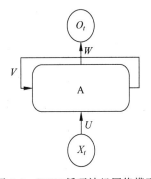

图 5-8 RNN 循环神经网络模型

（1）输入：X_t（当前时间步的输入数据）。

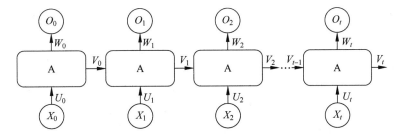

图 5-9 RNN 循环神经网络模型展开图

（2）隐藏状态：V_t（当前时间步的隐藏状态）。

（3）输出：O_t（当前时间步的输出）。

（4）权重矩阵：U_t（输入隐藏状态的权重）、w_{hh}（上一个隐藏状态到当前隐藏状态的权重）、W_t（隐藏状态到输出的权重）。

RNN循环神经网络的隐藏状态计算公式如下：

$$V_t = \sigma(U_t \times X_t + W_{hh} \times V_{t-1}) \tag{5-1}$$

其中，sigma(σ)是激活函数（如 tanh 或 ReLU），V_{t-1}是上一个时间步的隐藏状态。

输出可以根据隐藏状态的计算公式来推导，计算如下：

$$O_t = W_t \times V_t \tag{5-2}$$

由于 RNN 具有时间先后顺序，因此不需要位置编码，然而，RNN 在处理长序列时会出现梯度消失问题，从而导致难以捕捉长序列中的依赖关系。为了解决这个问题，出现了一些改进的 RNN 结构，如长短时记忆网络和门控循环单元。这些结构具有更复杂的内部结构，能够更好地处理梯度消失问题，具备更长的记忆能力，同时提高了计算效率。

虽然循环神经网络和长短时记忆网络在 NLP 领域取得了巨大成功，但是它们存在一些固有的缺陷，例如，循环神经网络和长短时记忆网络在训练与推理时，不能采用并行计算，这降低了计算效率。此外，循环神经网络和长短时记忆网络在处理长序列时会出现梯度消失问题，导致难以捕捉长序列中的依赖关系。为了解决这些问题，出现了 Transformer 模型。Transformer 模型通过自注意力机制，实现了并行计算，从而大大地提高了计算效率。同时，Transformer 模型在处理长序列时也表现出色，能够更好地捕捉长序列中的依赖关系。

5.7.2　Transformer 模型与 RNN 模型对比

由于循环神经网络模型存在两个限制：处理长句子时，难以捕捉分散得很远的单词之间的长期依赖关系；一次按一个单词顺序处理输入序列，这意味着它在完成时间步长 $t-1$ 的计算之前不能进行时间步长 t 的计算。这会降低训练和推理的速度，影响计算效率。Transformer 模型架构成功地解决了以上两个限制，完全摆脱了循环神经网络的结构，完全依赖于注意力机制，而且 Transformer 模型可以并行处理序列中的所有单词，从而大大地加快了预测与训练速度。

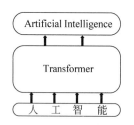

图 5-10　Transformer 模型结构

Transformer 模型结构如图 5-10 所示，在模型进行训练或者推理时，其输入序列可以一次全部传递给 Transformer 模型，并可以进行并行计算，而不用像循环神经网络模型一样，必须使用上一时间步的输出数据来进行当前时间步的计算。一次按一个单词顺序处理输入序列，无法使用并行计算，严重地影响了计算效率。此外，Transformer 模型可以一次性计算长输入序列的注意力机制，很容易捕捉分散得很远的单词之间的长期依赖关系。

需要注意的是，虽然 Transformer 模型在处理长序列时表现出色，但它需要更多的计算资源和内存来处理长序列，因此，在实际应用中需要根据具体任务和数据规模来选择适当的模型架构。Transformer 模型相比于传统的循环神经网络模型，如 RNN、LSTM 和 GRU

等,引入了一些重要的改进,以解决循环神经网络模型存在的一些问题。

(1) 并行性:在循环神经网络模型中,由于每个时间步的计算依赖于前一个时间步,所以难以进行并行化处理,而 Transformer 通过注意力机制的引入,可以在每个时间步同时处理整个输入序列,从而提高了计算效率。

(2) 梯度消失问题:传统循环神经网络模型容易受到梯度消失或梯度爆炸的困扰,特别是在处理长序列时。Transformer 通过残差连接和层归一化,以及更复杂的注意力机制,能够更好地传播梯度,减轻了梯度问题。

(3) 长期依赖关系:循环神经网络模型在处理长期依赖关系时表现不佳,因为随着序列步骤的增加,梯度可能会逐渐减小,导致梯度消失。Transformer 模型引入了注意力机制,可以更好地捕捉长距离的依赖关系。

(4) 模型深度:循环神经网络模型难以构建非常深的网络,因为梯度难以传播。在 Transformer 模型中,可以堆叠多个注意力层和前馈神经网络层,构建更深层次的模型,这有助于提高模型的性能。

(5) 位置编码:虽然传统的循环神经网络模型具有时间序列,但缺乏输入序列的位置信息。Transformer 模型引入了位置编码,以帮助模型理解输入序列中每个元素的位置,从而更好地处理序列数据。

Transformer 模型的成功在很大程度上归功于其注意力机制和并行性,这使它成为处理序列数据的有力工具,并在自然语言处理领域和其他序列建模任务中取得了显著的突破。不过,需要指出的是,循环神经网络模型仍然在某些任务中有其用武之地,特别是对于需要维持状态的任务,如音乐生成和时间序列预测等。

Transformer 模型用途广泛,可用于大多数 NLP 任务,例如语言模型和文本分类等。Transformer 模型也经常用于机器翻译、文本摘要、问答、推荐系统和语音识别等应用中,但是,Transformer 模型也可以应用到计算机视觉任务中,其中最典型的是谷歌发布的 Vision Transformer 模型,它完全依赖于 Transformer 模型,但是只使用了 Transformer 模型中的编码器部分。如何把 Transformer 模型应用到计算机视觉任务中,这将在后面的章节进行详细介绍。

5.8　本章总结

在前 4 章中,详细地介绍了 Transformer 模型的各个模块,包括输入/输出、位置编码、注意力机制与多头注意力机制、前馈神经网络、残差连接与归一化操作及掩码张量的概念。基于这些模块,可以搭建标准的 Transformer 模型。本章主要介绍如何使用这些模块搭建 Transformer 模型的编码器和解码器,并通过代码实现完整的 Transformer 模型。

在模型搭建完成后,介绍 Transformer 模型的训练过程和预测过程。需要注意的是,预测过程与训练过程存在一些区别。在预测过程中,根据上一时间步的数据来预测当前时间步的数据,而在训练过程中,一次性将所有数据传递给 Transformer 模型,但为了避免模型看到未来信息，添加了 Sequence Mask 矩阵。

在本章的最后，还简要地介绍了在 NLP 领域中同样被广泛应用的循环神经网络模型。在 Transformer 模型出现之前，循环神经网络模型在 NLP 领域中占据了半壁江山，然而，循环神经网络模型存在一定的限制，而 Transformer 模型成功地解决了这些限制问题，并因此获得了广泛认可。Transformer 模型最初被用于解决 NLP 领域中的翻译任务，随着注意力机制的实用性得到认可，Transformer 模型被广泛地应用于各种 NLP 任务中。此外，基于 Transformer 模型的变种模型也数不胜数。在后续章节中，将介绍 Transformer 模型在其他 NLP 领域中的应用及计算机视觉领域中的应用。

Transformer模型NLP领域篇

第6章 Transformer 编码器模型：BERT 模型

Transformer 模型的注意力机制弥补了循环神经网络在自然语言处理任务中的两个限制。首先，循环神经网络在处理长句子时，难以捕捉分散得很远的单词之间的长期依赖关系，其次，循环神经网络每次只能按一个单词的顺序处理输入序列，这意味着它在完成时间步长 $t-1$ 的计算之前不能进行时间步长 t 的计算，从而降低了训练和推理的速度，影响了计算效率。

正是因为这些限制，循环神经网络在自然语言处理领域的发展受到了一定的制约，然而，循环神经网络在某些任务中仍然有其独特的应用价值，特别是对于需要维持状态的任务，如音乐生成和时间序列预测等，而 Transformer 模型的成功在很大程度上归功于其注意力机制和并行性，这使它成为处理序列数据的有力工具，并在自然语言处理领域和其他序列建模任务中取得了显著突破。由于注意力机制的贡献那么重要，是否可以考虑使用 Transformer 模型的注意力机制来挑战相关的自然语言处理领域任务呢？

6.1 BERT 模型结构

由于 Transformer 模型需要同时处理两种不同的输入数据，因此它包括编码器和解码器两部分，然而，在一些自然语言处理任务中，并不需要同时处理两种输入数据，因此，标准的 Transformer 模型的编码器和解码器也就不需要同时使用。利用 Transformer 模型的编码器或解码器是否也可以同样应用于其他自然语言处理领域的任务呢？答案是肯定的，而 BERT 模型则是仅使用了 Transformer 模型中的编码器的典型代表模型。

6.1.1 BERT 模型简介

BERT（Bidirectional Encoder Representations from Transformers）是谷歌在 2018 年发表的论文 BERT：*Pre-training of Deep Bidirectional Transformers for Language Understanding* 中提出的一种语言表示模型。BERT 模型基于 Transformer 架构，是一种预训练语言模型，能够同时考虑一个句子中的前后文信息，从而更好地理解句子的语境。

BERT 模型为何被称为双向的 Transformer 编码器模型？这是因为 BERT 模型完全复制了 Transformer 模型的编码器部分，并且在训练过程中，BERT 模型不仅可以使用当前时间步之前的数据，还可以利用当前时间步以后的数据。这种双向的特性使 BERT 模型能够更好地捕捉到上下文信息。

BERT 模型的训练目标包含两个任务：遮盖语言模型（Masked Language Modeling，MLM）与下一句语言预测模型（Next Sentence Prediction，NSP）。通过这两个任务的训练，BERT 模型能够捕捉到更多的上下文信息，而不仅是当前单词的上下文信息。

需要注意的是，虽然 Transformer 模型在训练过程中输入数据会被一次性地传递给模型，但为了避免模型能够看到未来的信息，Transformer 模型添加了 Sequence Mask 矩阵，屏蔽了未来信息，模型在训练时只能看到当前时间步以前的信息，而未来信息则看不到。与之不同的是，BERT 模型的训练过程不仅让模型可以看到未来的信息，还需要模型捕捉到当前句子与上下文句子的语义信息。总之，BERT 模型由于其模型设计和预训练任务，被称为双向的 Transformer 编码器模型。

6.1.2　BERT 模型构架

BERT 模型基于 Transformer 模型的编码器，其模型结构如图 6-1 所示。

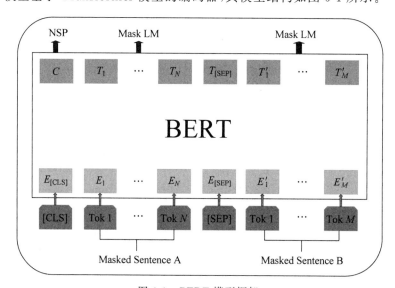

图 6-1　BERT 模型框架

BERT 模型结构主要包括三部分：输入部分、主体部分和输出部分。

（1）在输入部分，BERT 模型需要经过特征嵌入（Token Embedding）、位置编码和序列嵌入（Segment Embedding），其中，序列嵌入是 BERT 模型特有的，用于标记两个输入句子是否有相关的语义信息，以便在预训练阶段进行 NSP 预测任务。

（2）在主体部分，BERT 模型采用了标准的 Transformer 模型的编码器结构。在经过输入数据嵌入操作后，数据会被传递给 BERT 模型进行注意力机制的计算。BERT 模型仅包含编码器部分，但是包含了完整的编码器的所有功能模块，包括多头注意力机制、残差连接与数据归一化层及前馈神经网络。

（3）在输出部分，BERT 模型包含两个预训练任务，一个是 NSP，用于判断两个输入句子是否存在上下文的语义关系。另一个是 MLM，用于预测输入句子中被掩码遮掩的单词，也就是常说的完形填空。由于 BERT 模型是双向的 Transformer 模型，因此它能够最大程度地捕捉上下文信息，从而根据上下文信息来预测以上两个任务。

总体来讲，BERT 模型是一种基于 Transformer 模型的预训练语言模型，它能够同时考虑一个句子中的前后文信息，从而更好地理解句子的语境。通过在大规模的语料库上进行预训练，BERT 模型能够学习到丰富的语言表示，并在下游任务中进行微调，以提高任务性能。

将 BERT 模型的主体部分展开，即可得到标准的 Transformer 模型的编码器，其 BERT 模型结构如图 6-2 所示。

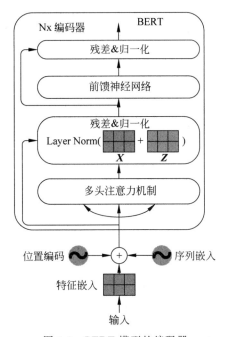

图 6-2 BERT 模型的编码器

BERT 模型的输入除了标准 Transformer 模型的词嵌入和位置编码外，还加入了序列嵌入。这是因为在 BERT 模型的预训练阶段，其模型有 NSP 预测任务，添加序列嵌入可用于标记两个输入句子是否具有相关的语义信息。

经过嵌入操作后，数据传递给 BERT 模型进行注意力计算。BERT 模型只包含编码器部分，并包含了完整的编码器功能模块，如多头注意力机制、残差连接和归一化层，以及前馈神经网络。在模型搭建过程中，可能会稍微有些区别。

6.2　BERT 模型的输入部分

在 Transformer 模型的输入部分已经介绍过,计算机无法直接识别输入的任何语言信息。必须将输入的文本信息转换为数字信息才能输入神经网络模型。BERT 模型也不例外,依然采用了词嵌入操作。

6.2.1　BERT 模型的 Token Embedding

BERT 模型延续了 Transformer 模型的词嵌入操作,这里称为特征嵌入,如图 6-3 所示。每个输入模型的单词都会有一个独一无二的 ID,经过特征嵌入操作后,每个 ID 会被嵌入 768 维度(对于 BERT Base 模型),而 BERT Large 模型将词嵌入的维度扩展到了 1024。当然,增加词嵌入维度会增加计算量,但扩展词嵌入维度可以让模型捕捉更多的语义和上下文信息,从而更好地理解和表示输入文本的含义。为了处理更复杂的自然语言任务,例如语义理解、情感分析和问答等任务,BERT Large 模型将词嵌入的维度直接扩展到了 1024。在实际应用中,需要权衡模型性能和计算复杂度之间的平衡,选择合适的词嵌入维度。

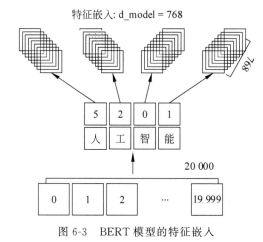

图 6-3　BERT 模型的特征嵌入

6.2.2　BERT 模型的位置编码

与 Transformer 模型的位置编码相比,BERT 模型的位置编码更简单。Transformer 模型使用正弦和余弦函数来计算输入序列的位置编码,这是一种绝对位置编码,每个位置都有固定的数值,位置编码不随模型训练而更新,然而,BERT 模型并没有延续这种方式,而是直接初始化最简单的位置信息,然后让模型自行学习。BERT 模型的位置编码是模型学习的一个参数。对于一个输入序列,每个单词都对应一个最简单的输入顺序(例如 $0, 1, 2, \cdots, N$)。在初始化时,模型随机初始化输入序列的位置编码。BERT 模型的位置编码也需要嵌入操作,其嵌入的维度与词嵌入的维度保持一致(对于 BERT Base 模型为 768,而 BERT

Large 模型为 1024），如图 6-4 所示。

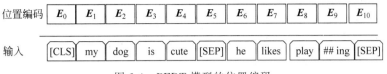

图 6-4　BERT 模型的位置编码

6.2.3　BERT 模型的序列嵌入

BERT 模型的预训练任务不仅包括 MLM 任务，还包括 NSP 任务。为了标记输入序列的前后句子信息（一个句子是否是另一个句子的下一句），BERT 模型引入了序列嵌入的概念。假设 BERT 模型的输入序列包含两个句子，在处理输入数据时，BERT 模型会在两个输入句子中添加特殊标签位[SEP]。当代码遇到[SEP]特殊标签位时，就知道输入的两个句子存在上下文关系。假设第 1 个句子的序列标签为 A，第 2 个句子的序列标签为 B，其序列标签也需要嵌入操作，其序列嵌入的维度与词嵌入的维度保持一致（对于 BERT Base 模型为 768，而 BERT Large 模型为 1024），如图 6-5 所示。

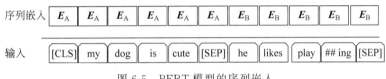

图 6-5　BERT 模型的序列嵌入

6.2.4　BERT 模型的输入

BERT 模型的输入包括词嵌入、序列嵌入和位置编码，每个嵌入的维度为 768 或 1024。词嵌入、序列嵌入和位置编码采用加法运算，对输入序列进行 768 或 1024 维度的嵌入操作，如图 6-6 所示。经过嵌入操作后的输入序列传递给 BERT 模型进行注意力机制的计算。在每个输入序列前，BERT 模型加入了特殊标签[CLS]。[CLS]标签参与完整的注意力机制计算，并随着模型的学习而自动更新，从而可以记录完整的输入信息，并学习到输入序列的完整语义信息。最后，模型使用[CLS]标签进行 MLM 或 NSP 等任务的预测。

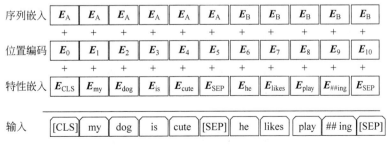

图 6-6　BERT 模型的输入部分

为了完成 MLM 任务,BERT 模型在预处理阶段采用了特殊字符[MASK]的处理方法。对于所有的输入序列,BERT 模型随机选择 15% 的单词进行掩码处理,而这 15% 被掩码遮掩的单词采用如下 3 种方式进行掩码处理。

(1) 其中 80% 的输入数据(或输入 token)会被特殊字符[MASK]进行代替。

(2) 其中 10% 的输入数据(或输入 token)会随机地被其他输入数据代替,当然有概率会自己替代自己,但其概率极小。

(3) 其中 10% 的输入数据(或输入 token),保留自己的数据,不做任何处理。

许多下游自然语言处理任务需要理解两个句子之间的关系,例如问答系统和自然语言推理等任务,因此在预训练阶段,BERT 模型还增加了一个 NSP 任务。在 BERT 模型的输入数据中,第 1 个句子以[CLS]开始,并在下一个句子前添加特殊字符[SEP]。在预训练阶段,有 50% 的输入数据对应着句子的前后关系,而另外 50% 的输入数据则是随机的句子。BERT 模型的训练目标是判断输入句子是否具有前后关系。

6.3 BERT 模型 Transformer 编码器框架

BERT 模型框架完全继承了 Transformer 模型的编码器部分,删除了解码器部分。在 Transformer 模型的基础上,BERT 模型增加到了 12 层的编码器,并增加了词嵌入的维度及前馈神经网络的隐藏层参数。BERT 模型编码器框架如图 6-7 所示。

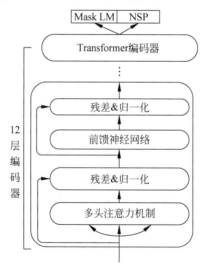

图 6-7 BERT 模型编码器框架

BERT 模型框架包含 12 层的 Transformer 编码器,每层编码器完全延续了 Transformer 模型的框架,并没有做任何变更。每层的编码器包含多头注意力机制、残差连接与数据归一化层及前馈神经网络。与标准的 Transformer 模型框架相比,BERT 模型框架主要有以下几个区别:

（1）BERT 模型框架使用 12 层的编码器层（Base 版本使用 12 层，Large 版本使用 24 层），而 Transformer 模型使用 6 层的编码器层。

（2）BERT 模型框架的多头注意力机制层使用 12 个头（Base 版本使用 12 个头，Large 版本使用 16 个头），而 Transformer 模型框架使用 8 个头。

（3）BERT 模型的词嵌入维度为 768（Base 版本为 768，预训练参数达到了 110M，Large 版本为 1024，预训练参数达到了 340M），而 Transformer 模型的词嵌入维度为 512。

（4）BERT 模型框架的前馈神经网络隐藏层参数为 3072（Base 版本为 3072，Large 版本为 4096），而 Transformer 模型的前馈神经网络隐藏层参数为 2048。

除了以上相关参数的设计不同外，其他模块设计及代码设计完全一致。BERT 模型的代码搭建部分可以延续 Transformer 模型的相关模块代码。

6.4　BERT 模型的输出

为了完成 MLM 与 NSP 任务，BERT 模型的输入部分采取了特殊的设计，包括输入数据的掩码处理及输入序列的输入顺序的处理。BERT 模型的输出包括 MLM 与 NSP 两个任务。

6.4.1　BERT 模型的 MLM 预训练任务

MLM 预训练任务的主要目的是输入一个序列，其中存在被掩码遮掩的单词，而 BERT 模型需要通过训练来预测这些被掩码遮掩的单词，类似于英语考试中的完形填空。由于 BERT 模型是双向 Transformer 模型，所以经过训练后，它可以根据输入的上下文信息来预测被掩码遮掩的单词，MLM 预训练任务如图 6-8 所示。

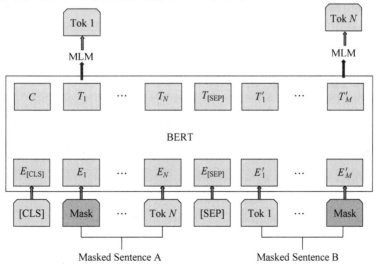

图 6-8　BERT 模型 MLM 预训练任务

输入 BERT 模型存在两个序列,每个序列中都有被掩码遮掩的单词,而 BERT 模型训练的目的便是预测其中被掩码遮掩的单词。

6.4.2 BERT 模型的 NSP 预训练任务

NSP 预训练任务的主要目的是输入两个序列,经过训练后,BERT 模型判断这两个序列是否存在上下文关系。BERT 模型仅判断两个输入序列是否存在上下文关系,并不会根据第 1 个输入序列来生成第 2 个输入序列,类似于 ChatGPT(对话聊天模型)的功能。这个任务的预测下一句序列的功能由 GPT 模型实现。NSP 预训练任务如图 6-9 所示。

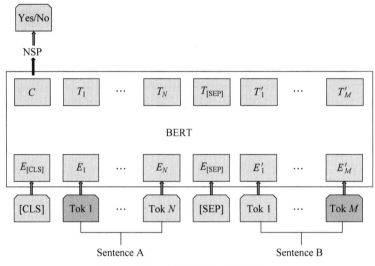

图 6-9　BERT 模型 NSP 预训练任务

在 BERT 模型的 NSP 任务中,输入了两个不同的句子。在预训练阶段,其中 50% 的输入句子被打乱了顺序,而另外 50% 保留了顺序。BERT 模型需要自行训练来判断前后两个句子是否存在对应的上下文关系。模型只会输出"Yes"或"No"。

6.5　BERT 模型的微调任务

BERT 模型的预训练任务包含 MLM 与 NSP 两个任务。虽然仅有两个预训练任务,但基于 BERT 模型的微调任务(Fine-tuning)效果显著。微调任务建立在已经训练好的 BERT 模型的基础上,通过输入自有的训练数据与模型任务,使模型适应新的任务。微调任务无须从头训练模型,仅在 BERT 模型的预训练任务上微调,不仅缩短了训练时间,而且微调后的模型效果优于从头训练的模型。

BERT 模型的微调任务主要分为两大类:一是单序列输入的微调任务,二是多序列输入的微调任务,例如情感分析、QA 问答等单序列输入任务,以及阅读理解等多序列任务。

基于 BERT 模型的问答系统设计：模型框架如图 6-10 所示，其训练目标是基于 BERT 模型的预训练任务。给定一个问题，模型能够输出相应的答案。

基于 BERT 模型的情感分析系统设计：模型框架如图 6-10 所示，其训练目标是基于 BERT 模型的预训练任务。给定一个句子，模型能够输出该句子的情感标签，例如积极、消极、生气、高兴等情感标签。

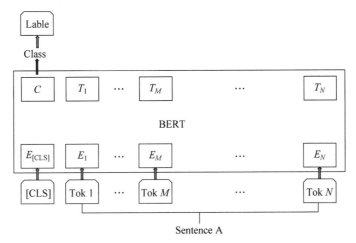

图 6-10　BERT 模型单输入序列微调任务

基于 BERT 模型的阅读理解任务：模型框架如图 6-11 所示，其训练目标是基于 BERT 模型的预训练任务。给定一个问题和一段文字，模型能够根据问题从文字中找到答案，类似于英语的阅读理解。

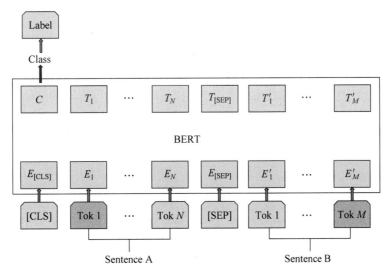

图 6-11　BERT 模型多序列输入微调任务

6.6　BERT 模型的代码实现

基于 Transformer 模型的相关代码搭建 BERT 模型相对简单。BERT 模型的核心是编码器层的搭建,其代码完全可以继承标准 Transformer 模型的相关代码。

6.6.1　BERT 模型的特征嵌入

BERT 模型的嵌入操作,代码如下:

```
#第 6 章/6.6.1/BERT 模型的嵌入操作代码实现
class Embedding(nn.Module):
    def __init__(self):
        super(Embedding, self).__init__()
        self.tok_embed = nn.Embedding(vocab_size, d_model) #token embedding
        self.pos_embed = nn.Embedding(maxlen, d_model) #position embedding
        self.seg_embed = nn.Embedding(n_segments, d_model) #segment embedding
        self.norm = nn.LayerNorm(d_model)
    def forward(self, x, seg):
        seq_len = x.size(1)
        pos = torch.arange(seq_len, dtype=torch.long)
        pos = pos.unsqueeze(0).expand_as(x)
        #token embedding + position embedding + segment embedding
        embedding = self.tok_embed(x) + self.pos_embed(pos) + self.seg_embed(seg)
        return self.norm(embedding)
```

BERT 模型的 Patch Embedding 包含词嵌入、位置编码及序列嵌入,最终的 Patch Embedding 是以上三者的总和。

6.6.2　BERT 模型的自注意力机制

实现 BERT 模型的自注意力机制,代码如下:

```
#第 6 章/6.6.2/BERT 模型的自注意力机制代码实现
def get_attn_pad_mask(seq_q, seq_k):                            #计算 Pad Mask 矩阵
    batch_size, len_q = seq_q.size()
    batch_size, len_k = seq_k.size()
    #eq(0) is PAD token#pad_attn_mask[batch_size, 1, len_k],True is mask
    pad_attn_mask = seq_k.data.eq(0).unsqueeze(1)
    return pad_attn_mask.expand(batch_size, len_q, len_k)
class ScaledDotProductAttention(nn.Module):                    #注意力机制代码
    def __init__(self):
        super(ScaledDotProductAttention, self).__init__()
    def forward(self, Q, K, V, attn_mask):
        #Q: [batch_size, len_q, d_k]                           #[2,5,768]
        #K: [batch_size, len_k, d_k]                           #[2,5,768]
        #V: [batch_size, len_v(=len_k), d_v]                   #[2,5,768]
```

```
#attn_mask: [batch_size, seq_len, seq_len]        #[2,5,5]
#scores:[batch_size,len_q,len_k]                  #[2,5,5]
#按照注意力机制公式计算注意力机制
scores = torch.matmul(Q, K.transpose(-1, -2)) / np.sqrt(d_k)
#若存在 Pad Mask,则在 Mask 地方置为一个很小的值
if attn_mask is not None:
    scores.masked_fill_(attn_mask, -1e9)          #[2,5,5]
attn = nn.Softmax(dim=-1)(scores)       #对最后一个维度(v)执行 Softmax 操作
#result: [batch_size, len_q, d_v]                 #[2,5,768]
result = torch.matmul(attn, V)                    #[2,5,768]
return result, attn                     #attn 注意力矩阵(用于可视化)
```

　　输入句子的长度可能不一,因此添加了特殊字符[PAD]。由于 PAD 字符不是实际的输入数据,所以需要添加 Pad Mask 操作来避免参与 Softmax 运算。在 ScaledDotProductAttention 函数中,按照标准的注意力机制计算公式计算注意力机制。最后返回经过注意力机制运算后的结果及注意力矩阵(方便后续的热力图绘制)。BERT 模型的注意力机制的计算与标准 Transformer 模型的计算一致,只是修改了词嵌入的数据维度。在代码实现上,两者完全一致。

6.6.3　BERT 模型的多头注意力机制

　　实现 BERT 模型多头注意力机制,代码如下:

```
#第 6 章/6.6.3/BERT 模型的多头注意力机制代码实现
class MultiHeadAttention(nn.Module):
    def __init__(self):
        super(MultiHeadAttention, self).__init__()
        #初始化 W_Q、W_K、W_V、W_O 共 4 个矩阵,方便计算多头注意力机制
        self.W_Q = nn.Linear(d_model, d_k *n_heads, bias=False)    #[768,768]
        self.W_K = nn.Linear(d_model, d_k *n_heads, bias=False)    #[768,768]
        self.W_V = nn.Linear(d_model, d_v *n_heads, bias=False)    #[768,768]
        self.W_O = nn.Linear(n_heads *d_v, d_model, bias=False)    #[768,768]
    def forward(self, input_Q, input_K, input_V, attn_mask):
        #input_Q: [batch_size, len_q, d_model]                     #[2,5,768]
        #input_K: [batch_size, len_k, d_model]                     #[2,5,768]
        #input_V: [batch_size, len_v(=len_k), d_model]             #[2,5,768]
        #attn_mask: [batch_size, seq_len, seq_len]                 #[2,5,5]
        #residual 主要为了残差连接
        residual, batch_size = input_Q, input_Q.size(0)            #[2,5,768]
        #B: batch_size, S:seq_len, D: dim
        #(B,S,D)-proj-> (B,S,D_new)-split->(B,S,Head,W)-trans->(B,Head,S,W)
        #Q: [batch_size, n_heads, len_q, d_k]                      #[2,12,5,64]
        #计算多头注意力机制的 Q 矩阵
        Q = self.W_Q(input_Q).view(batch_size, -1, n_heads, d_k).transpose(1, 2)
        #计算多头注意力机制的 K 矩阵
        #K: [batch_size, n_heads, len_k, d_k]                      #[2,12,5,64]
        K = self.W_K(input_K).view(batch_size, -1, n_heads, d_k).transpose(1, 2)
```

```
#计算多头注意力机制的 V 矩阵
#V: [batch_size, n_heads, len_v(=len_k), d_v]                #[2,12,5,64]
V = self.W_V(input_V).view(batch_size, -1, n_heads, d_v).transpose(1, 2)
#attn_mask:[batch_size,seq_len,seq_len] ->->->->
#->->->->->[batch_size,n_heads,seq_len,seq_len] pad mask 矩阵
attn_mask = attn_mask.unsqueeze(1).repeat(1, n_heads, 1, 1)  #[2,12,5,5]
#result:[batch_size,n_heads,len_q,d_v]                       #[2,12,5,64]
#attn:[batch_size,n_heads,len_q, len_k]                      #[2,12,5,5]
#计算多头注意力机制
result, attn = ScaledDotProductAttention()(Q, K, V, attn_mask)

#result:[batch_size,n_heads,len_q,d_v]->[batch_size,len_q,n_heads*d_v]
#contat heads #result 2*5*768 合并多头的数据
result = result.transpose(1, 2).reshape(batch_size, -1, n_heads*d_v)
output = self.W_O(result) #[batch_size, len_q, d_model]      #[2,5,768]
#残差连接,数据归一化
return nn.LayerNorm(d_model)(output + residual), attn        #[2,5,768]
```

BERT 模型的多头注意力机制与标准 Transformer 模型的多头注意力机制代码一致。主要的区别是 BERT 模型的词嵌入维度变成了 768,其多头注意力的头数变成了 12,其他数据维度保持不变。

6.6.4　BERT 模型的前馈神经网络

BERT 模型的前馈神经网络,代码如下:

```
#第 6 章/6.6.4/BERT 模型的前馈神经网络代码
class PoswiseFeedForwardNet(nn.Module):
    def __init__(self):
        super(PoswiseFeedForwardNet, self).__init__()
        self.fc = nn.Sequential(
            nn.Linear(d_model, d_ff, bias=False),           #W1 [768,3072]
            nn.GeLU(),                                      #max(0,w1*x+b1)
            nn.Linear(d_ff, d_model, bias=False))           #W2 [3072,768]

    def forward(self, inputs):
        #inputs: [batch_size, seq_len, d_model]
        residual = inputs
        output = self.fc(inputs)
        #[batch_size, seq_len, d_model] 残差连接与数据归一化
        return nn.LayerNorm(d_model)(output + residual)
```

首先输入数据需要经过一层的线性层,把输入数据维度转换到隐藏层的维度(768≫3072),经过一个 GELU 激活函数后,再经过一层的线性层,把隐藏层的维度再次转换到词嵌入的维度(3072≫768),保持输入及输出数据的维度不变。

6.6.5　BERT 模型的编码器层

BERT 模型的编码器层的代码如下:

```
class EncoderLayer(nn.Module):
    def __init__(self):
        super(EncoderLayer, self).__init__()
        self.enc_self_attn = MultiHeadAttention()          #多头注意力机制
        self.pos_ffn = PoswiseFeedForwardNet()             #前馈神经网络
    def forward(self, enc_inputs, enc_self_attn_mask):
        #enc_inputs: [batch_size, src_len, d_model]
        #mask 矩阵(pad mask or sequence mask)
        #enc_self_attn_mask: [batch_size, src_len, src_len]
        #enc_outputs: [batch_size, src_len, d_model][2,5,768]
        #attn: [batch_size, n_heads, src_len, src_len][2,5,5]
        #计算注意力机制
        enc_outputs, attn = self.enc_self_attn(enc_inputs, enc_inputs,
                                    enc_inputs,enc_self_attn_mask)
        enc_outputs = self.pos_ffn(enc_outputs)        #[2,5,768]前馈神经网络
        #enc_outputs: [batch_size, src_len, d_model]
        return enc_outputs, attn
```

有了多头注意力机制代码与前馈神经网络代码，就可以搭建 BERT 模型的编码器层的函数，该函数包含一层多头注意力机制层与一层前馈神经网络层。输入数据依次经过这两层，最终输出经过编码器层的数据与注意力矩阵。此输出数据传递给下一层的编码器层，BERT 模型一共由 12 层编码器层组成，数据依次经过这 12 层即可搭建 Base 版本的 BERT 模型。

6.6.6 BERT 模型搭建

BERT 模型搭建，代码如下：

```
input = torch.LongTensor([[5,2,1,0,0],[1,3,1,4,0]])
d_model = 768                          #词嵌入维度
d_ff = 3072                            #(768->3072->768 线性层是用来进行特征提取的)
d_k = d_v = 64                         #多头维度 K(=Q)，V
n_layers = 12                          #Block 的个数
n_heads = 12                           #有几个头
src_vocab_size = 10                    #最大句子长度
class Encoder(nn.Module):
    def __init__(self):
        super(Encoder, self).__init__()
        self.embedding = Embeddings()                          #词嵌入
        self.layers = nn.ModuleList([EncoderLayer() for _ in range(n_layers)])

    def forward(self, enc_inputs):
        enc_outputs = self.embedding(enc_inputs, enc_inputs)   #词嵌入
        #enc_inputs: [batch_size, src_len]                     #[2,5]
        #enc_outputs[batch_size, src_len, src_len]             #[2, 5, 768]
        #Encoder 输入 Pad Mask 矩阵    #[batch_size, src_len, src_len][2,5,5]
        #pad mask
        enc_self_attn_mask = get_attn_pad_mask(enc_inputs, enc_inputs)
```

```
enc_self_attns =[]        #这个主要是为了画热力图,用来看各个词之间的关系
for layer in self.layers: #for 循环访问 nn.ModuleList,进行 12 次循环堆叠
    #enc_outputs: [batch_size, src_len, d_model[2,5,768]
    #enc_self_attn:[batch_size, n_heads, src_len, src_len][2,12,5,5]
    enc_outputs,enc_self_attn=layer(enc_outputs,enc_self_attn_mask)
    enc_self_attns.append(enc_self_attn)        #可视化
return enc_outputs, enc_self_attns               #enc_outputs 输出[2, 5, 768]
```

  BERT 模型需要经过 12 层的编码器进行注意力机制的计算,而 BERT 模型的整体搭建便是循环 12 层的编码器,最后输出经过注意力机制计算后的数据。

6.7　本章总结

  本章通过对比标准 Transformer 模型,介绍了 BERT 模型的框架。BERT 模型继承了标准 Transformer 模型的编码器层,结构完全按照 Transformer 模型的编码器层来搭建。BERT 模型与 Transformer 模型的主要区别在于 BERT 模型是双向的 Transformer 编码器,在注意力机制计算时,不仅能看到当前时间步以前的输入数据,还能看到当前时间步之后的输入数据,而 Transformer 模型为了避免看到未来的输入数据,增加了 Sequence Mask 矩阵来屏蔽未来的输入数据。

  BERT 模型除了继承了 Transformer 模型的优点外,还修改了相关参数,搭建了更深的模型框架。基于 BERT 模型预训练任务的微调任务大大地提高了模型训练的效率和准确率,在不同的 NLP 任务上取得了良好的效果。

  最后对比 Transformer 模型的实现代码,介绍了 BERT 模型的实现代码。BERT 模型实现代码很多与 Transformer 模型的编码器代码实现类似,仅修改了相关参数。

第 7 章	# Transformer 解码器模型： GPT 系列模型

GPT（Generative Pre-trained Transformer）是基于 Transformer 架构的生成式预训练模型之一。它首次由 OpenAI（一家美国人工智能公司）于 2018 年提出，论文名为 *Improving Language Understanding by Generative Pre-Training*，通常被称为 GPT-1 模型。GPT-1 的论文发布早于 BERT，因此有人认为 BERT 受到了 GPT-1 的启发。这两个模型的主要区别在于 BERT 使用了 Transformer 模型的编码器，而 GPT 则使用了解码器。虽然 BERT 的性能超过了 GPT-1，但随着 GPT-2、GPT-3 和 GPT-4 的相继发布，GPT 模型迎来了自己的 AI 时代。

7.1 GPT 模型结构

Transformer 模型包含编码器和解码器两部分，而 GPT 生成式预训练模型需要根据当前时间步之前的输入信息来预测未来的信息，因此采用了解码器的设计模型。GPT 只能看到当前时间步之前的输入信息，这与 BERT 模型不同，后者能同时看到当前时间步之前和之后的输入数据，因此，BERT 的性能超过了 GPT 模型，然而，随着参数的增加，以及数据集的扩大与完善，GPT 模型也不断壮大，展现出了令人惊叹的能力。

7.1.1 GPT 模型简介

GPT-1、GPT-2、GPT-3、ChatGPT（GPT-3.5）及 GPT-4 都是由 OpenAI 开发的基于 Transformer 架构的预训练语言模型。

GPT-1 是首个版本，它采用了单向的 Transformer 解码器架构，并在预训练阶段使用了单一的非监督目标任务，即利用无标签数据进行预训练，然后通过有标签数据进行微调以适应下游任务。

尽管 BERT 模型使用了 3 倍大小的数据集击败了 GPT-1，但 GPT 模型却反击了。于是，OpenAI 推出了 GPT-2，该模型在 GPT-1 的基础上进行了改进，包括增加了模型规模和训练数据的多样性，以及采用了更大的模型和更多的参数。GPT-2 提出了零样本微调（Zero-shot）方法，即模型无须进行微调即可获得良好的效果。尽管在某些下游任务上，

GPT-2 稍逊于 BERT 模型,但 Zero-shot 的概念为 GPT-2 增添了不少亮点。

为了弥补 GPT-2 的不足,GPT-3 应运而生。GPT-3 在 GPT-2 的基础上进一步扩大了规模,使用了 1750 亿个参数,并引入了一种称为少样本微调(Few-shot Learning)的功能,使模型可以在只有少量样本的情况下进行学习和推理。至此,GPT 系列模型已经奋起直追,牢牢地确立了自己的核心地位。

真正让 GPT 模型进入大众视野的是 ChatGPT(GPT-3.5),它基于 GPT-3 进行微调,并加入了基于人类偏好的强化学习(Reinforcement Learning from Human Feedback,RLHF)。2023 年对于人工智能领域来讲是非同寻常的一年,不仅 ChatGPT 引人瞩目,AIGC 生成式模型也如雨后春笋般涌现,尤其是 Stable Diffusion 与 Midjourney 文生图大模型的发布,让人们对 GPT-4 是否具备多模态能力充满期待。尽管最终 GPT-4 只能输入文本和图片,无法生成图片,但它不仅是一个多模态模型,并且可以进行联网,跟其他 AI 工具进行合作使用,直接把 GPT 系列拉上了一个新的台阶。想象一下,联网后的 GPT 模型该有多大的威力。

7.1.2　GPT 模型构架

GPT 模型基于 Transformer 模型的解码器,其模型结构如图 7-1 所示。GPT 模型的结构主要包括以下 3 个关键部分。

(1) GPT 模型输入部分:经过词嵌入(这里称为 Token Embedding)和位置编码的处理。

(2) GPT 模型主体部分:这部分是标准的 Transformer 解码器。

(3) GPT 模型输出部分:GPT 模型的输出是下游任务的标签,如文本分类、文本预测等任务的标签。

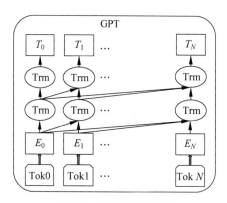

图 7-1　GPT 模型框架

GPT 模型的输入部分使用了标准 Transformer 模型的词嵌入和位置编码。不过,GPT 模型的位置编码是可以学习的,跟随模型的训练而更新。虽然 Transformer 模型的相对位置编码能够了解单词之间的相对位置信息,但无法获取绝对位置信息,因此,大多数模型采用了可学习的位置编码，使模型能够自行学习。由于 GPT 模型只能看到当前时间步之前的输入信息，因此它同样使用了序列掩码。

　　解码器部分完全遵循了标准的 Transformer 结构，包括多头注意力机制、残差连接与层归一化及前馈神经网络。与 BERT 模型相比，唯一的区别在于 GPT 模型采用了带掩码的多头注意力机制，因为 GPT 是一种生成式模型，不允许模型看到当前时间步之后的输入信息。GPT 模型主体解码器的结构如图 7-2 所示。

　　不同于标准的 Transformer 模型，GPT 模型不需要交叉注意力机制交互层。因为 GPT 模型只包含解码器部分，所以不需要这一层，因此，总体上看，GPT 模型与 BERT 模型几乎一致，而在预训练时，GPT 模型由于看不到未来的信息，这就让 BERT 这种可以看到未来信息的模型具有更高的性能。

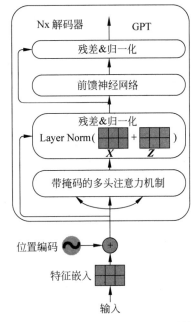

图 7-2　GPT 模型主体解码器的结构

7.2　GPT 模型的输入部分

7.2.1　GPT 模型的 Token Embedding

　　与 Transformer 模型和 BERT 模型类似，每个输入的单词都赋予了一个独一无二的 ID。这些 ID 经过特征嵌入操作后，将单个数字嵌入维度为 d_model 的空间中，如图 7-3 所示。GPT-1 模型的嵌入维度为 768，与 BERT Base 模型一致。随着模型参数的增加，嵌入维度也会增加，这可以提高模型学习语义信息的能力，但也会增加计算复杂度。

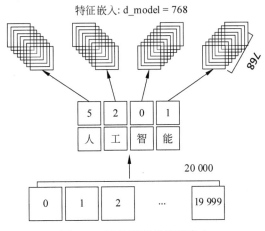

图 7-3　GPT 模型的特征嵌入

7.2.2 GPT 模型的位置编码

GPT 模型的位置编码相对于 Transformer 模型更加简单。它不再采用正余弦函数计算位置编码,而是直接初始化一个最简单的位置信息$(0,1,2,\cdots,N)$,并在训练过程中逐步学习更新,如图 7-4 所示。位置编码同样需要进行嵌入操作,维度与特征嵌入保持一致。将特征嵌入和位置编码相加,即可得到 GPT 模型的输入。

图 7-4 GPT 模型的位置编码

7.3 GPT 模型的整体框架

GPT 模型的框架完全继承了 Transformer 模型的解码器部分,删除了编码器部分及解码器中的交叉注意力机制交互层。在 Transformer 模型的基础上,GPT 模型在原有的 6 层解码器的基础上增加到了 12 层,并增加了词嵌入的维度及前馈神经网络的隐藏层参数。初代 GPT-1 模型框架如图 7-5 所示。

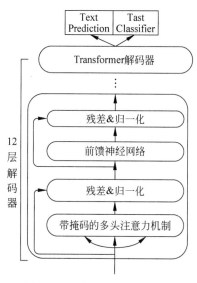

图 7-5 初代 GPT-1 模型框架

GPT 模型的框架由 12 层的 Transformer 解码器组成,每个解码器层都完全遵循了 Transformer 模型框架,没有进行任何变更。与此同时,每个解码器层都包含了带掩码的多头注意力机制、残差连接与层归一化,以及前馈神经网络。与标准的 Transformer 模型相比,GPT 模型的框架有以下几个主要区别。

(1)层数增加:GPT 模型采用了 12 层的解码器层,Transformer 模型只有 6 层解码器层,而 BERT 模型则使用了 12 层的编码器层。

(2)多头注意力机制:GPT 模型中的带掩码的多头注意力机制使用了 12 个头,而 Transformer 模型只使用了 8 个头,与 BERT Base 模型相同。

(3)特征嵌入维度:GPT 模型的特征嵌入维度为 768,而 Transformer 模型的词嵌入维度为 512,与 BERT Base 模型一致。

(4)前馈神经网络隐藏层参数:GPT 模型的前馈神经网络隐藏层参数为 3072,而 Transformer 模型的隐藏层参数为 2048,与 BERT Base 模型 3072 维度一致。

（5）Batch Size 和序列长度：GPT 模型的 Batch Size 被设置为 64，输入序列 token 长度被设置为 512，预训练参数约 1.17 亿。

（6）预训练数据集：GPT 模型使用了 Books Corpus 数据集，该数据集包含 7000 多本未发布的图书，总大小约为 5GB。

除了上述参数之外，其他模块的设计及代码几乎完全相同，GPT 模型的代码搭建部分可以基于 Transformer 模型的相关模块代码进行设计。从这些设计参数中可以看出，BERT Base 模型与 GPT 模型几乎一致，但 BERT 模型还训练了一个 BERT Large 模型，并且数据集规模是 GPT 的 3 倍以上，这解释了为何 BERT 模型可以超越 GPT-1 模型。

7.4　GPT 模型的无监督预训练

GPT 模型采用了一种无监督的预训练模式（Unsupervised Pre-training）。所谓的无监督预训练是指在没有人工标注标签或监督信号的情况下，利用大规模未标记数据进行模型训练。在自然语言处理领域，无监督预训练通常是指使用大规模文本语料库训练语言模型，例如通过预测下一个词来学习单词之间的关系和语言结构。这种预训练可以使模型学习到丰富的语言表示，在后续的监督学习任务中能够更好地理解和处理文本数据。

GPT 使用大量的无标签的文本数据进行模型预训练，假设模型输入一个没有标签的输入数据 $\boldsymbol{U}=\{u_1, u_2, \cdots, u_n\}$，GPT 使用标准的语言建模目标函数来处理输入数据，如式（7-1）所示。

$$L_1(\boldsymbol{U}) = \sum_i \log P(u_i \mid u_{i-k}, \cdots, u_{i-1}; \theta) \tag{7-1}$$

其中，k 是上下文窗口大小，模型能够看到当前时间步之前 k 个输入 token，条件概率 P 是使用具有参数 Θ 的神经网络训练的模型，神经网络模型使用随机梯度下降法进行模型的训练。通过模型的训练，使模型能够输入 $u_{i-k}, \cdots, u_{i-1}$ 个 token 数据，能够预测出 u_i，而模型训练的目的便是在符合输出预期条件下，让参数 P 的概率越来越大。

GPT 模型采用了 Transformer 模型的解码器作为其神经网络模型，输入数据通过 12 层的解码器进行注意力机制的计算，最后使用 Softmax 函数输出预测 token 的概率。首先，输入序列的 token 经过词嵌入与位置编码后，传递给 Transformer 模型的第 1 层输入，然后经过 12 层的 Transformer 模型解码器进行数据的注意力机制计算，最终使用最后一层的输出进行 Softmax 计算，得到当前时间步的预测概率分布，如式（7-2）所示。

$$\begin{cases} \boldsymbol{h}_0 = \boldsymbol{U}\boldsymbol{W}_e + \boldsymbol{W}_p \\ \boldsymbol{h}_l = \text{transformer\_block}(\boldsymbol{h}_{l-1}) \, \forall_i \in [1, n] \\ P(u) = \text{Softmax}(\boldsymbol{h}_n \boldsymbol{W}_e^{\mathrm{T}}) \end{cases} \tag{7-2}$$

其中，$\boldsymbol{U}=(u_{i-k}, \cdots, u_{i-1})$ 是输入 token 的向量表示，n 是解码器层数，$\boldsymbol{W}_e$ 是特征嵌入矩阵，$\boldsymbol{W}_p$ 是位置编码矩阵，$\boldsymbol{h}_l$ 为 l 层 Transformer 的输出，$\boldsymbol{h}_n$ 为最后一层 Transformer 的输出。

虽然 BERT 模型选择了编码器作为其主要结构,但是 GPT 模型选择了解码器。从模型结构来看,它们的编码器和解码器的设计基本相同,这并不是 GPT 模型与 BERT 模型的主要区别。两者的主要区别在于预训练目标函数的选择。GPT 模型根据当前时间步之前的输入信息来预测未来的信息,而 BERT 模型则将当前时间步之前和未来的信息传递给 Transformer 模型,只是对个别单词进行了掩码处理。相比之下,预测未来的难度要比填空任务要大得多。这也间接地反映了为什么在相同设计参数的条件下,BERT 模型的性能要优于 GPT 模型,然而,人们一直喜欢预测未来。如果模型能够成功预测未来的事情,则将是一件很酷的事情。也许这也是 OpenAI 一直坚持走这条道路的原因之一吧。

7.5 GPT 模型的微调任务

GPT 模型的预训练任务是在无监督的无标签的文本数据上进行的,因此,在模型训练完成后,需要对不同的下游任务进行微调,使用有标签的文本数据进行微调。通过微调 GPT 模型,可以针对不同的下游任务进行训练,以适应不同的自然语言处理子任务。

7.5.1 GPT 模型微调

假设有一个带有标签 y 的输入 token:$[x^1, \cdots, x^m]$,此输入 token 经过 GPT 预训练模型的激活函数 $\boldsymbol{h}_l^m$,再添加一层参数为 $\boldsymbol{W}_y$ 的线性层,以此来预测 y 的概率,则 y 的概率预测公式如下:

$$P(y \mid x^1, \cdots, x^m) = \text{Softmax}(\boldsymbol{h}_l^m \boldsymbol{W}_y) \tag{7-3}$$

这样就可以得到微调任务的目标函数:

$$\boldsymbol{L}_2(\boldsymbol{U}) = \sum_{(x,y)} \log P(y \mid x^1, \cdots, x^m) \tag{7-4}$$

对语言模型的预训练进行微调可以提高监督模型的泛化能力,并可以加速模型的收敛,而式(7-3)中只有 $\boldsymbol{W}_y$ 为未知参数。将预训练模型与微调任务联合起来训练,就可以得到 GPT-1 模型的最终目标函数:

$$\boldsymbol{L}_3(\boldsymbol{U}) = \boldsymbol{L}_2(\boldsymbol{U}) + \lambda \boldsymbol{L}_1(\boldsymbol{U}) \tag{7-5}$$

式(7-5)中 λ 是权重参数。

7.5.2 GPT 模型监督有标签输入

GPT 模型的微调任务是一种监督模型,输入了带有标签的 token,但是针对不同的下游任务,GPT 采用了不同的输入 token 格式,以方便对不同的下游任务的模型进行微调,如图 7-6 所示。

在应对不同的下游任务时,GPT 模型采用了不同的标签定义,例如,在分类任务中,每个输入 token 之前都添加了一个特殊的"Start"字符(并非单词"start",而是一个特殊的无含

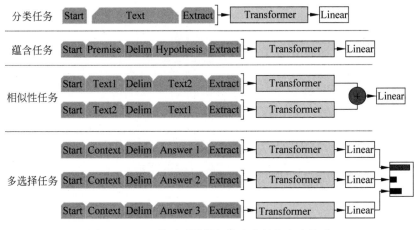

图 7-6　GPT 模型下游任务输入有标签文本格式

义字符，类似于 BERT 模型的特殊字符［CLS］）。在输入 token 的末尾添加了一个"Extract"字符，同样是一个特殊的无含义字符。输入 token 通过 12 层的 Transformer 模型进行注意力机制的计算。由于注意力机制是全局计算的，因此最后的"Extract"字符同样学习到了所有的语义信息，然后直接通过一个线性层计算最终的分类概率。

对于常见的问答任务，GPT 采用了处理多个输入 token 的方式，例如，假设模型输入一个文本，而答案有 3 种情况的情形下，GPT 的输入 token 需要构建 3 个输入序列。每个输入 token 序列都经过 Transformer 进行注意力机制的计算，并通过一层线性层，最终输出每个答案的概率。

7.6　GPT-2 模型

在相同参数条件下，BERT 模型成功地打败了 GPT-1 模型，然而，这并不能说明编码器模型比解码器模型更好，毕竟 BERT 模型的训练数据是 GPT-1 模型的 3 倍之多。那么，基于解码器的 GPT-1 模型是否可以同样采用一个庞大的数据集进行训练，以提高整体性能呢？

当然，若仅仅修改模型的数据集来重新训练模型，即使能达到了一定的效果，其研究意义也不会太大。那么，GPT 是如何修改模型、如何提高性能，又提出了怎样的创新呢？

7.6.1　GPT-2 模型简介

GPT-2 是在论文 *Language Models are Unsupervised Multitask Learners* 提出的模型框架，其模型延续了 Transformer 模型的解码器部分，但在 GPT-1 的基础上进行了部分更新，其 GPT-2 模型框架如图 7-7 所示。

GPT-2 模型训练了 4 个不同尺寸的模型，其参数见表 7-1。

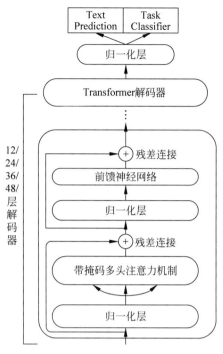

图 7-7　GPT-2 模型框架

表 7-1　GPT-2 模型参数

编码序列	预训练参数	解码器层数	词嵌入维度
1	1.17 亿	12	768
2	3.45 亿	24	1024
3	7.62 亿	36	1280
4	15.42 亿	48	1600

　　GPT-2 模型采用了 WebText 数据集(这个数据集是由 OpenAI 使用爬虫自行设计的),这个庞大的数据集为 GPT-2 模型提供了强大的数据支撑。作者将最大的模型称为 GPT-2,拥有 3.45 亿参数的模型已经与 BERT 模型性能相当,而最大参数的 GPT-2 模型已经超越了 BERT 模型。同时,GPT-2 模型增加了 Batch Size 尺寸,增加到 512,并将输入 token 的数量增加到 1024。

　　在模型参数设计方面,GPT-2 模型采用了更大的词嵌入维度参数,以增加数据表达能力。较大的词嵌入维度可以提供更多的自由度,使模型能够更好地捕捉单词之间的语义和句子之间的关系。这样的模型可以更好地理解和生成自然语言,然而,较大的词嵌入维度会增加模型的参数量,导致模型更加庞大和复杂,需要更多的计算资源和存储空间,其次,较大的词嵌入维度会增加模型的训练时间,因为更多的参数需要更多的数据和计算来进行训练。此外,较大的词嵌入维度可能会增加模型的过拟合风险,特别是当训练数据较少时。

　　因此,在选择词嵌入维度时需要权衡模型的表达能力和计算资源的限制。较大的词嵌入维度在一定程度上可能会提升模型的性能，但也需要考虑训练时间、计算资源和过拟合等问题。

在模型设计上，GPT-2 模型采用了更多的解码器层，最大的 GPT-2 模型采用了 48 层的解码器结构。通过堆叠更多的层，模型可以学习到更复杂、更抽象的特征表示，从而提升建模能力，其次，模型可以捕捉到更长范围的上下文依赖关系，从而更好地理解输入序列的语义。此外，通过增加 Transformer 层的数量，模型可以更好地适应不同的输入数据，提高泛化能力，降低过拟合风险。

然而，使用更多的 Transformer 层，模型的计算复杂度会增加，需要更多的计算资源和时间来训练和推理。通过堆叠更多的层，模型的参数数量也会增加，可能会导致模型更难训练，需要更多的数据和计算资源。模型的复杂度增加，使模型更容易过拟合训练数据，需要谨慎选择合适的层数以避免过拟合问题。GPT-1 论文中也提到了增加更多的层数来提高整体模型性能，从实验数据来看，增加 Transformer 的层数可以有效地提高模型的性能。这一想法也在 GPT-2 模型上得到了验证。

每层的解码器层，将归一化层放置在多头注意力机制层的前面，称为数据归一化前置（Pre Layer Normalization），而标准的 Transformer 模型为数据归一化后置（Post Layer Normalization），而前馈神经网络层的数据归一化层也放置在前面，如图 7-8 所示。

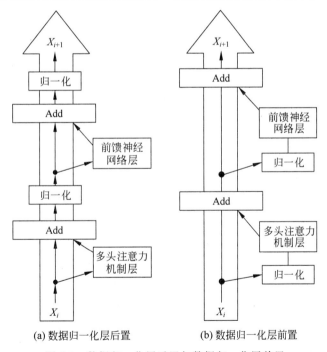

(a) 数据归一化层后置　　　(b) 数据归一化层前置

图 7-8　数据归一化层后置与数据归一化层前置

在最初的设计中，将数据归一化层放置在注意力机制计算之后的 Transformer 模型中，导致输出层附近参数的梯度较大，因此，在这些梯度上使用较大的学习率会使训练变得不稳定。相反,如果将数据归一化层放置在注意力机制计算之前,则梯度在初始化时表现良好。一些实验表明,没有预热阶段的前置数据归一化 Transformer 模型可以达到与基线相当的结果,同时在各种应用中可以显著地减少训练时间和超参数调整。

选择前置数据归一化还是后置数据归一化通常取决于具体的应用场景和实验结果。前置数据归一化有助于保持输入数据的一致性,而后置数据归一化有助于保持每层输出的一致性。在实际应用中,需要根据具体的模型架构和任务需求来选择合适的数据归一化位置。

在数据处理方面,GPT-2 模型在进行残差连接后,使用了一个缩放系数 $1/\sqrt{N}$ 来调整残差连接的权重,其中 N 为解码器的层数。

GPT-2 模型的最终输出部分增加了一层数据归一化层,然后进行其他下游任务的输出,例如文本预测、文本分类等任务。

7.6.2　GPT-2 模型的 Zero-shot

然而,GPT-2 模型的设计仅仅是在现有的模型基础上增加了训练数据,并增大了模型参数。这样的设计容易被一个更大的模型超越,而且论文的发表也缺乏亮点。在 GPT-2 模型发布时,从另一个角度提出了 Zero-shot 微调的观点。GPT-1 模型使用无监督的数据进行预训练,然后使用带标签的数据进行微调,而 GPT-2 模型只使用无标签的数据进行无监督训练,并没有使用带标签的数据进行微调。当 GPT-2 模型训练完成后,直接应用于 NLP 领域的下游任务上。

Zero-shot 的概念在 GPT-1 的论文中也有提及,其预训练模型随着训练的不断深入,具备了零样本的能力。这意味着模型只需在大型数据集上不断地进行预训练,模型就会自然地从数据集中学习到相关的 NLP 下游任务。为了达到零样本的效果,OpenAI 利用爬虫爬取了 4500 万个网页的数据,整个数据集的文本总量高达 40GB。这一庞大的数据集为零样本微调提供了可能,然而,由于 GPT-2 没有使用下游任务进行微调,所以当用户将此模型用于相关的 NLP 任务时,其输入文本需要与预训练模型时的输入文本格式相同,例如,预训练样本数据如下。

(1) 机器翻译任务:翻译成英文,{中文文本},{英文文本}。

(2) 分类任务:判断输入文本的情绪,{输入文本},{积极},{消极}。

(3) 阅读理解:根据文本内容回答问题,{输入文本内容},{问题},{答案}。

当用户使用零样本的模型时,需要按照相同的文本格式进行输入,然而并不需要用户提供答案,因为模型会自行预测出答案。GPT-2 的核心思想在于,当模型的数据集非常庞大时,模型必然能够从中学习到一定的 NLP 任务,而无须进行微调。

尽管在某些任务上,Zero-shot 可能会使性能有所提升,但由于 GPT-2 模型未经过下游任务的微调,所以在某些微调任务的模型方面仍存在差距。此外,用户在使用模型进行预测时需要遵循一定的输入格式,这限制了模型的使用。

7.7 GPT-3 模型

尽管 GPT-2 模型采用了庞大的数据集和更多的模型参数设计,但未使用精心标记的标签数据进行微调。尽管 GPT-2 模型的相关性能参数相比 GPT-1 模型有了显著提升,并引入了 Zero-shot 的概念,但其性能与经过微调的模型相距甚远,因此,OpenAI 接连发布了 GPT-3 模型。GPT-3 模型在论文 *Language Models are Few-Shot Learners* 中被提出。GPT-3 模型不再追求零样本这种无须任何样本进行微调的方案,而是提出了使用少量样本 (Few-shot)进行微调的概念。

7.7.1 GPT-3 模型框架

GPT-3 模型框架与 GPT-2 模型框架相似,并未做出太多改动。主要改进包括增加了更多解码器层和采用了稀疏注意力机制(Sparse Attention)。GPT-3 模型训练了 8 个不同尺寸的模型,其中最大的模型具有 1750 亿个训练参数。具体的模型参数设计见表 7-2。

表 7-2 GPT-3 模型参数

模型名字	预训练参数	解码器层数	词嵌入维度	注意力头数	批处理大小
GPT-3 Small	1.25 亿	12	768	12	50 万
GPT-3 Medium	3.5 亿	24	1024	16	50 万
GPT-3 Large	7.6 亿	24	1536	16	50 万
GPT-3 XL	13 亿	24	2048	24	100 万
GPT-3 2.7B	27 亿	32	2560	32	100 万
GPT-3 6.7B	67 亿	32	4096	32	200 万
GPT-3 13B	130 亿	40	5140	40	200 万
GPT-3	1750 亿	96	12 288	96	320 万

1750 亿参数的 GPT-3 模型,预训练时采用了 320 万的 Batch Size 尺寸大小,而每个输入序列长度达到了 2048 个 token。可想而知,其 GPT-3 模型是多么难训练。更是因为模型的训练难度,其 GPT-3 模型经过预训练完成后,更不希望通过微调任务进行模型的参数更新,而模型不进行微调任务,其性能更是差强人意。如何保证既要进行微调又不进行模型参数的更新呢?

7.7.2 GPT-3 模型下游任务微调

GPT-3 模型采用以下 3 种方式进行下游任务微调,见表 7-3。

(1)零样本(Zero-shot):不使用任何下游任务标签数据进行微调,预训练模型梯度不做任何更新。

(2)一个样本(One-shot):仅使用下游任务的一条标签数据进行微调,但预训练模型梯度不做任何更新。

表 7-3 GPT-3 模型微调任务

任务描述	Zero-shot	One-shot	Few-shot
	翻译中文到英文	翻译中文到英文	翻译中文到英文
输入示例 1		你好吗 => How are you	你好吗 => How are you
输入示例 2			我爱你 => I love you
输入示例 3			早上好 => Good morning
预测任务提示词	人工智能 =>	人工智能 =>	人工智能 =>

（3）少样本（Few-shot）：仅使用下游任务的少量标签数据进行微调，但预训练模型梯度不做任何更新。

Few-shot 的概念类似于迁移学习，通过在一个任务上学到的知识来改善在另一个任务上的表现，无须从头开始学习或训练一个全新的模型。这也跟人类学习的方式有点相似，一个知识渊博的人，只需几个简单的示例，就可以学习到需要预测的任务。试想一下，若 1750 亿参数的 GPT-3 模型微调任务需要根据下游任务进行模型的梯度更新，其计算量是可想而知的，也就没有办法很轻易地把这么强大的 GPT-3 模型用到下游任务上。

7.7.3　GPT-3 模型预训练数据集

GPT-3 模型需要更大规模的数据集进行训练以发挥其最大的能力。其预训练使用了多个数据集，其中最大的是 Common Crawl，拥有 45TB 文本数据。尽管数据量庞大，但数据质量较差，因此 OpenAI 进行了数据清理。清理后的数据量约为 570GB。在训练过程中，Common Crawl 数据的权重为 0.44，以确保模型能够使用该数据集，并增加其他高质量数据集，而 GPT-3 也同样使用了其他高质量的数据集，见表 7-4。

表 7-4 GPT-3 模型的预训练数据集

数据集名称	数据集文本数量	训练权重/%	每步训练权重
Common Crawl(清洗后)	4100 亿	60	0.44
Webtext2	190 亿	22	2.9
Book1	120 亿	8	1.9
Book2	550 亿	8	0.43
Wikipedia	30 亿	3	3.4

虽然清洗后的 Common Crawl 数据集最大，但是考虑到数据集的质量问题，GPT-3 模型在训练期间并没有完全采用此数据集，且在每步训练时，Common Crawl 数据集的权重只有 0.44。确保模型可以使用 Common Crawl 数据集，但降低其训练权重，增加其他高质量数据集的训练权重。这样既保证了数据集的数量，也保证了数据集的质量。

7.8　本章总结

　　GPT 系列模型是由 OpenAI 开发的一系列基于 Transformer 解码器结构的自然语言处理模型，包括 GPT-1、GPT-2、GPT-3 和 GPT-4 等。这些模型在自然语言处理任务中取得了显著的成绩，例如文本翻译、情感分析、问答系统、预测系统等。

　　GPT-1 是 GPT 系列的第 1 个版本，它采用了 Transformer 架构，包括多层的自注意力机制和前馈神经网络。GPT-1 通过预训练和微调的方式进行训练，先在大规模的无标签数据上进行预训练，然后在自然语言处理下游任务上进行微调（采用有标签数据集）。GPT-1 在多个自然语言处理任务上取得了不错的成绩，但其模型规模相对较小，参数量较少，被同期发布的 BERT 模型所反超。

　　GPT-1 论文的结尾，作者验证了多层 Transformer 模型存在提升模型性能的空间，并提出了 Zero-shot 不进行模型微调的可行性，但是考虑到 GPT-1 的数据集相对较小，并且模型参数较少，性能并没有完全发挥出来，而这正是 GPT-2 模型主要的创新点。GPT-2 是 GPT 系列的第 2 个版本，对比 GPT-1，GPT-2 在模型规模和参数量上有了显著的提升。GPT-2 采用了更深的 Transformer 结构和更多的参数，并通过更大规模的预训练数据进行训练。GPT-2 模型主推 Zero-shot 的概念，虽然模型性能有了一定的提升，但是由于没有进行自然语言处理下游任务的预训练，所以其效果并不显著。

　　GPT-3 是 GPT 系列的大规模模型。GPT-3 拥有 1750 亿个训练参数，是 GPT-2 的 100 倍之多。虽然数据集规模及模型参数都上了一个大台阶，但 GPT-3 模型并没有继续采用 Zero-shot 的方案，而是使用了 Few-shot 少量样本数据进行下游任务微调，但微调任务不更新预训练模型的梯度。通过此方式，GPT-3 在机器翻译、文本摘要、对话生成等各种 NLP 相关任务上取得了令人瞩目的成绩。也正是由于 GPT-3 模型的成功，助力了 ChatGPT 及 GPT-4 等模型的成功。

Transformer模型计算机视觉篇

第 8 章

计算机视觉之卷积神经网络

在 NLP 大模型崛起之前,计算机视觉领域已经迅速发展,各种算法层出不穷,其中,最著名的是卷积神经网络(Convolutional Neural Networks,CNN)。若将自然语言处理任务比作人工智能的"嘴巴",让模型能够说出人类的语言,那么计算机视觉任务就是人工智能的"眼睛",使人工智能能够观察并识别所见物品。

卷积神经网络的概念较为先进,但受限于当时的计算机硬件水平,没有得到充分重视。随着计算机硬件水平的提高,卷积神经网络的潜力得以充分发挥。由于其性能和速度的显著提升,卷积神经网络模型成为计算机视觉领域的基石。许多基于卷积神经网络的模型也相继被提出。

8.1 卷积神经网络的概念

卷积神经网络是由 Yann LeCun 等在论文 *Gradient-Based Learning Applied to Document Recognition* 中提出,是一种用于手写数字识别的神经网络模型。在该论文中,作者将基于卷积神经网络的模型称为 LeNet-5。LeNet-5 网络模型是第 1 个被成功地应用于手写数字识别的项目,被认为是卷积神经网络领域的开创性工作之一。该网络也是第 1 个被广泛地应用于计算机视觉领域的神经网络之一,许多基于卷积神经网络的模型也相继被推出。

8.1.1 卷积神经网络的填充、步长和通道数

填充(Padding)是指在输入图片的边缘添加一定数量的像素,以使输入卷积神经网络的数据与模型设计参数相匹配。由于图片的像素尺寸大小不一,所以为了确保模型设计参数的一致性,需要对输入图片进行统一格式化。如果输入图片的像素尺寸偏大,则可以通过压缩或剪裁的方式来获取匹配的像素尺寸,然而,如果输入图片的像素尺寸偏小,则强制缩放图片尺寸可能会导致图片失真,从而使后续处理难以进行,因此,需要在图片的边缘填充一些无效的数据,以使图片像素尺寸符合设计要求。在这里,将图片视为一个矩阵,填充表示在矩阵的边界上增加一些数据,通常使用数字"0"或复制图片边缘的像

素进行填充,如图8-1所示。

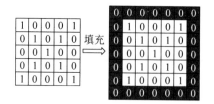

图 8-1 卷积神经网络填充的概念

步长(Stride)是指卷积核在输入数据上每次计算卷积操作后进行的滑动距离。在卷积神经网络中应用步长时,卷积核不再像通常那样每次只移动一像素,而是根据步长的设置大小进行移动。这样可以控制输出特征图的尺寸,同时也可以减少计算量。较大的步长会导致输出特征图尺寸减小,而较小的步长则会导致输出特征图尺寸增大。步长的选择会影响网络对输入数据的感知程度和特征提取的粒度。当步长为1时,如图8-2所示。

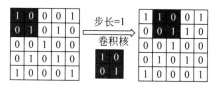

图 8-2 卷积神经网络步长的概念,步长＝1

当步长为2时,如图8-3所示。

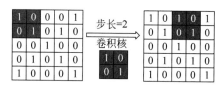

图 8-3 卷积神经网络步长的概念,步长＝2

通道数(Channel)指的是输入和输出数据的深度维度。在输入层,通道数表示输入图像的颜色通道数,例如RGB图像有3个通道,灰度图像只有一个通道。在卷积层中,通道数表示的是卷积核的数量(也称为特征图的数量),每个卷积核对应一个输出通道,它们负责提取不同的特征。通过增加通道数,卷积神经网络可以学习到更加丰富和复杂的特征表示,从而提高神经网络的表达能力。通道数的概念在卷积神经网络中非常重要,它影响着神经网络的表示能力和特征提取的多样性。

8.1.2　卷积神经网络的卷积核

卷积神经网络中的卷积核是一种用于提取特征的过滤器。它是一个小的矩阵,可以在输入数据上滑动,并通过卷积操作来提取不同的特征。卷积核的大小通常是正方形的,例如 2×2、3×3、5×5 等,而深度等于输入数据的通道数。卷积神经网络会使用不同特征的卷积核,如图8-4所示。

图 8-4 卷积神经网络的卷积核

不同特征的卷积核可以提取输入数据中的不同特征,例如边缘、纹理、颜色等。卷积神经网络模型通常会通过堆叠不同的卷积核来提取更加抽象和复杂的特征,进而能够实现对输入数据特征的充分提取。

8.1.3 卷积神经网络卷积层

卷积层是卷积神经网络的核心层,主要用于计算卷积。卷积操作指的是卷积核从输入数据的左上角按照设定的步长依次滑动到输入数据的右下角进行卷积计算,如图 8-5 所示。

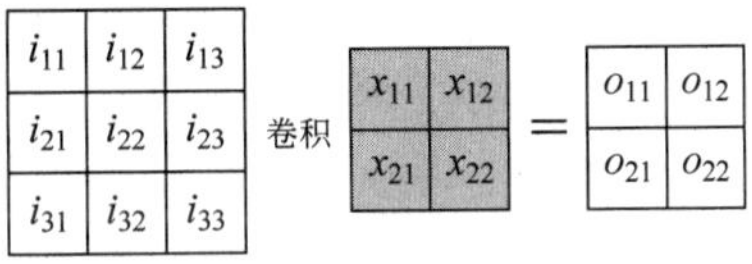

图 8-5 卷积神经网络的卷积操作

将步长设置为 1,那么卷积计算公式如下:

$$\begin{cases} o_{11} = i_{11} \times x_{11} + i_{12} \times x_{12} + i_{21} \times x_{21} + i_{22} \times x_{22} \\ o_{12} = i_{12} \times x_{11} + i_{13} \times x_{12} + i_{22} \times x_{21} + i_{23} \times x_{22} \\ o_{21} = i_{21} \times x_{11} + i_{22} \times x_{12} + i_{31} \times x_{21} + i_{32} \times x_{22} \\ o_{22} = i_{22} \times x_{11} + i_{23} \times x_{12} + i_{32} \times x_{21} + i_{33} \times x_{22} \end{cases} \tag{8-1}$$

其中,o 为卷积后的输出,i 为输入,x 为卷积核。

这里假设有一个 5×5 且通道维度为 1 的输入数据,其卷积核为 2×2,通道维度为 1。卷积操作便是卷积核从输入数据的左上角依次按照步长的设置进行滑动,这里将步长设置为 1。按照式(8-1),其第 1 个卷积操作如图 8-6 所示。

图 8-6 卷积神经网络的卷积操作实例

2×2 的卷积核按照步长为 1 依次滑动,将 5×5 的输入数据平均划分出 9 个 2×2 的输入矩阵。根据式(8-1)分别对这 9 个输入矩阵与卷积核进行卷积操作,得到最终的卷积结果,如图 8-7 所示。

在计算机视觉任务中,大多数需要处理 RGB 彩色的图片,这样每张图片的数据通道维度为 3。在卷积神经网络中,针对通道维度为高维的输入数据,其卷积核也必定为多维卷积核。假设有一个 $5 \times 5 \times 3$ 的输入数据,定义一个 2×2 的卷积核,那么此卷积核的通道维度也必然为 3。这里将步长设置为 1,并使用两个 $2 \times 2 \times 3$ 的卷积核对输入数据进行卷积计算,经过计算后,生成两个 3×3 的特征图,如图 8-8 所示。

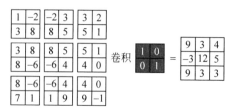

图 8-7　卷积神经网络的卷积操作实例最终结果

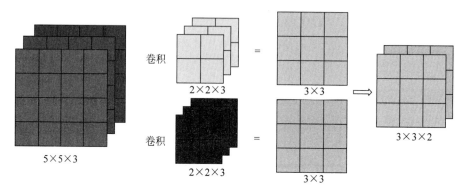

图 8-8　卷积神经网络的多通道维度卷积操作

8.1.4　卷积神经网络池化层

卷积神经网络通常包含最大池化(Max Pooling)与平均池化(Average Pooling)。池化操作用于降低输入数据的空间维度,同时又可以保留输入数据的关键特征信息。池化操作首先在输入数据上滑动一个固定大小的窗口,然后在单独的窗口中进行池化操作(如最大池化或者平均池化),通过以上操作可以降低输入数据的维度。最大池化操作是在滑动窗口中选择最大值,例如一个 5×5 的输入数据,其移动窗口为 3×3,按照步长为 1 在输入数据上进行滑动。经过最大池化后,生成了一个 3×3 的特征矩阵,其中矩阵中的每个值是滑动窗口中的最大值,如图 8-9 所示。

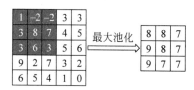

图 8-9　卷积神经网络的最大池化

卷积神经网络的平均池化是在滑动窗口中取所有数据的平均值,例如,有一个 5×5 的输入数据,其移动窗口为 3×3,按照步长为 1 在输入数据上进行滑动。经过平均池化后,生成了一个 3×3 的特征矩阵,其中矩阵中的每个值是滑动窗口中的平均值,如图 8-10 所示。

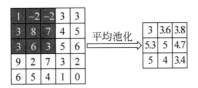

图 8-10 卷积神经网络的平均池化

8.1.5 卷积神经网络全连接层

卷积神经网络的全连接层(Fully Connected Layer,FC层)是该网络架构中的一个重要的组成部分。通常位于卷积神经网络的最后部分,紧接在卷积层和池化层之后,用于执行特征整合和分类决策等任务。全连接层的输入是一个一维的向量,其输出维度与任务的分类或回归的维度一致。全连接层可以设计成单层或多层网络,其作用是对卷积层提取的特征进行整合和转换,以便最终输出神经网络的预测结果。每个神经元与上一层的所有神经元相连接,因此称为全连接层。这样可以实现不同特征之间的组合和关联,更好地捕捉数据的复杂特征,如图 8-11 所示,隐藏层包含两层全连接层,输出维度为二分类任务。

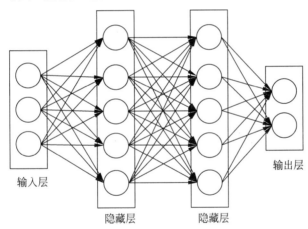

图 8-11 卷积神经网络的全连接层

卷积神经网络的全连接层的输入是一个一维的数据,而输入数据经过卷积操作和池化操作后,是一个多维的输出特征数据(Feature Map)。此特征数据需要拉平到一维数据后,才能传递给全连接层。每个输出特征数据都需要经过全连接层加权后才能最终输出模型的结果,如图 8-12 所示。

全连接层拥有大量的参数,因为每个神经元都与前一层的所有神经元相连,权重矩阵的大小等于前后两层神经元的数量之积。这导致了全连接层在模型复杂度和所需训练样本量方面的要求较高,但也使其能够捕获复杂的非线性关系。在训练过程中,全连接层通过反向传播算法来更新权重,以最小化损失函数,逐渐学习输入数据中的信息和规律,提高预测的准确性。

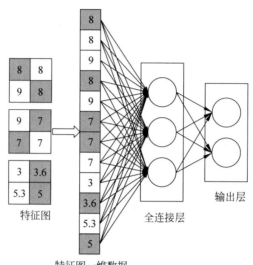

图 8-12　卷积神经网络的全连接层计算过程

8.1.6　卷积神经网络全局平均池化

卷积神经网络计算完成后,需要将最后的特征数据全部拉平到一维数据,然后进行全连接操作。由于全连接层需要连接每个神经元,所以导致计算量巨大。为了解决这个问题,研究人员发现对输出特征数据进行全局平均池化(Global Average Pooling)操作不会影响最后的结果,并且可以大大降低计算量。全局平均池化操作是对一个维度为 (B,H,W) 的输出特征数据在 H 和 W 方向整个取平均,然后输出一个长度为 B 的向量。这个操作一般在分类模型的最后一个输出特征数据之后计算,然后接一个全连接层就可以完成分类结果的输出,如图 8-13 所示。

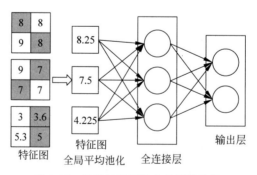

图 8-13　卷积神经网络全局平均池化

可以看到,针对一个维度为 (B,H,W) 的输出特征数据,经过全局平均池化的计算量降低到了原来计算量的 $1/(H \times W)$。

8.1.7　卷积神经网络的感受野

卷积神经网络的感受野(Receptive Field)指的是每层神经元对输入图像的局部区域的响应范围,或者说某一层神经元能够"看到"或"感知"的输入特征数据的区域大小。神经元的感受野大小影响着其对输入图像特征的感知能力。较大的感受野可以捕捉更广阔的图像信息,学习全局和语义层次的特征,而较小的感受野则更专注于局部细节特征。

为了更加直观地理解这个概念,假设要看一幅很大的风景画。由于人的视线范围有限,只能看到画中的一小部分范围,而整个视线范围就是感受野。当移动视线或者移动距离时,感受野也会随之改变,从而能够看到画的不同部分。卷积神经网络的感受野可以通过以下公式计算:

$$\mathrm{RF}_n = \mathrm{RF}_{n-1} + (f_n - 1) \times \prod_i^{n-1} s_i \tag{8-2}$$

其中,RF_n 表示第 n 层神经网络的感受野;RF_{n-1} 表示第 $n-1$ 层神经网络的感受野;f_n 表示第 n 层神经网络的卷积核大小;s_i 表示从第 1 层到 $n-1$ 层神经网络步长的连乘积。

假设有一个 2 层卷积层的神经网络模型:第 1 层的卷积核大小为 4×4,步长为 2。第 2 层的卷积核大小为 5×5,步长为 2。

首先第 1 层的感受野大小直接等于卷积核的大小,因为它是第 1 层,没有上一层的影响,所以 $\mathrm{RF}_1 = f_1 = 4$。

第 2 层的感受野大小 $\mathrm{RF}_2 = \mathrm{RF}_1 + (f_2 - 1) \times \prod_1^1 s_1 = 4 + (5-1) \times 2 = 12$,因此第 2 层的感受野为 12。

在卷积神经网络模型中,感受野随着模型深度的增加而逐渐扩大。就像观看一幅风景画一样,当站得远时,能够看到更广阔的景象,从而把握整体的风景信息,而当靠近时,虽然不能看到更大的画面,但却能够观察到更多的细节。在卷积神经网络中,不同层的卷积层由于感受野不同,所以会获取不同粒度的输入特征信息。前几层的卷积层通常提取输入特征图的细节对象,而后几层的卷积层则全局把握输入特征信息,实现图像的识别和处理操作。

8.1.8　卷积神经网络的下采样

卷积神经网络的下采样(Down-Sampling)是指通过减少特征图的尺寸来降低数据量和计算复杂度的过程。下采样的目的包括减少模型参数数量、降低过拟合风险、提高计算效率,并增强模型对平移、尺度和旋转等变换的稳健性。常见的下采样方法包括最大池化和平均池化。最大池化通过选取特征图中每个区域的最大值进行下采样,而平均池化则取每个区域的平均值。最大池化能保留图像中的显著特征,减少计算量,但可能会丢失细节信息;平均池化则平滑地降低特征图的尺寸,但同样可能会丢失一些细微特征。

8.1.9 神经网络中的 DropOut

在神经网络训练过程中,为了防止过度依赖某些神经元而引入的随机失效操作称为 DropOut。DropOut 是一种防止过拟合的手段,在每次训练中,随机暂时使一些神经元失效,将其输出设为 0(DropOut 也称为置零比率)。这样可降低参数量,提高计算效率,并增强模型的泛化能力。DropOut 操作示意图,如图 8-14 所示。隐藏层随机使部分神经元失效,而这些失效的神经元直接输出为 0,模型并不进行相关的数据训练。

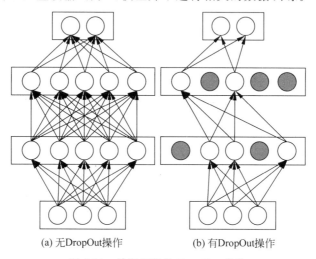

(a) 无DropOut操作　　　　　　(b) 有DropOut操作

图 8-14　神经网络的 DropOut 操作

DropOut 操作是在神经网络训练过程中,随机暂时使一些神经元失效。在每次训练过程中,其失效的神经元是随机的,完全由神经网络自行决定。这里需要注意的是暂时失效,其在神经网络预测时,神经元并不会进行 DropOut 操作,而在训练过程中添加 DropOut 操作,主要是为了防止模型在训练过程中出现过拟合问题,并可以提高模型的泛化能力。这样模型可以在未见过的数据上表现更好。

8.2　卷积神经网络

卷积神经网络的搭建包括几个主要组件:输入层、卷积层、激活函数、池化层、全连接层、输出层。

8.2.1　卷积神经网络模型搭建

(1)输入层:由于输入卷积神经网络模型的图片数据不可能都是大小一样的尺寸,所以为了方便计算,输入图片数据都会在输入层进行裁剪或者填充操作,方便后续进行卷积操作。

（2）卷积层：卷积层会根据选择的卷积核及步长从输入数据的左上方一直到右下方进行卷积运算。

（3）通过卷积操作得到的特征图数据一般会经过一次激活函数操作，激活函数用来获取输入特征的非线性信息，而卷积神经网络模型最常见的激活函数为 ReLU。

（4）经过激活函数后的特征图会添加一层池化层以便进行下采样操作。

（5）得到最终的输出特征图后会经过一层全连接层，把所有特征图进行连接，确保每个神经元都可以参与运算。

（6）经过全连接层的输出特征图维度会输出对应的分类维度，以便进行图片的识别或分类操作。输出层一般会使用 Softmax 操作，输出分类任务的概率分布。

卷积神经网络的组件可以设计多层和进行不同的排列组合操作，如图 8-15 所示，列举了一般卷积神经网络模型的搭建过程。

图 8-15　卷积神经网络模型搭建

输入一个数字，经过卷积神经网络模型后，模型需要将其分类为 0 或者 1。针对不同的分类任务或识别任务，卷积神经网络模型的构建方式可能会有所不同。最早成功地应用卷积神经网络的模型是 LeNet-5 神经网络模型。

8.2.2　卷积神经网络 LeNet-5 模型搭建

LeNet-5 神经网络模型是第 1 个成功应用卷积神经网络的模型，其结构如图 8-16 所示。

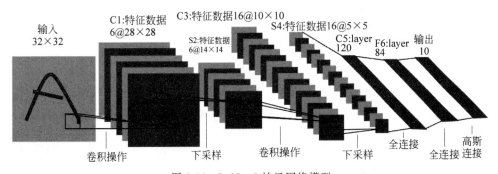

图 8-16　LeNet-5 神经网络模型

LeNet-5 的基本结构包括 8 层网络结构，其中包括两个卷积层、两个下采样层（池化层）、两个全连接层和输入/输出层。

（1）输入层（Input Layer）：接收大小为 32×32 的手写数字图像，包括灰度值（0～255）。通常会对输入图像进行预处理，例如数值归一化、灰度处理、图像剪裁、图像旋转等。

（2）卷积层 C1（Convolutional Layer C1）：包括 6 个卷积核，每个大小为 55，步长为 1，填充为 0，产生大小为 28×28 的特征图（输出通道数为 6）。

（3）采样层 S2（Subsampling Layer S2）：采用最大池化操作，每个窗口大小为 2×2，步长为 2，产生大小为 14×14 的特征图（输出通道数为 6）。

（4）卷积层 C3（Convolutional Layer C3）：包括 16 个卷积核，每个大小为 5×5，步长为 1，填充为 0，产生大小为 10×10 的特征图（输出通道数为 16）。

（5）采样层 S4（Subsampling Layer S4）：采用最大池化操作，每个窗口大小为 2×2，步长为 2，产生大小为 5×5 的特征图（输出通道数为 16）。

（6）全连接层 C5（Fully Connected Layer C5）：将 16 个 5×5 的特征图拉成一个长度为 400 的向量，通过一个拥有 120 个神经元的全连接层连接。

（7）全连接层 F6（Fully Connected Layer F6）：将 120 个神经元连接到 84 个神经元。

（8）输出层（Output Layer）：由 10 个神经元组成，每个对应 0～9 中的一个数字，并输出最终的分类结果。在训练过程中，使用交叉熵损失函数计算输出层的误差，并通过反向传播算法更新权重参数。

8.2.3 卷积神经网络 LeNet-5 模型的代码实现

在 PyTorch 中，可以使用相关代码来实现 LeNet-5 模型，实现 LeNet-5 模型的代码如下：

```
#第 8 章/8.2.3/LeNet-5模型代码实现
#插入 Torch 库
import torch
import torch.nn as nn
class LeNet5(nn.Module):
    def __init__(self):
        super(LeNet5, self).__init__()
        #第 1 个卷积层(C1),6 个 5×5 的卷积核,输入通道维度为 1,输出通道维度为 6
        #步长为 1,输出维度为 6×28×28
        self.conv1 = nn.Conv2d(in_channels=1, out_channels=6, kernel_size=5,
stride=1, padding=0)
        #第 1 个最大池化层(S2),输出维度为 6×14×14
        self.pool1 = nn.MaxPool2d(kernel_size=2, stride=2)
        #第 2 个卷积层(C3),16 个 5×5 的卷积核,输入通道维度为 6,输出通道维度为 16
        #步长为 1,输出维度为 16×10×10
        self.conv2 = nn.Conv2d(in_channels=6, out_channels=16, kernel_size=5,
stride=1, padding=0)
        #第 2 个最大池化层(S4),输出维度为 16×5×5
        self.pool2 = nn.MaxPool2d(kernel_size=2, stride=2)
        #第 1 个全连接层(C5),把输出特征图展平到 16×5×5 的一维向量
        #并连接 120 个神经元,输出维度为 1×120
        self.fc1 = nn.Linear(in_features=16 *5 *5, out_features=120)
        #第 2 个全连接层(F6),连接 84 个神经元,输出维度为 1×84
        self.fc2 = nn.Linear(in_features=120, out_features=84)
```

```
            #输出层,连接分类维度,这里按照 0~9 进行分类,输出维度为 1×10
            #对于 MNIST 数据集,输出为 10 个类别
            self.fc3 = nn.Linear(in_features=84, out_features=10)
        def forward(self, x):
            #卷积和池化操作
            x = self.pool1(F.relu(self.conv1(x)))
            x = self.pool2(F.relu(self.conv2(x)))
            #扁平化输入并进行全连接计算
            x = x.view(-1, 16 * 5 * 5)
            x = F.relu(self.fc1(x))
            x = F.relu(self.fc2(x))
            #在输出层前使用 Softmax 函数得到分类概率分布
            x = F.softmax(self.fc3(x), dim=1)
            return x
    #创建模型实例
    model = LeNet5()
```

在代码实现中,nn. Conv2d 用于定义卷积层,nn. ReLU 用于定义 ReLU 激活函数,nn. MaxPool2d 用于定义最大池化层,nn. Linear 用于定义全连接层。在实现函数中,首先根据 LeNet-5 模型结构搭建神经网络模型,进行卷积计算,然后进行 ReLU 激活函数计算,最后使用最大池化操作。输入数据经过两层类似的卷积层后输出最终的特征图,然后将输出特征图展平成一个一维向量,并传递给两个全连接层 self. fc1 和 self. fc2。最后,使用 Softmax 操作输出 0~9 数字识别的概率分布。

8.3　卷积神经网络 LeNet-5 手写数字识别

LeNet-5 卷积神经网络模型最初用于手写数字识别任务,其中最著名的数据集是 MNIST 数据集。

8.3.1　MNIST 数据集

MNIST 是一个简单的视觉计算数据集,其中包含手写数字图片,如图 8-17 所示。

图 8-17　MNIST 数据集样例

每张图片都附带一个标签,记录了图片上的数字,例如图 8-17 中几张图的标签分别是:5、0、4、1。MNIST 数据分为两部分:55 000 份训练数据(mnist. train)和 10 000 份测试数据(mnist. test)。这一划分具有重要的象征意义,它展示了在机器学习中如何使用数据集。在训练过程中,必须单独保留一部分数据作为验证集,以确保训练结果的可行性。

每个 MNIST 数据由图片和标签两部分组成。将图片命名为"xs",将标记数字的标签命名为"ys"。训练数据集和测试数据集都具有相同的结构,例如将训练集的图片命名为 mnist. train. images,将测试集的图片命名为 mnist. test. images;将训练集的标签命名为 mnist. train. labels,将测试集的标签命名为 mnist. test. labels。每张图片都是 28×28 像素,可以将其理解为一个二维数组的结构,如图 8-18 所示。

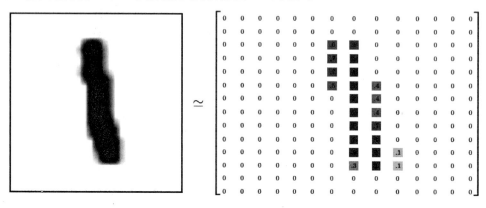

图 8-18　MNIST 数据二维数组结构

mnist. train. images 是一个形态为 $[55\,000, 784]$ 的张量。第 1 个维度表示图片序列的索引,第 2 个维度表示每张图片中每个像素的索引。每个像素的取值范围为 $0 \sim 1$ 的小数值,表示该像素的亮度。mnist. train. images 可以理解为图 8-19 所示的空间结构。

MNIST 的每张图片都有一个数字标记,范围从 0 到 9。标签数据被设置为标签向量(Flag Vectors)。标签向量是一个维度为 1,长度为 10 的空间向量,只有一位是 1,其他位都是 0,例如数字 5 的标签向量是 $[0,0,0,0,0,1,0,0,0,0]$,因此,mnist. train. labels 是一个维度为 $[55\,000, 10]$ 的向量,如图 8-20 所示。

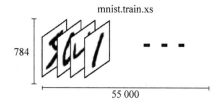

图 8-19　MNIST 数据集图片空间结构

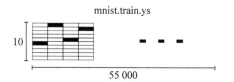

图 8-20　MNIST 数据集标签空间结构

8.3.2　LeNet-5 手写数字模型训练

在进行手写数字 LeNet-5 模型训练前,需要先下载 MNIST 数据集,PyTorch 已经封装了相关的代码,其下载 MNIST 数据集的代码如下:

```
#第 8 章/8.3.2/手写数字 LeNet-5 模型训练-MNIST 数据集下载
#导入第三方库
```

```
import torch
import torch.nn as nn
import torch.utils.data as Data
import torchvision
import matplotlib.pyplot as plt
EPOCH = 20                          #训练整批数据次数,训练次数越多,精度越高
BATCH_SIZE = 50                     #每次训练的数据集个数
LR = 0.001                          #学习效率
DOWNLOAD_MNIST = True               #如果已经下载好了MNIST数据就设置为False
#下载MNIST手写数字训练集
train_data = torchvision.datasets.MNIST(
    root='./data/',                 #保存或者提取位置
train=True,                         #下载训练集数据
#将PIL.Image或者numpy.ndarray转换成tensor变量
transform=torchvision.transforms.ToTensor(),
    download=DOWNLOAD_MNIST,         #如果还没下载就会自动下载数据集
)
#下载MNIST手写数字测试集
test_data = torchvision.datasets.MNIST(
    root='./mnist/',
    train=False,                     #下载测试集数据
)
```

MNIST 数据集下载完成后就可以搭建一个卷积神经网络模型来训练数据集了,其搭建卷积神经网络的代码如下:

```
#第8章/8.3.2/手写数字LeNet-5模型训练-卷积神经网络模型搭建
#批训练50个数据集,1通道维度,尺寸维度为28×28 (50, 1, 28, 28)
train_loader = Data.DataLoader(dataset=train_data, batch_size=BATCH_SIZE,
shuffle=True)
#每步loader释放50个数据,用来学习
#为了演示,测试时提取2000个数据进行测试
#数据形状从(2000, 28, 28)转换到(2000, 1, 28, 28),取值范围为(0,1)
test_x = torch.unsqueeze(test_data.data, dim=1).type(torch.FloatTensor)[:2000]
/ 255.
test_y = test_data.targets[:2000]
#test_x = test_x.cuda()             #若有CUDA环境,取消注释,则主要使用显卡加速训练
#test_y = test_y.cuda()             #若有CUDA环境,取消注释,则主要使用显卡加速训练
#定义卷积神经网络
class CNN(nn.Module):
    def __init__(self):
        super(CNN, self).__init__()
        self.conv1 = nn.Sequential(     #input shape (1, 28, 28)
            nn.Conv2d(
                in_channels=1,          #输入通道数
                out_channels=16,        #输出通道数
                kernel_size=5,          #卷积核大小
                stride=1,               #步长
```

```
                padding=2,                  #如果想要经过 con2d 出来的图片尺寸维度没有
                                            #变化,则需要添加
                                            #padding
                                            #padding=(kernel_size-1)/2 当 stride=1
            ),                              #输出数据维度 (16, 28, 28)
            nn.ReLU(),                      #激活函数
            #在 2×2 空间里下采样,输出维度为(16, 14, 14)
            nn.MaxPool2d(kernel_size=2),
        )
        self.conv2 = nn.Sequential(         #输入维度为(16, 14, 14)
            nn.Conv2d(16, 32, 5, 1, 2),     #输出维度为(32, 14, 14)
            nn.ReLU(),                      #激活函数
            nn.MaxPool2d(2),                #输出维度为(32, 7, 7)
        )
        #全连接层为 0~9,一共 10 个分类,把最后的输出特征拉平
        self.out = nn.Linear(32 * 7 * 7, 10)
    #实现函数
    def forward(self, x):
        x = self.conv1(x)
        x = self.conv2(x)
        #将多维的卷积特征图维度拉平为 (batch_size, 32 * 7 * 7)
        x = x.view(x.size(0), -1)
        output = self.out(x)                #全连接操作
        return output
```

　　使用 DataLoader 加载已下载的 MNIST 数据集,并将其分为训练集和测试集。接下来,建立一个卷积神经网络。

　　(1) 首先是输入层。MNIST 数据集中的图像是 28×28 的单色图片,因此输入层的维度是[1,28,28],通道数为1。将输出通道数设置为16,使用5×5的卷积核对图像进行卷积操作,将步长设置为1。为了避免卷积后图像尺寸发生变化,将 padding 设置为2,因此,第1层卷积的输出维度为[16,28,28]。接着经过 ReLU 激活函数和最大池化层(使用2×2的卷积核),数据的输出维度变为[16,14,14]。

　　(2) 第2层卷积层可以使用简化的写法 nn.Conv2d(16,32,5,1,2),其中第1个参数是输入通道数 in_channels=16,第2个参数是输出通道数 out_channels=32,第3个参数是卷积核大小(5×5的卷积核),第4个参数是卷积步长,将其设置为1,最后一个参数是 padding,将其设置为2。填充参数是为了保持输入和输出图片的尺寸一致。

　　(3) 全连接层:最后使用 nn.Linear()函数进行全连接层,数据维度为(32×7×7,10)。以上就是整个卷积神经网络的结构,大致为输入层→卷积层→ReLU 激活函数→池化层→卷积层→ReLU 激活函数→池化层→全连接层→输出层。

　　(4) 卷积神经网络搭建完成后,实现函数执行卷积神经网络操作,并输出经过卷积神经网络的结果。

　　完成卷积神经网络的搭建后,就可以对神经网络进行训练了,训练代码如下:

```
#第 8 章/8.3.2/手写数字 LeNet-5 模型训练-卷积神经网络模型训练
cnn = CNN()                              #创建 CNN 卷积神经网络
#cnn = cnn.cuda()                        #若有 CUDA 环境，则取消注释
optimizer = torch.optim.Adam(cnn.parameters(), lr=LR)   #设置优化器
loss_func = nn.CrossEntropyLoss()        #设置 loss 损失函数
for epoch in range(EPOCH):
    #每步 loader 释放 50 个数据用来学习
    for step, (b_x, b_y) in enumerate(train_loader):
        #b_x = b_x.cuda()                #若有 CUDA 环境，则取消注释
        #b_y = b_y.cuda()                #若有 CUDA 环境，则取消注释
        output = cnn(b_x)                #输入一张图片进行神经网络训练
        loss = loss_func(output, b_y)    #计算神经网络的预测值与实际的误差
        optimizer.zero_grad()            #将所有优化的 torch.Tensors 的梯度设置为 0
        loss.backward()                  #反向传播的梯度计算
        optimizer.step()                 #执行单个优化步骤
        if step % 50 == 0:               #每 50 步来查看一下神经网络训练的结果
            test_output = cnn(test_x)
            pred_y = torch.max(test_output, 1)[1].data.squeeze()
            #若有 CUDA 环境，则使用下一行代码，注释上一行代码
            #pred_y = torch.max(test_output, 1)[1].cuda().data.squeeze()
            accuracy = float((pred_y == test_y).sum()) / float(test_y.size(0))
            #输出训练的结果
            print('Epoch: ', epoch, '| train loss: %.4f' % loss.data, '| test
accuracy: %.2f' % accuracy)
```

首先使用 CNN()函数初始化神经网络模型，并使用 optim.Adam 优化函数建立一个优化器。接着定义一个损失函数，这里使用的是交叉熵损失函数。神经网络训练的目的是使用损失函数使神经网络的训练损失逐渐减小。最后使用反向传播进行神经网络的训练，每 50 步打印一次神经网络的训练效果。执行以上代码后，其输出如下：

```
Epoch: 0 | train loss: 2.3018 | test accuracy: 0.18
Epoch: 0 | train loss: 0.5784 | test accuracy: 0.82
Epoch: 0 | train loss: 0.3423 | test accuracy: 0.89
Epoch: 0 | train loss: 0.1502 | test accuracy: 0.92
Epoch: 0 | train loss: 0.2063 | test accuracy: 0.93
Epoch: 0 | train loss: 0.1348 | test accuracy: 0.92
Epoch: 0 | train loss: 0.1209 | test accuracy: 0.95
Epoch: 0 | train loss: 0.0577 | test accuracy: 0.95
Epoch: 0 | train loss: 0.1297 | test accuracy: 0.95
Epoch: 0 | train loss: 0.0237 | test accuracy: 0.96
Epoch: 0 | train loss: 0.1275 | test accuracy: 0.97
Epoch: 0 | train loss: 0.1364 | test accuracy: 0.97
Epoch: 0 | train loss: 0.0728 | test accuracy: 0.97
Epoch: 0 | train loss: 0.0752 | test accuracy: 0.98
Epoch: 0 | train loss: 0.1444 | test accuracy: 0.97
Epoch: 0 | train loss: 0.0597 | test accuracy: 0.97
Epoch: 0 | train loss: 0.1162 | test accuracy: 0.97
Epoch: 0 | train loss: 0.0260 | test accuracy: 0.97
```

```
Epoch: 0 | train loss: 0.0830 | test accuracy: 0.97
Epoch: 0 | train loss: 0.1918 | test accuracy: 0.97
Epoch: 0 | train loss: 0.2217 | test accuracy: 0.97
Epoch: 0 | train loss: 0.0767 | test accuracy: 0.97
Epoch: 0 | train loss: 0.2015 | test accuracy: 0.97
Epoch: 0 | train loss: 0.1214 | test accuracy: 0.97
```

从训练结果可以看出,只训练了 11 个循环,神经网络的精度已经达到 0.97。神经网络模型一旦训练完成,就可以把训练好的模型保存下来,以便后期直接用预训练模型进行预测。当然这里可以提前测试一下模型的训练效果,代码如下:

```
#第 8 章/8.3.2/手写数字 LeNet-5 模型训练-卷积神经网络模型测试
#测试神经网络模型
test_output = cnn(test_x[:10]) 使用测试集前 10 张图片进行测试
pred_y = torch.max(test_output, 1)[1].data.squeeze()      #获取模型预测的数字
#若有 CUDA 环境,则注释上一行代码,使用下一行代码
#pred_y = torch.max(test_output, 1)[1].cuda().data.squeeze()
print(pred_y, 'prediction number')        #输出模型预测出来的数字
print(test_y[:10], 'real number')         #输出 10 张图片真实对应的数字,以便进行对比
#保存模型
#仅保存 CNN 参数,速度较快
torch.save(cnn.state_dict(), './model/CNN_NO.pk')
#保存 CNN 整个结构
#torch.save(cnn(), './model/CNN.pkl')
```

执行以上代码后,输出如下:

```
tensor([7, 2, 1, 0, 4, 1, 4, 9, 5, 9]) prediction number      #预测的数字
tensor([7, 2, 1, 0, 4, 1, 4, 9, 5, 9]) real number            #真实的数字
```

可以看到,其模型预测的数字与真实的数字完全一样,说明训练的神经网络模型已经达到了理想的效果。

8.3.3　LeNet-5 手写数字模型预测

8.3.2 节已经训练好了 LeNet-5 卷积神经网络模型。在使用预训练模型识别手写数字之前,需要对输入图像进行一些预处理操作,代码如下:

```
#第 8 章/8.3.3/手写数字 LeNet-5 模型预测-图片预处理
import torch
import torch.nn as nn
from PIL import Image                      #导入图片处理工具
import PIL.ImageOps
import numpy as np
from torchvision import transforms
import cv2
import matplotlib.pyplot as plt
```

```
file_name = 'demo.png'                      #导入自己的图片
img = Image.open(file_name)
plt.imshow(img)
plt.show() #显示图片
img = img.convert('L')                      #将图片转换到灰度空间
plt.imshow(img)
plt.show() #显示灰度空间的图片
img = PIL.ImageOps.invert(img)              #反转图片像素,把 0 置为 1,把 1 置为 0,MNIST 是
#黑底白字图片
plt.imshow(img)
plt.show() #显示像素反转后的图片
#设置图片转换函数
train_transform = transforms.Compose([
        transforms.Grayscale(),             #将图像转换为灰度图
        transforms.Resize((28, 28)),        #将图片裁剪到 28×28
        transforms.ToTensor(),              #将图片转换到 tensor 向量,方便计算
])
img = train_transform(img)                  #转换图片
img = torch.unsqueeze(img, dim=0)           #添加通道维度
```

首先,导入一张需要识别的手写数字图片。可以使用 plt. show()函数显示输入的图片,如图 8-21 所示。

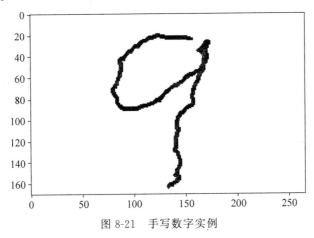

图 8-21　手写数字实例

为了优化计算,输入的图片数据一般会经过 img. convert('L')函数将输入的 RGB 图片转换到灰度空间(黑白一维数据),然而,真正的 MNIST 数据集是黑底白字的数据集,因此这里最重要的一步是使用 PIL. ImageOps. invert(img)函数,对输入图片的像素进行黑白反转,从而得到一张黑底白字的图片,如图 8-22 所示。经过这样的处理后,输入图片与MNIST 数据集保持一致,从而提高了识别的准确率。

然而,输入的图片并不一定是 28×28 尺寸的图片,因此这里使用了 transforms. Compose 函数将图片统一到 28×28 的尺寸,并将其转换为 tensor 向量,以便使用 PyTorch 的函数进行运算。经过初始化处理后,输入图片就可以进行手写数字的识别了,代码如下:

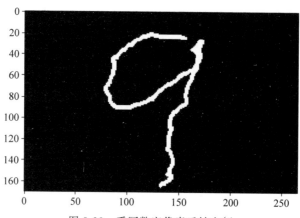

图 8-22　手写数字像素反转实例

```
#第 8 章/8.3.3/手写数字 LeNet-5 模型预测-首先数字预测
model = CNN()                                          #初始化卷积神经网络模型
model.load_state_dict(torch.load('./model/CNN_NO.pk',map_location='cpu'))
#加载预训练模型
model.eval()
#设置数字标签
index_to_class = ['0', '1', '2', '3', '4', '5', '6', '7', '8', '9']
with torch.no_grad():
    y = model(img)                                     #将图片导入模型进行预测
    output = torch.squeeze(y)
    predict = torch.softmax(output, dim=0) #使用 Softmax 获取预测标签的概率分布
    print(predict)                                     #输出概率分布
    predict_cla = torch.argmax(predict).NumPy()        #获取最大概率的预测值
    print(predict_cla)                                 #输出最大概率的预测结果
print(index_to_class[predict_cla], predict[predict_cla].NumPy())   #输出预测值
#与预测概率
```

首先,需要建立一个卷积神经网络模型,并加载预训练模型。如果有 GPU 环境,则可以将 map_location 设置为 GPU。由于 MNIST 数据集的标签为 0～9 的整数,所以这里创建一个列表数组保存这些标签,这样就可以进行图片的预测操作了,最后可以打印预测的数字及其概率。运行以上代码后,输出如下:

```
tensor([2.3575e-05, 2.2012e-03, 2.9602e-02, 1.7745e-02, 1.5333e-01,
3.1148e-03,1.2766e-03, 2.0447e-02, 4.6207e-02, 7.2605e-01])
9
9 0.7260508
```

可以看到 LeNet-5 卷积神经网络模型成功地预测出了输入的手写数字,预测结果的概率为 0.73,当然若想提高神经网络模型预测的准确性,还需要使用大量的数据集进行训练。

8.4 本章总结

为何要添加本章节的内容呢？主要因为在将 Transformer 模型的注意力机制应用到计算机视觉任务之前，卷积神经网络模型已经在计算机视觉任务中占据了重要地位。绝大多数的计算机视觉网络模型是基于卷积神经网络模型进行改进的，而且，许多基于 Transformer 注意力机制的视觉模型也加入了卷积神经网络相关的技术，将卷积神经网络与注意力机制结合起来，打造更加高效的视觉模型。

本章主要介绍了卷积神经网络模型的相关概念，包括卷积操作、填充、步长、感受野、下采样、池化层及全连接层等。基于这些概念，搭建了一个卷积神经网络模型的代码。

MNIST 手写数字识别是 LeNet-5 模型使用的数据集。本章介绍了 MNIST 数据集的概念，并利用该数据集训练了一个 LeNet-5 卷积神经网络模型。最终，成功地利用预训练模型识别了一个手写数字。通过本章的学习，读者可以了解卷积神经网络模型的各个概念，并且可以使用本章的代码实现一个手写数字识别的案例。

在模型搭建的过程中，展示了如何使用 PyTorch 构建卷积神经网络模型的代码。从输入层到输出层，逐步构建了一个具有卷积层、池化层和全连接层的完整网络结构。通过代码实现，读者可以清晰地了解每层的作用和功能，从而更好地理解 CNN 模型的工作原理。

通过本章的学习，读者不仅可以掌握卷积神经网络模型的各个关键概念，还可以通过实际代码了解并实现模型的具体构建过程。此外，读者还能够了解到如何利用 CNN 模型完成手写数字识别任务，这为进一步探索和应用 CNN 模型奠定了坚实的基础。

第 9 章

Transformer 视觉模型：
Vision Transformer 模型

9.1 Vision Transformer 模型

自从 Transformer 模型发布以来，各种基于 Transformer 模型的研究与论文层出不穷。既然 Transformer 模型在自然语言处理领域如此成功，那么是否可以将其注意力机制应用于计算机视觉领域呢？

9.1.1 Vision Transformer 模型简介

谷歌研发团队成功地将标准 Transformer 架构应用于计算机视觉领域，并发表了标题为 *An image is worth 16×16 words：Transformer for image recognition at scale* 的论文，此论文介绍了一个视觉 Transformer 模型（Vision Transformer，ViT）。传统的卷积神经网络在计算机视觉任务中表现出色，一直是计算机视觉任务的主流算法，但是 Vision Transformer 模型采用了一种新的思路，成功地将 Transformer 模型的注意力机制应用于计算机视觉领域。

从 Vision Transformer 模型的论文标题可以看出，它是基于 Transformer 构建的且用于计算机视觉任务的模型。在 Vision Transformer 之前，计算机视觉任务，如对象检测、对象分割、对象识别等，大多基于卷积神经网络模型，但是自从 Transformer 模型发布以来，其带来了革命性的更新。既然 Transformer 模型在自然语言处理领域如此成功，是否也能在计算机视觉领域取得同样的成就呢？Transformer 模型是否能够成为模型大一统的解决方案呢？

Vision Transformer 模型框架延续了 Transformer 模型的优点，整体设计优雅，易于理解。Vision Transformer 模型主要包含图片块嵌入（Patch Embedding）与位置编码，以及 Transformer 编码器模块、前馈神经网络层和输出层，如图 9-1 所示。

Vision Transformer 模型首先将图片分割成大小相等的小块图片，每个小块图片经过一层线性层将其拉直成一维空间，然后经过 Patch Embedding 后的一维空间图片数据需要添加位置编码，以标记每张图片小块在整体图片中的位置信息。接下来，将经过位置编码后

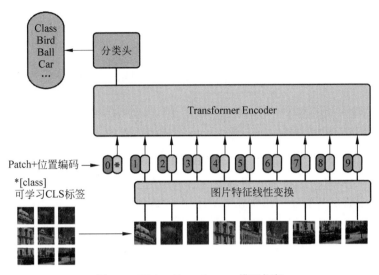

图 9-1　Vision Transformer 模型框架

的图片数据传递给 Transformer 编码器模块进行注意力机制的计算，最后通过线性层输出，完成图片分类任务。

9.1.2　Vision Transformer 模型的数据流

有了 Transformer 模型的基础知识，理解 Vision Transformer 模型就相对容易了。可以通过比较两者的不同来更好地理解 Vision Transformer 模型。

首先，Vision Transformer 模型用于处理视觉任务。假设有一张图片，其尺寸为 224×224×3（其中 224×224 是图片的像素尺寸，3 代表着 RGB 三色）。这里就引出了 Vision Transformer 与标准 Transformer 模型的第 1 个区别：Vision Transformer 模型主要应用于计算机视觉任务，而标准 Transformer 模型主要应用于自然语言处理任务，它们的使用场景不同。

由于标准 Transformer 模型处理的是单词、句子甚至语音信息，所以其输入信息长度并不统一，但是 Vision Transformer 可以在初始化图片数据时将图片尺寸全部调整到统一的尺寸，避免了调整不同句子长度所需的 Pad Mask 占位符，因此，Vision Transformer 不需要 Pad Mask 矩阵。这是两个模型的第 2 个区别。

在 Vision Transformer 模型处理图片之前，首先需要对图片进行分割，将图片分割成大小为 16×16 的小方块，每个小方块在 Vision Transformer 模型中被称为一个 Patch。这些 Patch 可以看作自然语言处理领域中机器翻译中的单词，而整张图片则可以看作一个句子，如图 9-2 所示。

这样一来，一张 224×224 的图片就被分割成了 14×14 个 Patch，总共 196 个 Patch。也可以将其理解为一个句子中有 196 个单词，而每个 Patch 的尺寸维度为[16,16,3]。这里的 3 代表 RGB 三原色，所以每个 Patch 有 16×16×3 即 768 像素。通过以上的图片分割处理，图片的尺寸维度从[224,224,3]被转换为[1,196,768]。

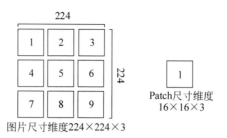

图 9-2　Vision Transformer 模型图片分割 Patch

1：代表只有一张图片，类比于机器翻译实例中的一个句子。

196：代表每张图片有 196 个 Patch，类比于机器翻译实例中一个句子有 196 个单词。

768：代表每个 Patch 有 768 像素，也可以理解成机器翻译实例中词嵌入的维度。

实际上，以上操作可以看作 Vision Transformer 模型的 Patch Embedding 操作。在模型中，线性映射部分被用来进行 Patch Embedding 操作，然而，由于图片的一像素就是一个数据位，所以线性映射并没有改变数据的维度。考虑到效率问题，代码实现部分可能会采用卷积神经网络的卷积来进行操作。关于这一点，将在后续分享代码实现部分进行介绍。Vision Transformer 的 Patch Embedding 操作类似于 Transformer 模型的词嵌入操作，可以进行对比学习。

经过 Patch Embedding 操作后，Vision Transformer 模型和 Transformer 模型一样都添加了位置编码。这里就引入了第 3 个与标准 Transformer 模型的区别。标准 Transformer 模型采用三角函数计算方式来计算位置编码，位置编码只计算一次，并不会参与训练，而 Vision Transformer 的位置编码则是随机初始化的，并且随着模型的训练而进行位置编码的训练。简单来讲，Vision Transformer 模型的位置编码是可以自主学习的。

经过 Patch Embedding 操作后，其数据维度为[1,196,768]，那么位置编码的维度也必然是[196,768]。这样两者相加，其数据维度才会保持不变，数据维度仍然是[1,196,768]。当然，Vision Transformer 添加了一个标签位（Class Token），这意味着人为地添加了一个 Patch，其维度是[1,1,768]。现在的数据维度变为[1,197,768]，总共有 197 个 Patch。类比于机器翻译实例，一个句子中有 197 个单词。至于这个标签位，在最后的输出层中被用来完成图片分类、图片识别等相关的计算机视觉任务。

经过 Patch Embedding 和位置编码后，数据维度为[1,197,768]，然后数据就可以进入 Transformer 标准编码器模块进行注意力机制的计算了。这里就引出了与标准 Transformer 模型的第 4 个区别。标准 Transformer 模型不仅包括编码器部分，还包括解码器部分。编码器与解码器是成对出现的，标准 Transformer 堆叠了 6 层的编码器与解码器模块，而 Vision Transformer 只使用了标准 Transformer 模型的编码器模块部分，并堆叠了 12 层的编码器，如图 9-3 所示。

从图 9-3 可以看出，Vision Transformer 模型编码器模块中的归一化层操作放置在多头注意力机制的前面，而前馈神经网络层的归一化同样使用了前置归一化操作。这是与标

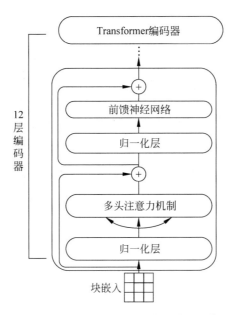

图 9-3　Vision Transformer 模型编码器模块

准 Transformer 模型的第 5 个区别。关于前置归一化操作与后置归一化操作，在讲解 GPT 模型时有详细的介绍，这里就不再赘述了。

最后，Vision Transformer 与标准 Transformer 模型一样，采用标准的线性层输出，并应用 Softmax 函数，选取标签置信度最大的分类。当然，此处是按照添加的标签位进行图片分类，这就是为什么在处理图片时要添加一个标签位的原因。

以上便是 Vision Transformer 模型的数据操作过程，同时也介绍了与标准 Transformer 模型的不同点与联系。对比学习这两个模型可以加深理解。

9.2　Vision Transformer 模型的 Patch Embedding 与位置编码

无论是文本输入数据，还是图片、音频或视频文件输入数据都需要进行嵌入操作。嵌入操作的目的是将输入的数据转换到高维空间的矩阵数据，以便模型可以更充分地获取输入数据的信息，而位置编码则提供了输入信息之间的绝对与相对位置关系，让模型能够理解输入数据之间的相互关系。

9.2.1　Vision Transformer 模型的 Patch Embedding

Vision Transformer 模型是一个用于视觉处理的模型，其输入是一张张图片。那么如何将图片转换为模型可识别的数据呢？首先，为了保证输入数据的一致性，Vision

Transformer 模型将所有的输入图片尺寸统一调整到相同的尺寸维度,这里设置为 $224 \times$ 224。一张图片相当于在自然语言处理中的一个句子,而句子是由每个单词组成的,带有可以分割的标签。同样地,图片也是一个整体,若要进行注意力机制的计算,也需要将图片分割成一个个"单词"。

一张图片的尺寸维度为[224,224,3],而 Vision Transformer 模型规定了一个 Patch 的尺寸大小为[16,16,3]。这样,一张图片经过大小为 Patch 的小方块进行图片分割后,就得到了 196 个 Patch。可以将一张图片类比为一个"句子",将 Patch 类比为一个"单词",这样这个"句子"中就一共有 196 个"单词",而每个"单词"的维度为[16,16,3],共计 768 像素,如图 9-4 所示。

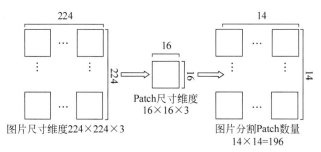

图 9-4   Vision Transformer 模型图片分割

一张 $224 \times 224 \times 3$ 的图片被分割后,就得到了 196 个小 Patch。每个小 Patch 的尺寸维度为[16,16,3]。最后,经过分割的图片还需要把数据拉平。14×14 维度的 Patch 拉平后就是 196 个 Patch,而每个 $16 \times 16 \times 3$ 尺寸维度的 Patch 拉平后就是 768 像素。这样,经过图片分割后得到的数据维度为[1,196,768]。

9.2.2   Vision Transformer 模型 Patch Embedding 的代码实现

Vision Transformer 的 Patch Embedding 与标准 Transformer 的词嵌入操作类似,都用于初始化处理输入数据。不同的是,标准的 Transformer 模型处理的是句子、单词或语音信息,而 Vision Transformer 处理的是图片信息。由于图片的特性,可以将不同尺寸的图片调整到统一的尺寸,再进行后续操作,而句子特征则不能强制统一句子长度,否则会丢失句子信息,而图片则可以调整尺寸并保留大部分信息。

因此,Vision Transformer 模型采用了统一的 224×224 尺寸的图片来处理所有输入图片的尺寸。在代码层面,需要将所有输入调整到 224×224 尺寸。正是因为将所有输入的图片都调整到标准的 224×224 尺寸,所以 Patch Embedding 的操作不再需要 Pad Mask 操作,其 Patch Embedding 代码如下:

```
#第 9 章/9.2.2/ Vision Transformer 模型 Patch Embedding 的代码实现
#加载第三方库
import torch
import torch.nn.functional as F
```

```
import matplotlib.pyplot as plt
from torch import nn
from torch import Tensor
from PIL import Image
from torchvision.transforms import Compose, Resize, ToTensor
img = Image.open('VIT.jpg')          #导入一张图片
#把所有的输入图片都格式化到224×224维度
transform = Compose([Resize((224, 224)), ToTensor()])
x = transform(img)
x = x.unsqueeze(0)                   #主要是为了添加 batch-size 这个维度
print(x.shape)                       #[1*3*244*244] 图片尺寸维度
#新建一个 PatchEmbedding 类函数
class PatchEmbedding_M(nn.Module):
#初始化函数,将 Channels 通道维度设置为 3,Patch 每个尺寸维度为 16×16
#图片尺寸维度为 224×224, Embedding 数据维度为 768
    def __init__(self, in_channels=3, patch_size=16, emb_size=768, img_size=224,
norm_layer=None):
        super().__init__()
        self.patch_size = patch_size
        #使用卷积神经网络的卷积操作来分割图片
        self.projection = nn.Conv2d(in_channels, emb_size, kernel_size=patch_
size, stride=patch_size)
        #是否使用 Layer Norm 归一化操作
        self.norm = norm_layer(embed_dim) if norm_layer else nn.Identity()
    def forward(self, x: Tensor):         #实现函数
        B, C, H, W = x.shape              #[1,3,244,244] 获取图片的尺寸维度
        x = self.projection(x)           #使用 16×16 的 Patch 进行图片分割
        print("projection",x.shape)      #[1, 768, 14, 14] 分割后,得到 14×14 个 Patch
        x = x.flatten(2)                 #把 Patch 维度拉平
        print("flatten",x.shape)         #[1, 768, 196],拉平后的数据维度
        x = x.transpose(1, 2)            #交换第 2 个和第 3 个维度
        print("transpose",x.shape)       #[1,196,768] 交换后的数据维度
        x = self.norm(x)                 #[1,196,768] 归一化层不改变数据维度
        return x
path_emb_M = PatchEmbedding_M()          #实例化 Patch Embedding 函数
path_emb_M_result = path_emb_M(x)        #把输入数据传递到 Patch Embedding 函数里
print(path_emb_M_result)                 #输出经过 Patch Embedding 的数据
print('path_emb_M_result',path_emb_M_result.shape)
#输出经过 Patch Embedding 的数据维度
```

　　首先使用 image.open 函数打开需要 Embedding 的图片,并使用 compose 函数设置图片的尺寸,最后将图片转换为 tensor 变量。此时输入图片的尺寸维度为[3,224,224],其中 3 代表图片是 RGB 彩色图片,224×224 为调整后的图片尺寸,然后需要使用 unsqueeze 函数增加一个维度,即 batch size 的维度。由于输入的是一张图片,因此此时的数据维度为 [1,3,244,244]。

　　图片由一像素一像素排列而成,而 224×224 像素是一个相当庞大的数量。若直接使用像素的维度进行 Transformer 的注意力机制计算,则矩阵的维度将非常庞大,因此,为了减

轻注意力机制的计算压力,Vision Transformer 提出了 Patch 的概念。在代码层面,建立了一个 Patch Embedding 的类函数,并输入了几个标准常量:

(1) in_channels 为 3,代表 RGB 彩色图片。

(2) Patch Size 为 16,表示每个 Patch 的尺寸维度为 16×16。

(3) Image Size 为 224,图片尺寸维度为 224×224。

(4) Embedding Size 为 768,表示每个 Patch 的嵌入维度为 768。

图片分割成 16×16 的小 Patch 后,需要经过一个线性层。为了提高计算效率,代码使用了卷积操作,因此,在 Patch Embedding 的初始化函数部分,利用卷积定义了一个线性函数。最后定义了一个数据归一化函数。若有相关的数据归一化函数,则需要执行数据归一化操作;若数据归一化函数为空,则不执行任何操作。

初始化完成后,在实现函数部分获取输入图片数据的维度。大写字母 B 代表 Batch Size;大写字母 C 代表通道数,即图片的 RGB 三通道;H 和 W 分别代表图片的高度和宽度。这里的输入数据维度为[1,3,224,224]。首先,输入数据需要经过一个线性函数进行 Patch 尺寸的分割。分割完成后,其数据维度为[1,768,14,14],即将图片分割成 14×14 个 Patch。图片分割后需要将 Patch 维度拉平,转换到一维空间。转换后的数据维度为[1,768,196],然后需要交换后两个维度,将嵌入维度转换到最后。转换后的数据维度为[1,196,768]。最后经过一个数据归一化操作,就可以返回最终的数据了。

初始化建立的 Patch Embedding 函数,并将输入图片数据传递给此函数。可以打印出经过 Patch Embedding 后的数据及数据维度。可以看到,经过 Patch Embedding 后的输出数据维度为[1,196,768]。最终的输出如下:

```
torch.Size([1, 3, 224, 224])              #图片输入尺寸维度
projection torch.Size([1, 768, 14, 14])   #图片分割维度
flatten torch.Size([1, 768, 196])
transpose torch.Size([1, 196, 768])
tensor([[[-0.0517, 0.3169, 0.4186, ..., -0.5519, -0.4279, -0.6906],
         [-0.1197, 0.2542, 0.3813, ..., -0.7682, -0.3555, -0.4937],
         [ 0.0228, 0.5233, 0.5692, ..., -0.4327, -0.4221, -0.6233],
         ...,
         [-0.0452, 0.4024, 0.5634, ..., -0.6355, -0.4523, -0.6242],
         [-0.0452, 0.4024, 0.5634, ..., -0.6355, -0.4523, -0.6242],
         [-0.0452, 0.4024, 0.5634, ..., -0.6355, -0.4523, -0.6242]]],
       grad_fn=<TransposeBackward0>)
path_emb_M_result torch.Size([1, 196, 768])
```

9.2.3 Vision Transformer 模型的位置编码

位置编码在自然语言处理任务中尤为重要,它提供了语义信息之间的相对或绝对位置关系,以确保正确获取语义信息。在计算机视觉任务中,位置编码同样扮演着关键角色。想象一下,如果一张动物的照片将头部与脚部颠倒,则这张图片显然就失去了意义。计算机视

觉任务中的位置编码用于记录正确的图片顺序，以确保图片的完整性和可识别性。

Transformer 模型中的位置编码使用三角函数来计算单词之间的相对位置信息，但无法覆盖句子中单词的绝对位置信息，而 Vision Transformer 模型直接采用可学习的位置编码，让模型自行学习。在初始化阶段，为模型提供一个随机的位置编码，在后续的学习与训练过程中，模型将自主更新位置编码。

自主学习的位置编码使模型能够根据输入数据的不同特征自动学习最佳的位置编码，从而更好地捕捉输入数据的空间位置信息。这种方法使经位置编码后的模型更加灵活，适应不同的输入数据特征，提高了模型的灵活性和泛化能力，但也增加了模型的参数和计算量。

9.2.4　Vision Transformer 模型位置编码的代码实现

由于 Vision Transformer 模型的位置编码是一个可以自主学习的位置编码，因此在代码层面更简单，只需在初始化阶段随机定义一个值，然后让模型自主学习。在 9.2.3 节代码的基础上进行修改，代码如下：

```
#第 9 章/9.2.4/ Vision Transformer 模型位置编码的代码实现
#加载第三方库
import torch
import torch.nn.functional as F
import matplotlib.pyplot as plt
from torch import nn
from torch import Tensor
from PIL import Image
from torchvision.transforms import Compose, Resize, ToTensor

img = Image.open('VIT.jpg')              #导入一张图片

#把所有的输入图片都格式化到 224×224 维度
transform = Compose([Resize((224, 224)), ToTensor()])
x = transform(img)
x = x.unsqueeze(0)                       #主要是为了添加 batch-size 这个维度
print(x.shape)                           #[1*3*244*244] 图片尺寸维度

#新建一个 PatchEmbedding 类函数
class PatchEmbedding_M(nn.Module):
#初始化函数，将 Channels 通道维度设置为 3, Patch 每个尺寸维度为 16×16
#图片尺寸维度为 224×224, Embedding 数据维度为 768
    def __init__(self, in_channels=3, patch_size=16, emb_size=768, img_size=224,
norm_layer=None):
        super().__init__()
        self.patch_size = patch_size
        #使用卷积神经网络的卷积操作来分割图片
        self.projection = nn.Conv2d(in_channels, emb_size, kernel_size=patch_
size, stride=patch_size)
```

```
            #这里添加一个标签位,其数据维度为[1, 1, 768],以便使用此标签位完成下游任务
      self.cls_token = nn.Parameter(torch.randn(1,1, emb_size))
            #位置编码信息,一共有(img_size //patch_size)**2 + 1(cls token)个位置向量
            #位置编码 #[196+1,768] [197, 768][768=16*16*3]
            #位置编码随机初始化即可
            self.positions = nn.Parameter(torch.randn((img_size //patch_size)**2 +
      1, emb_size))
            #是否使用 Layer Norm 归一化操作
            self.norm = norm_layer(embed_dim) if norm_layer else nn.Identity()
      def forward(self, x: Tensor):            #实现函数
            B, C, H, W = x.shape                #[1,3,244,244] 获取图片的尺寸维度
            x = self.projection(x)              #使用 16×16 的 Patch 进行图片分割
            print("projection",x.shape)         #[1, 768, 14, 14] 分割后,得到 14×14 个 Patch
            x = x.flatten(2)                    #把 Patch 维度拉平
            print("flatten",x.shape)            #[1, 768, 196],拉平后的数据维度
            x = x.transpose(1, 2)               #交换第 2 个和第 3 个维度
            print("transpose",x.shape)          #[1,196,768] 交换后的数据维度
            x = self.norm(x)                    #[1,196,768] 归一化层不改变数据维度
            #将 CLS Token 在 Batch Size 维度上进行扩充
            cls_tokens = self.cls_token.expand(x.shape[0], -1, -1)
            #cls_tokens                         #[1,1,768]
            #把输入数据与 Class Token 标签位进行 cat 合并连接
            x = torch.cat([cls_tokens, x], dim=1)   #[1,197,768]合并连接后的数据维度
            #添加位置编码
            x += self.positions
            return x
path_emb_M = PatchEmbedding_M()                 #实例化 PatchEmbedding 函数
path_emb_M_result = path_emb_M(x)               #把输入数据传递到 PatchEmbedding 函数里
print(path_emb_M_result)                        #输出经过 Patch Embedding 的数据
print('path_emb_M_result',path_emb_M_result.shape)
#输出经过 Patch Embedding 的数据维度
```

在初始化阶段添加一个[197,768]维度的位置编码。在 Vision Transformer 模型中,还添加了一个标签位,这个标签位与所有输入数据进行注意力机制的计算,因此,这个标签位具有所有输入数据的特性,可以用于下游任务操作。由于添加了这个标签位,所以将原本的196 个 Patch 的数据维度增加到了 197,类似于增加了一个 Patch,因此,这个标签位也需要添加位置编码,位置编码的维度也为[197,768]。在实现函数阶段,输入数据经过分割拉平后,需要与标签位合并,此时的输入数据维度为[1,197,768],然后需要将位置编码与输入数据相加,使数据维度保持不变。最后可以打印出添加标签位与位置编码后的数据和数据维度,可以看到,最终的输出数据维度为[1,197,768],输出如下:

```
tensor([[[ 1.0459, -0.9471, 0.4056, ..., 0.3410, -0.0518, -3.9176],
         [ 0.1419, 1.3674, 0.9525, ..., -2.4901, 0.5330, -0.9899],
         [ 1.5559, -0.3038, -0.9310, ..., -2.0814, 2.5484, -0.9923],
         ...,
         [-1.1733, 0.0665, 0.8953, ..., -0.2451, -0.1146, -0.0263],
```

```
        [ 0.4795, -1.1546, 0.3078, ..., -3.6468, 0.4018, 0.1984],
        [-0.8825, -0.7154, -0.3519, ..., 0.4556, -1.1126, -0.1309]]],
       grad_fn=<AddBackward0>)
path_emb_M_result torch.Size([1, 197, 768])
```

9.3 Vision Transformer 模型编码器层

经过一系列处理后，输入图片数据就可以进入 Transformer 编码器层进行注意力机制计算，如图 9-3 所示，Vision Transformer 模型仅使用了 Transformer 模型的编码器部分，并堆叠了 12 层编码器。

9.3.1 Vision Transformer 与标准 Transformer 编码器层的区别

虽然 Vision Transformer 模型直接使用了 Transformer 模型的编码器，但在功能模块的堆叠上稍有区别，两个模型编码器层的对比如图 9-5 所示。

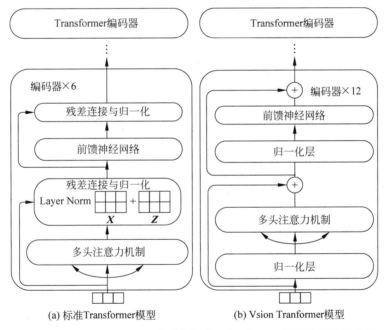

图 9-5 Vision Transformer 模型与标准 Transformer 编码器层的框架图

两个模型的主要区别如下：

（1）Vision Transformer 模型采用了 12 层的编码器，而标准 Transformer 模型使用了 6 层编码器。

（2）Vision Transformer 模型首先执行数据归一化操作，然后执行多头注意力机制。

（3）前馈神经网络层：在多头注意力机制之后，执行残差连接操作，然后进行数据归一化操作，最后传递到前馈神经网络层。

9.3.2　Vision Transformer 模型多头注意力机制的代码实现

Vision Transformer 模型的注意力机制完全继承了 Transformer 的注意力机制,其计算过程几乎一致,只是在数据维度上稍微有些区别,其实现多头注意力机制的代码如下:

```
#第9章/9.3.2/ Vision Transformer 模型多头注意力机制的代码实现
path_emb_M_result = path_emb_M(x)              #输入数据经过 Patch Embedding 的输出数据
#建立一个多头注意力机制类函数
class MultiHeadAttention_M(nn.Module):
    #函数初始化参数,Embedding 维度为 768,多头维度为 8,以及 DropOut 置零比率
    def __init__(self,emb_size=768,num_heads=8,qkv_bias=False,qk_scale=None,
                                    attn_drop_ratio=0.,proj_drop_ratio=0.):
        super(MultiHeadAttention_M, self).__init__()
        self.num_heads = num_heads              #初始化多头注意力机制头数,默认值为 8
        head_dim = emb_size //num_heads     #每个头的数据维度:默认为 768/8 = 96
        self.scale = qk_scale or head_dim ** -0.5      #注意力机制公式中的缩放系数
        #初始化 Q、K、V 三矩阵
        self.qkv = nn.Linear(emb_size, emb_size *3, bias=qkv_bias)
        self.attn_drop = nn.DropOut(attn_drop_ratio)   #初始化 DropOut 的置零比率
        self.proj = nn.Linear(emb_size, emb_size)      #初始化 W_{O}矩阵
        self.proj_drop = nn.DropOut(proj_drop_ratio)  #初始化线性层的置零比率
    #实现函数
    def forward(self, x):
        #[batch_size, num_patches + 1, total_embed_dim][1,197,768]
        B, N, C = x.shape #获取输入数据的数据维度 [1,197,768]
        #qkv(): ->[batch_size, num_patches + 1, 3 *total_embed_dim]
        #[1,197,3*768]
        #reshape: ->[batch_size,num_patches + 1, #3,num_heads,embed_dim_per_
        #head][1,197,3,8,768/8=96]
        #permute: ->[3, batch_size, num_heads, num_patches + 1,   #embed_dim_per_
        #head][3,1,8,197,96]
        #这里同时计算了 Q、K、V 三矩阵
        qkv = self.qkv(x).reshape(B, N, 3, self.num_heads, C //self.num_heads).
permute(2, 0, 3, 1, 4)
        #[batch_size, num_heads, num_patches + 1, embed_dim_per_head]
        #获取 Q、K、V 三矩阵,每个矩阵的维度为[1,8,197,96]
        q, k, v = qkv[0], qkv[1], qkv[2]
        #transpose: ->[batch_size, num_heads, embed_dim_per_head,
        #num_patches + 1]
        #[1,8,96,197]
        #@: multiply ->[batch_size, num_heads, num_patches + 1, num_patches + 1]
        #使用注意力机制的公式计算注意力机制,计算完成后的矩阵维度为[1,8,197,197]
        attn = (q @k.transpose(-2, -1)) *self.scale
        attn = attn.softmax(dim=-1)                    #计算 Softmax
        attn = self.attn_drop(attn)                    #注意力机制层的 DropOut
        #@: multiply ->[batch_size, num_heads, num_patches + 1,embed_dim_per_head]
        #[1,8,197,96]
        #transpose: ->[batch_size, num_patches + 1, num_heads,embed_dim_per_head]
        #[1,197,8,96]
```

```
                #reshape: ->[batch_size, num_patches + 1, total_embed_dim]
                #[1,197,768]
                #根据注意力机制的计算公式,得到 attention 矩阵后,再乘以 v 矩阵
                #计算完成后的数据维度为[1,197,768]
                x = (attn @v).transpose(1, 2).reshape(B, N, C)
                #最后使用一个线性层乘以 W_O 矩阵,矩阵维度保持不变
                x = self.proj(x)#X *W{O}乘以 WO 矩阵 [1,197,768]*[768,768] = [1,197,768]
                x = self.proj_drop(x)                        #线性层的 DropOut
                return x

        m_head_atten = MultiHeadAttention_M()                #初始化类函数
        m_head_atten_result = m_head_atten(path_emb_M_result)    #执行多头注意力机制代码
        print('m_head_atten_result',m_head_atten_result)        #输出数据
        print('m_head_atten_result',m_head_atten_result.shape)  #输出数据维度
```

首先是 Patch Embedding 的操作函数,数据经过此操作后才能进行注意力机制的计算,然后建立一个多头注意力机制的类函数,并在初始化部分传递几个超参数:一个是 Embedding 的数据维度为 768;另一个是多头注意力机制的头数,这里依然是 8 个头;还有一个参数是 qk_scale,表示注意力机制中的 d_k;另外还有两个置零比率参数。

有了 Embedding 的维度 768 和多头注意力机制的头数 8,那么一个头的数据维度就是 768/8=96。使用 nn. linear 函数新建一个线性转换矩阵,以便后续初始化 Q、K、V 三矩阵。这里的代码一次性计算出 Q、K、V 三矩阵。还需要初始化一个经过多头注意力机制后的线性转换矩阵,即注意力机制中的 W_O 矩阵。

有了初始化部分,就可以进行注意力机制的计算了。在实现函数中,首先获取输入图片的数据维度。大写字母 B 代表 Batch Size,大写字母 N 代表 Patch Size,C 是 Embedding 的维度,输入数据维度为[1,197,768],然后将输入数据经过线性转换后进行 reshape 操作,此时的数据维度为[1,197,3,8,96],其中,

(1) 1 表示 Batch Size,因为一次只输入了一张照片。

(2) 197 表示 Patch Size,一共有 197 个 Patch。

(3) 3 表示 Q、K、V 三矩阵。

(4) 8 表示多头注意力机制的头数。

(5) 96 表示每个头的数据维度。

接着进行一次 permute 矩阵变形,此时的数据维度为[3,1,8,197,96]。经过上面的变形,将 Q、K、V 三矩阵单独取出来,每个矩阵的数据维度为[1,8,197,96]。有了 Q、K、V 三矩阵,就可以利用注意力机制的计算公式进行注意力机制计算。

(1) 将 Q 矩阵乘以 K 矩阵的转置,然后除以一个缩放系数。

(2) 进行 Softmax 计算。

(3) 进行 DropOut 操作,此时数据的维度为[1,8,197,197]。

(4) 将 Q、K 矩阵经过注意力机制计算后乘以 V 矩阵,数据维度为[1,8,197,96],然后进行一次 transpose,数据维度变为[1,197,8,96],此时数据还在多头的维度,需要将数据维度经 reshape 操作后变成[1,197,768]。

（5）经过一个线性转换，将经过注意力机制的数据乘以一个 W_o 矩阵。由于 W_o 矩阵是一个方阵，因此矩阵乘积后数据维度保持不变，仍为[1,197,768]。

（6）进行 DropOut 操作后，返回最终结果。

以上便是 Vision Transformer 模型多头注意力机制的计算过程及数据维度转换过程。初始化多头注意力机制函数后，将输入数据传递给此函数进行计算，最后打印出最终的输出结果及数据维度，可以看到，数据输出维度仍为[1,197,768]，输出如下：

```
m_head_atten_result
tensor([[[ 0.2125, 0.2797, -0.2866, ..., 0.0647, 0.1776, -0.0670],
         [ 0.2035, 0.2549, -0.2692, ..., 0.0860, 0.1751, -0.0821],
         [ 0.2125, 0.2621, -0.2720, ..., 0.0958, 0.1381, -0.0787],
         ...,
         [ 0.2254, 0.2656, -0.2766, ..., 0.0712, 0.1493, -0.0819],
         [ 0.2140, 0.2432, -0.2571, ..., 0.0749, 0.1609, -0.0740],
         [ 0.2424, 0.2626, -0.2892, ..., 0.0654, 0.1623, -0.0704]]],
       grad_fn=<AddBackward0>)
m_head_atten_result torch.Size([1, 197, 768])
```

9.3.3　Vision Transformer 模型前馈神经网络的代码实现

Vision Transformer 模型的编码器部分不仅包含多头注意力机制层，还包括前馈神经网络层。根据前馈神经网络的计算公式，前馈神经网络包括两个线性矩阵转换操作。第 1 个线性转换矩阵将 Embedding 的维度扩大 4 倍。为了保持注意力机制后的数据维度统一，第 2 个线性转换矩阵将 Embedding 的维度再缩小为原来的 $\frac{1}{4}$，从而经过前馈神经网络后，矩阵的维度保持不变。

经过多头注意力机制后的结果会被传递给前馈神经网络层。在这里，利用 9.3.2 节中多头注意力机制的输出作为前馈神经网络的输入，并建立前馈神经网络的类函数，其代码如下：

```
#第 9 章/9.3.3/ Vision Transformer 模型前馈神经网络的代码实现
m_head_atten_result = m_head_atten(path_emb_M_result)        #多头注意力机制的输出
class MLP(nn.Module):
    def __init__(self, emb_size = 768, expansion = 4, drop_p: float = 0.):   #初始化参数
        super().__init__()
        #[768,768*4]                                  #维度放大 4 倍
        self.fc1 = nn.Linear(emb_size, expansion * emb_size)
        self.act = nn.GELU()                          #GELU 激活函数
        self.drop = nn.DropOut(drop_p)                #置零比率
        #[768*4,768]                                  #维度缩小为原来的 1/4
        self.fc2 = nn.Linear(expansion * emb_size, emb_size)
    def forward(self, x):
        x = self.fc1(x)                   #首先把维度放大 4 倍,其输出数据维度为[1,197,768*4]
```

```
        x = self.act(x)          #激活函数
        x = self.drop(x)         #置零比率

        x = self.fc2(x)          #然后把维度缩小为原来的 1/4,其输出数据维度为[1,197,768]

        return x
mlps = MLP()                     #初始化类函数
MLP_res = mlps(m_head_atten_result)        #执行前馈神经网络代码操作
print('MLP_res',MLP_res)         #输出数据
print(MLP_res.shape)             #输出数据维度
```

前馈神经网络的初始化包含两个参数：一个是 Patch Embedding，取值为 768；另一个是 expansion（扩充维度），取值为 4，通过此参数将 Embedding 的维度扩大 4 倍，以便获取更深层次的数据维度，然后根据前馈神经网络的数学公式，新建一个线性转换函数，数据经过此线性函数后，Embedding 的维度会扩大 4 倍。接着，使用 GELU 激活函数进行非线性变换。值得注意的是，Vision Transformer 模型采用的是 GELU 激活函数。此函数在大于 0 时取输入数据的值，在小于 0 时，局部会引入一些负值数据，但差别较大的负数会被归一化为 0。最后，数据再经过一个线性函数，将前面扩大的 Embedding 维度数据缩小为原来的 $\frac{1}{4}$，以保持数据维度不变。

在实现函数部分，输入矩阵 X 首先进行第 1 次线性转换，此时的数据维度为[1,197, 768 * 4]，然后数据经过一次 GELU 激活函数后，再经过一次 DropOut。最后，数据再经过一次线性转换，将数据维度转换为[1,197,768]。最终返回经过前馈神经网络层处理后的数据。

有了以上的前馈神经网络函数，可以初始化此函数，并将多头注意力机制后的输出数据传递给前馈神经网络。最后打印出经过前馈神经网络处理后的数据及其数据维度，可以看到，经过前馈神经网络处理后，数据维度保持不变，仍为[1,197,768]，输出如下：

```
MLP_res
tensor([[[ 0.0043, 0.0015, -0.0029, ..., 0.0875, -0.0222, -0.0381],
         [ 0.0025, 0.0036, -0.0009, ..., 0.0846, -0.0231, -0.0381],
         [ 0.0020, 0.0036, -0.0015, ..., 0.0852, -0.0188, -0.0375],
         ...,
         [ 0.0038, 0.0032, -0.0016, ..., 0.0858, -0.0205, -0.0372],
         [ 0.0024, 0.0040, -0.0026, ..., 0.0883, -0.0229, -0.0341],
         [ 0.0048, 0.0040, -0.0025, ..., 0.0869, -0.0209, -0.0387]]],
       grad_fn=<AddBackward0>)
torch.Size([1, 197, 768])
```

9.3.4 搭建 Vision Transformer 模型编码器

有了多头注意力机制的类函数与前馈神经网络的类函数，就可以搭建 Vision Transformer 模型的编码器了，根据图 9-3 所示，搭建的编码器层代码如下：

```
#第 9 章/9.3.4/ Vision Transformer 模型编码器层代码实现
path_emb_M_result = path_emb_M(x)                    #Patch Embedding 后的数据
class TransformerEncoderBlock(nn.Module):            #一层 Transformer 编码器类函数
    def __init__(self,
                emb_size: int = 768,                 #Embedding 数据维度为 768
                drop_p: float = 0.,                  #置零比率
                forward_expansion: int = 4,          #前馈神经网络扩展维度
                forward_drop_p: float = 0.,):        #前馈神经网络置零比率
        super().__init__()
        self.MultiHeadAttention = MultiHeadAttention_M()    #多头注意力机制层
        self.MLP = MLP()                             #前馈神经网络层
        self.drop_p = nn.DropOut(drop_p)             #置零比率
        self.forward_drop_p = nn.DropOut(forward_drop_p)    #前馈神经网络置零比率
        self.norm = nn.LayerNorm(emb_size)           #数据归一化
    def forward(self, x):                            #实现函数
        residual = x            #保存输入数据,方便后期进行残差连接,数据维度为[1,197,768]
        x = self.norm(x)        #先执行数据归一化操作,数据维度为[1,197,768]
        x = self.MultiHeadAttention(x)   #执行多头注意力机制,数据维度为[1,197,768]
        x = self.drop_p(x)      #执行 DropOut 操作,数据维度为[1,197,768]
        x = x + residual        #执行残差连接,数据维度为[1,197,768]
        residual = x            #保存输出数据,数据维度为[1,197,768]
        x = self.norm(x)        #前馈神经网络前的数据归一化操作,数据维度为[1,197,768]
        x = self.MLP(x)         #前馈神经网络,数据维度为[1,197,768]
        x = self.forward_drop_p(x)       #执行 DropOut 操作,数据维度为[1,197,768]
        x = x + residual        #执行残差连接,数据维度为[1,197,768]
        return x

block = TransformerEncoderBlock()                    #初始化编码器代码
print('block',block(path_emb_M_result))              #输出数据
print(block(path_emb_M_result).shape)                #输出数据维度
```

首先,第 1 行代码是 Patch Embedding 的最终结果。接下来建立一个名为 Transformer-EncoderBlock 的类函数。此函数主要接受两个参数:一个是 Patch Embedding 的数据维度,这里的取值为 768;另一个是前馈神经网络的扩展维度,取值为 4。在初始化部分,需要初始化多头注意力机制的类函数和前馈神经网络类函数,然后使用两个 DropOut 函数,最后是数据归一化函数。

在实现函数部分,首先使用 residual 参数保存初始输入矩阵 X,以便后期进行残差连接。Vision Transformer 与标准 Transformer 模型不太一致的地方在于:在编码器部分,数据首先经过一个数据归一化操作,然后经过多头注意力机制。注意力机制不会改变数据维度,因此数据维度经过注意力机制后仍保持不变,即为[1,197,768]。最后进行残差连接,然后传递给前馈神经网络层。

再次使用 residual 参数保存当前的输入矩阵 X,以便后期再次进行残差连接。当前的输入矩阵维度仍为[1,197,768]。经过多头注意力机制后,输出数据需要再次进行数据归一化操作,然后经过前馈神经网络后进行残差连接,得到编码器层的最终输出。输出矩阵维度

仍为[1,197,768]，最后直接返回输出矩阵即可。

通过以上编码器层的搭建函数，可以初始化 TransformerEncoderBlock 类函数，并将 Patch Embedding 后的矩阵传递给编码器层函数，然后打印输出矩阵及其维度。可以看到，经过编码器层函数处理后，输出矩阵的维度仍为[1,197,768]，输出如下：

```
block
tensor([[[-0.8046, -1.3426,  1.5442,  ..., -1.7709, -0.5319,  0.6997],
         [-0.3254,  0.0771,  0.5193,  ...,  1.8990,  1.6569, -0.4174],
         [ 1.2520, -0.0565, -1.6800,  ..., -0.0819,  0.0041,  0.5164],
         ...,
         [-0.2446, -0.7213, -1.7066,  ..., -0.2090,  0.4412,  1.9270],
         [-0.1629, -0.3122,  0.1856,  ...,  0.7322,  2.3122, -0.0060],
         [-0.2557, -0.7454,  1.6174,  ...,  1.3819,  1.9367,  1.6436]]],
       grad_fn=<AddBackward0>)
torch.Size([1, 197, 768])
```

标准的 Transformer 模型由 6 层编码器和 6 层解码器组成，然而 Vision Transformer 模型并没有完全按照标准 Transformer 模型的结构构建自己的模型。Vision Transformer 模型仅采用了标准 Transformer 模型的编码器层，并使用了 12 层编码器。这有点类似于卷积神经网络，逐层提取图像特征，最后通过全连接层执行图像的下游任务。Vision Transformer 模型也采用了类似的策略，通过 12 层编码器提取图像信息，最后进行图片分类或执行其他下游任务。这 12 层编码器构成了整个 Vision Transformer 模型的编码器层，其代码如下：

```
#第 9 章/9.3.4/ Vision Transformer 模型编码器代码实现
path_emb_M_result = path_emb_M(x)              #Patch Embedding 操作后的输出数据
class TransformerEncoder(nn.Module):           #新建编码器层类函数
    def __init__(self, depth: int = 12):       #初始化只有一个超参数，即 12
        super().__init__()
        #保存 12 层的编码器
        self.layers = nn.ModuleList([TransformerEncoderBlock() for _ in range
(depth)])
    #实现函数直接使用 for 循环，依次循环 12 层编码器即可
    def forward(self, x):
        for layer in self.layers:
            x = layer(x)
        return x

enc_result = TransformerEncoder()(path_emb_M_result)   #初始化编码器层
print('enc_result',enc_result)                          #输出最终数据
print('enc_result',enc_result.shape)                    #输出数据维度
```

首先，第 1 行代码是 Patch Embedding 操作后的输入数据，此数据将传递给编码器层进行图片数据的注意力机制计算，然后建立了一个名为 TransformerEncoder 的类函数。在初始化部分，该函数仅有一个超参数 depth，默认值为 12，表示编码器的层数，然后使用

ModuleList 函数保存编码器,共保存了 12 个编码器。后续可以使用 for 循环对编码器层依次进行注意力机制计算,每层的注意力机制参数不共享,仅将当前层编码器的输出传递给下一层编码器。

在实现函数部分,使用 for 循环从 ModuleList 中提取出 12 层编码器函数,并分别计算每层的注意力机制。最后直接返回经过 12 层编码器后的最终输出。可以初始化一个新建的 TransformerEncoder 类函数,然后打印最终的输出数据及其维度。可以看到,经过 12 层编码器操作后,输出数据维度仍为[1,197,768],其输出如下:

```
enc_result
tensor([[[ 2.1649, 1.4463, -2.0841, ..., 2.8132, 0.7891, 0.3814],
        [-0.2723, 0.0530, 0.3340, ..., 1.6496, -0.1424, -1.9503],
        [ 1.5493, -1.0426, -1.9047, ..., 0.6498, 0.6107, -0.9040],
        ...,
        [-1.7251, -0.8699, -1.0008, ..., 0.4622, 2.0889, -1.8098],
        [-1.8814, -0.4520, -1.6985, ..., 1.2946, 3.6848, 0.1694],
        [-2.4258, -0.5657, -0.8445, ..., 2.9655, -1.5730, -4.0421]]],
       grad_fn=<AddBackward0>)
enc_result torch.Size([1, 197, 768])
```

9.4 Vision Transformer 输出层的代码实现

经过注意力机制的计算后,即可进行数据的分类操作。对于计算机视觉任务,需要统计对象检测的所有类别,以便根据每个分类的概率索引图片的最终分类,其代码如下:

```
#第 9 章/9.4/ Vision Transformer 输出层的代码实现
#经过 12 层编码器的输出数据
enc_result = TransformerEncoder()(path_emb_M_result)
class ClassificationHead_M(nn.Module):          #新建分类操作类函数
    #初始化包含两个参数,一个是 Embedding 维度,另一个是分类的维度
    def __init__(self, emb_size: int = 768, n_classes: int = 1000):
        super().__init__()
        self.fc = nn.Linear(emb_size, n_classes)    #将 Embedding 维度转换到分类的维度
        self.norm = nn.LayerNorm(emb_size)          #数据归一化操作
    def forward(self, x):                           #实现函数
        x = x.mean(dim = 1)                         #[1,768] #取第 1 个标签位
        x = self.norm(x)                            #数据归一化操作
        x = self.fc(x)                             #[1,1000] 数据分类的维度
        return x

class_head = ClassificationHead_M()(enc_result)     #初始化分类函数
print('class_head',class_head)                      #输出分类的数据
print(class_head.shape)                             #输出分类的数据维度
```

首先,第 1 行代码是经过 12 层注意力机制计算后的输出数据,然后建立了一个名为

ClassificationHead 的分类函数。在初始化部分，有两个超参数：一个是嵌入数据的维度，默认取值为768；另一个是所有分类的数据总数。假设有1000个分类，其分类数据维度需要根据数据集进行设置。

接下来，创建一个线性转换函数，其主要目的是将嵌入数据的维度转换为分类的维度。在实现函数部分，首先在输入数据的第1个维度（197个Patch的维度）取平均值，然后取第1个标签位的数据。此时数据维度为[1,768]。对标签位进行数据归一化操作后，直接使用线性函数将嵌入数据的维度转换为1000个分类的维度。此时数据维度为[1,1000]。打印经过分类函数的数据及其维度，可以看到输出数据维度为[1,1000]，输出如下：

```
class_head
tensor([[-2.0966e-02, 5.3441e-01, -3.5892e-01, -7.6503e-01, -1.0466e+00,
         -2.8314e-01, 5.3070e-02, -1.6593e-01, 6.5851e-01, 6.9585e-03,
          2.5681e-01, 5.6025e-01, -5.0477e-01, 7.3741e-01, -3.6110e-01,
          ...
         -1.1610e+00, 3.5610e-01, 4.3726e-01, 4.6637e-01, -8.5925e-01,
         -7.2963e-02, 5.7579e-01, 2.7358e-01, -5.3067e-01, 6.0733e-02,
          5.1275e-01, -8.0188e-01, 8.8900e-02, -1.1851e-01, -2.4855e-01]],
       grad_fn=<AddmmBackward>)
torch.Size([1, 1000])
```

有了1000个分类维度的数据，便可以取其最大值，索引概率最大的分类了。

9.5　搭建 Vision Transformer 模型

由于 Vision Transformer 模型继承了 Transformer 模型的编码器部分，因此整个框架相对比较简单。其主要贡献在于使用Patch Embedding操作将输入图片数据转换为不同的Patch，并进行注意力机制计算。另一个重要贡献是证明了注意力机制同样适用于计算机视觉任务，使 Transformer 模型的注意力机制成功进入了计算机视觉领域，成功挑战了卷积神经网络在计算机视觉上的地位。有了各个功能模块的代码，现在可以开始搭建整个 Vision Transformer 模型的代码了，代码如下：

```
#第9章/9.5/ Vision Transformer 模型代码实现
img = Image.open('VIT.jpg')        #加载一张照片
transform = Compose([Resize((224, 224)), ToTensor()])   #设置图片转换函数
x = transform(img)                 #将图片转换到224×224,并转换到 tensor 变量
x = x.unsqueeze(0)                 #主要是为了添加 Batch Size 这个维度 [1, 3, 244, 244]
class ViT(nn.Module):              #新建 ViT 模型
    def __init__(self,
                 in_channels: int = 3,      #图片通道维度,默认值为3
                 patch_size: int = 16,      #Patch 尺寸维度,默认值为16
                 emb_size: int = 768,       #Embedding 数据维度,默认值为768
                 img_size: int = 224,       #图片像素维度,默认值为224
                 depth: int = 12,           #编码器层数量,默认值为12
```

```
                n_classes: int = 1000,):        #图片分类维度,根据数据集自行设计
        super().__init__()
        #图片 Patch Embedding 与位置编码初始化函数
        self.PatchEmbedding = PatchEmbedding_M(in_channels, patch_size, emb_
size, img_size)
        #编码器层初始化函数
        self.TransformerEncoder = TransformerEncoder(depth)
        #分类函数初始化函数
        self.ClassificationHead = ClassificationHead_M(emb_size, n_classes)
    def forward(self, x):                    #实现函数
        x = self.PatchEmbedding(x)       #输入数据需要经过 Patch Embedding 与位置编码
        x = self.TransformerEncoder(x)        #编码器进行注意力机制计算
        x = self.ClassificationHead(x)       #最后使用标签位进行分类
        return x                             #返回分类的结果

model = ViT()                                #初始化 ViT 模型
print(model(x))                              #输出分类数据
print('VIT',model(x).shape)                  #输出分类数据维度
#使用 summary 函数可以查看整个 ViT 模型的各个层的参数与数据维度
summary(model, input_size=[(3, 224, 224)], batch_size=1, device="cpu")
```

首先,使用 Image. open 函数加载需要识别的图片。需要注意,关于脚本运行所需加载的其他第三方库,可参考 9.2 节。由于输入图片的尺寸大小不一,需要将图片尺寸统一缩放到[224,224]的尺寸维度。使用 unsqueeze 函数将图片尺寸维度添加上 Batch Size 的维度,此时图片的尺寸维度为[1,3,244,244],然后可以开始构建 Vision Transformer 模型。

在初始化部分,设置 Vision Transformer 模型的超参数,主要包括以下几个。

(1) channels,默认值为 3,表示图片的 RGB 通道维度。

(2) patch_size,默认值为 16,表示每个 Patch 的尺寸维度为[3,16,16]。

(3) embedding_size,默认值为 768,表示每个 Patch 的嵌入向量大小为 768($3 \times 16 \times 16$)。

(4) depth,默认值为 12,表示编码器层的总层数。

(5) classes,默认值为 1000,表示数据集中的分类总数。可根据自己的数据集进行定义。

根据 Vision Transformer 模型的框架图,输入图片首先经过 Patch Embedding 操作,包括图片每个 Patch 的位置编码。Patch Embedding 的操作类似于自然语言处理领域中的词嵌入操作,都是将初始输入数据转换为矩阵形式,便于进行矩阵运算。需要注意的是,Vision Transformer 模型的位置编码只是随机初始化的数据,其会随着模型的训练进行实时更新,因此,Vision Transformer 模型的位置编码在代码实现部分相对比较简单。

经过 Patch Embedding 操作后,输入数据进入编码器层进行注意力机制的计算。在此,初始化定义了一个 Transformer 编码器层函数,其输入仅有一个参数,即编码器层的数量,默认值为 12 层。数据经过注意力机制的计算后,最后需要进行图片的分类操作,选择标签位来进行图片的最终分类。

初始化各个模块的代码实现函数后，输入数据在实现函数中流转。在实现函数中，输入数据 **X**，首先需要进行 Patch Embedding 操作，然后进入编码器层进行注意力机制计算，最后执行图片的分类任务。

以上便是整个 Vision Transformer 模型的代码搭建过程。最后，可以使用构建的 Vision Transformer 模型函数，输入图片数据进行代码实现。可以打印模型的输出数据及其维度，其输出数据维度为[1,1000]，表示图片在整个数据集中的 1000 个分类的概率。直接根据代码选择最大概率，即可索引到图片的最终分类，其输出如下：

```
model VIT
tensor([[-2.0966e-02, 5.3441e-01, -3.5892e-01, -7.6503e-01, -1.0466e+00,
         -2.8314e-01, 5.3070e-02, -1.6593e-01, 6.5851e-01, 6.9585e-03,
          2.5681e-01, 5.6025e-01, -5.0477e-01, 7.3741e-01, -3.6110e-01,
          ...
         -1.1610e+00, 3.5610e-01, 4.3726e-01, 4.6637e-01, -8.5925e-01,
         -7.2963e-02, 5.7579e-01, 2.7358e-01, -5.3067e-01, 6.0733e-02,
          5.1275e-01, -8.0188e-01, 8.8900e-02, -1.1851e-01, -2.4855e-01]],
       grad_fn=<AddmmBackward>)
torch.Size([1, 1000])
```

若想查看构建的 Vision Transformer 模型，则可以使用 summary 函数进行汇总查看。此函数可以显示整个 Vision Transformer 模型的架构、数据流向、数据经过的操作，以及每层数据的维度、模型参数等信息，其 summary 函数的输出如下：

```
----------------------------------------------------------------
        Layer (type)           Output Shape         Param #
================================================================
           Conv2d-1        [1, 768, 14, 14]         590,592
         Identity-2           [1, 196, 768]               0
 PatchEmbedding_M-3           [1, 197, 768]               0
        LayerNorm-4           [1, 197, 768]           1,536
          Linear-5          [1, 197, 2304]       1,769,472
         DropOut-6         [1, 8, 197, 197]               0
          Linear-7           [1, 197, 768]         590,592
         DropOut-8           [1, 197, 768]               0
MultiHeadAttention_M-9       [1, 197, 768]               0
        DropOut-10           [1, 197, 768]               0
       LayerNorm-11           [1, 197, 768]           1,536
         Linear-12          [1, 197, 3072]       2,362,368
           GELU-13          [1, 197, 3072]               0
        DropOut-14          [1, 197, 3072]               0
         Linear-15           [1, 197, 768]       2,360,064
            MLP-16           [1, 197, 768]               0
        DropOut-17           [1, 197, 768]               0
TransformerEncoderBlock-18   [1, 197, 768]               0
----------------------------------------------------------------
..............................
此处省略
..............................
```

```
TransformerEncoderBlock-183            [1, 197, 768]                    0
TransformerEncoder-184                 [1, 197, 768]              0
       LayerNorm-185                      [1, 768]             1,536
          Linear-186                     [1, 1000]           769,000
ClassificationHead_M-187                  [1, 1000]                   0
================================================================
Total params: 86,387,944
Trainable params: 86,387,944
Non-trainable params: 0
----------------------------------------------------------------
Input size (MB): 0.57
Forward/backward pass size (MB): 379.34
Params size (MB): 329.54
Estimated Total Size (MB): 709.46
----------------------------------------------------------------
```

9.6　本章总结

Vision Transformer 模型是一种基于 Transformer 的深度学习模型,主要用于图像分类和其他计算机视觉任务,其核心思想是将图片分割成小的 Patch,这些 Patch 被视为序列数据,并传递给 Transformer 模型进行注意力机制计算。这样,Vision Transformer 模型可以捕捉图像之间的依赖关系,并同时关注到图片的局部信息。

本章主要介绍了以下几部分。

Patch Embedding:Vision Transformer 模型的核心创新点之一是将图片分割成固定大小的图像 Patch,默认大小为 16×16,然后每个 Patch 经过一个线性层处理,并添加位置编码,以便传递给编码器进行注意力机制操作。

Transformer 编码器:Vision Transformer 模型的编码器基于标准的 Transformer 模型,但堆叠了 12 层编码器。使用更多的编码器可以捕获更多的图片信息。

分类头:Vision Transformer 模型添加了一个标签位来进行分类。此标签位直接与所有输入数据进行注意力机制计算,因此可用于最终的图片分类操作。

Vision Transformer 模型的优势在于其能够捕捉输入图片中的长距离依赖关系,并同时保持对矩阵特征的敏感性。这使 Vision Transformer 模型在图片分类及其他计算机视觉任务中表现出色。同时,Vision Transformer 模型也证明了 Transformer 模型注意力机制在计算机视觉任务中的巨大潜力,为更多计算机视觉任务采用 Transformer 模型的注意力机制打下了坚实基础。

本章通过对比 Transformer 模型的方式不仅介绍了整个 Vision Transformer 模型的框架,还介绍了每个功能模块的代码实现。在 Transformer 实战篇,将通过具体实例来实现图片的分类操作。模型通过将图像转换为序列数据,并利用 Transformer 模型的注意力机制来处理序列,从而在计算机视觉任务中显著地提升了性能,其简洁的架构和强大的能力使其成为计算机视觉领域的重要里程碑之一。

Transformer 视觉模型：Swin Transformer 模型

10.1 Swin Transformer 模型

自从 Vision Transformer 模型将标准的注意力机制从自然语言处理领域成功地应用到计算机视觉领域后，针对 Transformer 注意力机制的改进模型也日益涌现，并且许多模型已被成功地应用于计算机视觉任务，然而 Vision Transformer 模型采用的是全局注意力机制处理方式，在处理 2K 甚至更高分辨率的 4K 图片时会显著地增加计算量。

Vision Transformer 模型默认使用 224×224 尺寸的图片，经过图片分割后得到 196 个 Patch，相当于一句话中的 196 个"单词"，因此在计算注意力机制时需要同时考虑这 196 个 Patch。若使用 2K、4K 的图片，则计算所需的 Patch 数量将呈指数级增长，大大地增加了计算复杂度。Vision Transformer 模型还默认使用 16×16 的 Patch 尺寸，在图片识别与分类任务上表现良好，但在更精细的对象分割任务中，较大的 Patch 尺寸会降低分割精度，然而，使用较小的 Patch 尺寸又会增加计算量。

为了在提高图片识别性能的同时降低计算复杂度，微软发布了著名的 Swin Transformer 模型。该模型不仅在速度和精度上有显著提升，还有效地降低了计算复杂度。

10.1.1 Swin Transformer 模型简介

为了降低计算复杂度、提高运行效率，微软研究团队提出了 *Swin Transformer：Hierarchical Vision Transformer using Shifted Windows* 的论文，该论文介绍了一种视觉 Transformer 模型。Swin Transformer 不仅延续了标准 Transformer 模型，还引入了窗口注意力机制和移动窗口注意力机制的概念。该模型还借鉴了卷积神经网络模型的优点，通过不断地对图片进行下采样操作，将图片尺寸维度缩小并将通道维度扩大，从而在保持全局注意力的同时捕获更多图片细节。

Swin Transformer 的主要贡献在于引入了窗口注意力机制和移动窗口注意力机制，将图像分成多个不相交的窗口，在每个窗口内计算注意力机制。通过这种方法，Swin Transformer 能够显著地降低计算复杂度，并在保留局部信息的同时捕捉到图像的全局结构信息。为了确保窗口之间的相关信息,模型在计算完窗口注意力机制后,还增加了移动窗口注意力机制,以捕捉窗口之间的相互关系。

具体而言,Swin Transformer 模型由 4 个阶段组成(Stage1~Stage4),每个阶段包含多个 Swin Transformer 块。每个 Swin Transformer 块包含两个 Transformer 编码器层,一个是窗口注意力机制的编码器层,另一个是移动窗口注意力机制的编码器层。在每个阶段中,Swin Transformer 通过一层 Patch 下采样层(Patch Merging)将图片尺寸维度缩小一半并将通道维度增加一倍。这种方法使 Swin Transformer 能够处理不同分辨率的图像,并在多个尺度上学习到图像的表示。此外,这种操作也借鉴了卷积神经网络模型的优点,将卷积操作与注意力机制相结合,使 Swin Transformer 在许多计算机视觉任务中取得了优异成绩,包括图像分类、目标检测和实例分割等,其成功再次证明了 Transformer 模型在计算机视觉任务中的潜力,并成功地借鉴了卷积神经网络模型的优点,为未来的计算机视觉提供了新的研究方向。

10.1.2 Swin Transformer 模型的数据流

Swin Transformer 模型借鉴了 Vision Transformer 模型的图片分割方法,首先对图片进行分割,使其成为一个个 Patch(Patch Partition),然后进行一层 Patch 嵌入操作,将图片维度数据转换为矩阵数据,最后进行注意力机制计算。Swin Transformer 模型包含 4 个阶段的注意力机制层,每个阶段计算完注意力机制后都会进行一层 Patch 合并操作。模仿卷积神经网络模型,压缩图片尺寸维度并增加图片通道维度,最终输出数据可用于对象分割或与图片分类相关的计算机视觉下游任务,其模型框架如图 10-1 所示。

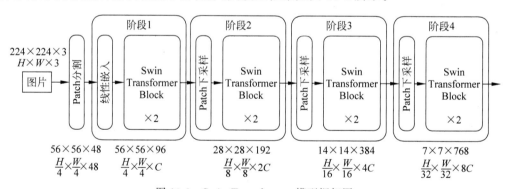

图 10-1 Swin Transformer 模型框架图

Vision Transformer 模型的 Patch 尺寸维度为 $16 \times 16 \times 3$,而 Swin Transformer 模型为了完成更精细的对象分割任务选择了较小的 Patch 尺寸,维度为 $4 \times 4 \times 3$,因此,一张 $224 \times 224 \times 3$ 的图片经过分割后将变成 $56 \times 56 \times 48$ 的数据维度,其中 56 等于 224/4,共有 56×56 个 Patch,每个 Patch 的维度为 $4 \times 4 \times 3$,即 48。这样,经过图片分割后,数据维度变成了 [56,56,48]。

图片分割操作仅将图片分割成 4×4 大小维度的 Patch,而未进行嵌入操作。图片经过分割后，需要经过一层嵌入操作，类似于 Patch Embedding 操作。在实际代码实现中，通常将图片分割与嵌入操作合并。经过嵌入操作后，数据维度为 $[56,56,96]$，其中参数 C 是 Swin Transformer 模型的超参数。与其他模型不同的是，Swin Transformer 模型的嵌入维度不固定。借鉴卷积神经网络的概念，输入数据不断地进行下采样，尺寸维度缩小，通道维度增加，对应的嵌入维度也随之增加。

经过嵌入后，数据传递给 Swin Transformer 块进行注意力机制计算。Swin Transformer 模型采用窗口注意力机制和移动窗口注意力机制的概念，每个 Transformer 块包含两层注意力机制：窗口注意力机制和移动窗口注意力机制，因此，在模型框图中每个 Swin Transformer 块都成对出现。

根据注意力机制的计算原理，经过注意力机制后，数据维度保持不变，仍为 $[56,56,96]$，然后经过一层 Patch Merging 操作，数据维度变为 $[28,28,192]$，类似于卷积神经网络操作，尺寸维度减半，通道维度加倍。至此，输入数据经过了 Swin Transformer 模型的第一阶段注意力机制的计算，后续阶段将重复这一过程。

在第二阶段，数据再次经过 Swin Transformer 块进行注意力机制计算，注意力机制不会改变数据维度，数据仍为 $[28,28,192]$，然后经过一层 Patch Merging 操作，数据维度变为 $[14,14,384]$。

在第三阶段，数据再次被传递给 Swin Transformer 块进行注意力机制计算，每个 Swin Transformer 块包含 6 层注意力机制，包括 3 层窗口注意力机制和 3 层移动窗口注意力机制。注意力机制的计算不会改变数据维度，仍为 $[14,14,384]$。最后经过一层 Patch Merging 操作，数据维度变为 $[7,7,768]$。

在第四阶段，数据再次经过一层 Swin Transformer 块进行注意力机制计算。注意力机制的计算不会改变数据维度，此时的数据维度依然是 $[7,7,768]$。经过第四阶段后，尺寸维度变成了一个奇数，并且尺寸维度已经足够小，无须再次经过 Patch Merging 操作。最后可以用此时的数据完成图片的分类或分割任务了。当然，最后的输出数据需要经过一层线性层和一层 Softmax 操作，这样才能输出最终的分类或其他计算机视觉任务的结果。

10.1.3 Swin Transformer 窗口注意力机制的框架模型

Swin Transformer 模型的窗口注意力机制仍然延续了标准 Transformer 模型的结构，其系统框架如图 10-2 所示。

Swin Transformer 框架图包含两部分，一部分是窗口注意力，另一部分是移动窗口注意力。虽然 Swin Transformer 框架是由两部分组成的，但是两部分都是标准 Transformer 模型的编码器部分。输入数据首先进入窗口注意力机制模块进行注意力机制计算，其窗口注意力模块是一个标准的 Transformer 编码器模块，包括数据归一化层、多头注意力机制层、残差连接及前馈神经网络层。经过窗口注意力机制后，其整个窗口会进行一定的移动，然后再次进行移动窗口的注意力机制计算，其移动窗口注意力模块也是一个标准的 Transformer 编码器模块。

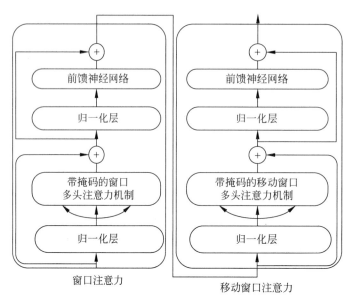

图 10-2　Swin Transformer Block 框架图

由于 Swin Transformer 模型使用的是窗口注意力机制,若仅在每个窗口中计算注意力机制,则其窗口与窗口之间的关系就会丢失。为了确保每个窗口与其他窗口进行一定的注意力机制计算,其 Swin Transformer 模型提出了移动窗口的概念,把分割好的窗口进行偏移,让窗口与窗口之间有一定的相互联系,进而计算移动窗口注意力机制,最后把移动后的窗口恢复到原始输入状态,确保进入下一个阶段的数据是正常的输入数据。

10.2　Swin Transformer 模型窗口分割

Swin Transformer 模型的操作类似于卷积神经网络,它不断地压缩图片尺寸维度,同时增加通道维度。与卷积神经网络不同的是,Swin Transformer 模型的核心计算过程是注意力机制,而不是卷积操作。与 Vision Transformer 模型类似,Swin Transformer 也使用注意力机制来处理计算机视觉任务,然而,Vision Transformer 模型采用全局注意力机制,默认将一张尺寸为[224,224]的图片按照每个大小为[16,16]的 Patch 分割,然后进行全局注意力机制计算。相反,Swin Transformer 模型采用窗口注意力机制进行计算,但是这个窗口是如何操作的呢?

假设有一张尺寸为[224,224]的图片,与 Vision Transformer 不同,Swin Transformer 模型的 Patch 尺寸为[4,4]。将一张大小为 224×224 的图片按照大小为 4×4 的 Patch 进行分割,得到 56×56 个 Patch(56 等于 224 除以 4),共有 3136 个 Patch,如图 10-3 所示。若使用全局注意力机制进行计算,则 3136 个 Patch 的计算量将是巨大的。

为了降低计算复杂度,Swin Transformer 模型规定一个 7×7 的 Patch 组成一个窗口,这样 56×56 个 Patch 就被重新分割成了 8×8 个窗口,共有 64 个窗口。Swin Transformer

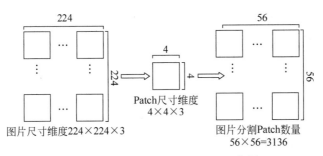

图 10-3　Swin Transformer Patch 分割

模型在这 64 个窗口中计算注意力，而每个窗口的注意力计算是在一个 7×7 的 Patch 上进行的，如图 10-4 所示。

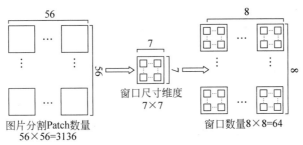

图 10-4　Swin Transformer 窗口分割

通过这种方式，计算复杂度将大大降低，同时让 Swin Transformer 模型能够处理大分辨率的图片作为输入。此外，Swin Transformer 模型的小尺寸 Patch 也使它能够完成实例分割任务。

10.2.1　Swin Transformer 模型的 Patch Embedding

Swin Transformer 的基础模型依然采用尺寸维度为[224,224,3]的输入图片，但模型规定了一个 Patch 的尺寸大小为[4,4,3]。这样一张图片经过 Patch 大小的小方块进行图片分割后，就得到了 56×56 个 Patch。可以把一张图片类比为一个"句子"，将每个 Patch 类比成一个"单词"，这样这个"句子"中就一共有 3136 个"单词"，而每个"单词"的维度为[4,4,3]，共有 48 像素。试想一下，若直接使用 3136 个单词进行注意力机制计算，其计算量将是十分庞大的，因此为了降低计算复杂度，Swin Transformer 模型创新地使用了窗口注意力机制，而 Swin Transformer 模型的嵌入维度并没有直接采用 48 像素维度，而是在此基础上将维度拉伸，使其变为原来的一半，定义了超参数 C（Embedding 维度），等于 96，因此，Patch Embedding 的维度为 96。

10.2.2　Swin Transformer 模型 Patch Embedding 的代码实现

Swin Transformer 模型的 Patch Embedding 代码如下：

```
#第 10 章/10.2.2/Swin Transformer 模型 Patch Embedding 的代码实现
#导入第三方库
import torch
import torch.nn.functional as F
import matplotlib.pyplot as plt
from torch import nn
from torch import Tensor
from PIL import Image
from torchvision.transforms import Compose, Resize, ToTensor
from torchsummary import summary
import torch.utils.checkpoint as checkpoint
from timm.models.layers import DropPath, to_2tuple, trunc_normal_

img = Image.open('Swin.jpg')              #打开一张图片
transform = Compose([Resize((224, 224)), ToTensor()])
x = transform(img)                        #把图片的尺寸转换到 224×224 尺寸,并转换到 tensor 变量
x = x.unsqueeze(0)                        #主要是为了添加 Batch Size 这个维度
print('x',x.shape)                        #图片维度为[1, 3, 244, 244]
class PatchEmbed_M(nn.Module):            #定义 Patch Embedding 函数
    #初始化函数,图片尺寸为 224,Patch Size 尺寸为 4,RGB 三通道,Embedding 维度为 96
    def __init__(self, img_size=224, patch_size=4, in_chans=3, embed_dim=96,
norm_layer=None):
        super().__init__()
        img_size = to_2tuple(img_size)                #img_size 为[224, 224]
        patch_size = to_2tuple(patch_size)            #patch size 为[4, 4]
        #Patch 分割后的尺寸维度为[56, 56]
        patches_resolution = [img_size[0] //patch_size[0], img_size[1] //patch_
size[1]]
        self.img_size = img_size                      #初始化图片尺寸
        self.patch_size = patch_size                  #初始化 Patch 尺寸
        self.patches_resolution = patches_resolution  #初始化分割尺寸
        self.num_patches = patches_resolution[0] *patches_resolution[1]
        #一共 56*56 个 patch
        self.in_chans = in_chans                      #RGB 三通道维度
        self.embed_dim = embed_dim                    #初始化 Embedding 维度
        #使用卷积操作把 224 尺寸维度的图片分割成 56×56 个 Patch
        self.proj = nn.Conv2d(in_chans, embed_dim, kernel_size=patch_size,
stride=patch_size)
    #实现函数
    def forward(self, x):
        B, C, H, W = x.shape              #获取输入图片尺寸,维度为[1, 3, 244, 244]
        #x = self.proj(x).flatten(2).transpose(1, 2)    #[1, 56*56, 96]
        x = self.proj(x)                 #使用卷积操作,把图片分割成 56×56 个 Patch,
                                         #维度为[1, 96, 224/4, 224/4]
        x = torch.flatten(x, 2)          #把 HW 维展开,数据维度为 [1, 96, 3136]
        x = torch.transpose(x, 1, 2)     #把通道维度放到最后 [1, 3136, 96]
        if self.norm is not None:
            x = self.norm(x)             #[1, 3136, 96],数据归一化,不改变数据维度
        return x                         #[1, 3136, 96],最后 return 返回处理后的数据
```

```
path_embedding = PatchEmbed_M()              #初始化 Patch Embedding 函数
path_embedding_r = path_embedding(x)         #[1,3136,96]输入图片进行 Embedding 操作
print('path_embedding_r',path_embedding_r)       #输出 Embedding 后的数据
print('path_embedding_r',path_embedding_r.shape)     #输出 Embedding 后的数据维度
```

无论是 Vision Transformer 模型还是 Swin Transformer 模型，其图片尺寸都是 224×224 维度，因此为了使图片尺寸统一，这里将输入图片格式化到 224×224 维度，并将图片数据转换为 tensor 数据以便进行数据矩阵操作，然后通过 unsqueeze 函数将输入数据的维度从[3,224,224]转换到[1,3,224,224]，增加了一个 Batch Size 的数据维度。Patch Embedding 的类函数，其初始化输入 5 个参数，分别如下。

（1）Image Size：图片尺寸，默认值为 224×224。

（2）Patch Size：默认值为 4×4。

（3）Channels：RGB 通道维度，默认值为 3。

（4）Embedding Size：默认值为 96，即系统框图中的超参数 C。

（5）Norm Layer：默认为 none，数据归一化层。

由于初始化时指定的 Image Size 为 224，Patch Size 为 4，但在实际使用时，图片尺寸维度为[224,224]，Patch Size 为[4,4]，这里使用 to_2tuple 函数进行转换，然后图片输入数据经过分割后的数据维度为[224/4,224/4]，即[56,56]，而实现 Patch 分割与嵌入操作，类似 Vision Transformer 模型都使用了卷积操作。利用一个 Patch 尺寸大小的卷积核进行卷积操作，就可以实现 Patch 的分割与嵌入的操作。

有了初始化函数，便可以进行函数的搭建工作了。在实现函数里，传递的参数只有一个，即输入数据 X，其输入数据维度为[1,3,224,224]，然后通过卷积操作，将输入图片数据通过一个 4×4 的卷积核进行 Patch 分割操作，得到的数据维度为[1,96,56,56]。

（1）1 代表 Batch Size 为 1。

（2）96 为嵌入的数据维度。

（3）[56,56]为图片进行分割后的 Patch 尺寸维度。

然后经过一个 flatten 操作，将[56,56]维度变为 56×56，这样图片经过分割后，就一共有 3136 个 Patch。最后，经过一个 transpose 操作，将嵌入的数据维度调整到最后，那么现在的数据维度为[1,3136,96]。若归一化函数非空，则可以进行一次数据归一化操作，而数据归一化操作并不会改变数据维度，因此，最终的输出数据维度为[1,3136,96]。

最后，可以初始化 Patch Embedding 函数，并输入一张图片数据，进行 Patch Embedding 操作，然后打印输出数据及输出数据的维度，其输出如下：

```
path_embedding_r
tensor([[[ 0.1941, -0.5773, 0.6316, ..., 0.2815, -0.1280, -0.7048],
         [ 0.1941, -0.5773, 0.6316, ..., 0.2815, -0.1280, -0.7048],
         [ 0.1941, -0.5773, 0.6316, ..., 0.2815, -0.1280, -0.7048],
         ...,
         [ 0.1941, -0.5773, 0.6316, ..., 0.2815, -0.1280, -0.7048],
```

```
        [ 0.1941, -0.5773, 0.6316, ..., 0.2815, -0.1280, -0.7048],
        [ 0.1941, -0.5773, 0.6316, ..., 0.2815, -0.1280, -0.7048]]],
       grad_fn=<TransposeBackward0>)
path_embedding_r torch.Size([1, 3136, 96])
```

可以看到，其输入数据维度为[1,3,224,224]，经过 Patch Embedding 操作后，输出数据
维度为[1,3136,96]。

10.2.3　Swin Transformer 模型窗口分割与窗口复原的代码实现

如图 10-4 所示，输入图片数据经过 Patch Embedding 后，需要经过窗口分割，而窗口注
意力机制的计算就在每个窗口中进行。计算完窗口注意力机制后，还需要把分割的窗口再
次复原，以便后期进行移动窗口注意力机制，其窗口分割代码如下：

```
#第 10 章/10.2.3/Swin Transformer 模型窗口分割的代码实现
path_embedding_r = path_embedding_r.view(1, 56, 56, 96) #[1, 56, 56, 96]
#Patch Embedding 数据
def window_partition(x, window_size):                    #新建窗口分割函数
    #x: (B, H, W, C) Patch Embedding 数据维度            #[1, 56, 56, 96]
    #window_size (int): Window Size 窗口尺寸维度          #7
    #Returns: windows: (num_windows *B, window_size, window_size, C)
    #[64, 7, 7, 96]                                      #窗口尺寸维度
    B, H, W, C = x.shape                                 #获取输入数据维度 #[1, 56, 56, 96]

    #窗口分割,分割后的维度为[1, 8, 7, 8, 7, 96]
    x = x.view(B, H //window_size, window_size, W //window_size, window_size, C)
    #数据维度转换,此时的数据维度为 [64, 7, 7, 96]
    windows = x.permute(0, 1, 3, 2, 4, 5).contiguous().view(-1, window_size,
window_size, C)
    return windows                                      #返回最后的窗口,维度为[64, 7, 7, 96]
#执行窗口分割操作,数据维度为 [64, 7, 7, 96]
windows_partition = window_partition(path_embedding_r, 7) print('windows_
partition',windows_partition)                           #打印窗口分割后的数据
#打印分割后的窗口数据维度 [64, 7, 7, 96]
print('windows_partition',windows_partition.shape)
```

第 1 行代码是输入图片经过 Patch Embedding 后的数据维度，其数据维度为[1,56,56,
96]，首先，建立一个窗口分割函数，此函数接受两个参数：输入数据 x 及分割的窗口尺寸
维度。

输入的图片尺寸维度为[1,56,56,96]，而 Swin Transformer 模型默认的窗口尺寸维度
为 7×7，因此，将输入图片尺寸维度通过 view 函数转换到[1,8,7,8,7,96]维度，此时已经
对输入图片进行了分割。通过 permute 函数，将数据维度经过变形转换到[1,8,8,7,7,96]，
最后通过 view 函数将图片尺寸维度转换到[64,7,7,96]。

（1）64 为图片分割后的窗口数量。当然这里由于 Batch Size 为 1，因此只有 64 个窗口，
若 Batch Size 不为 1，则分割后的窗口数量为 64×Batch Size。

（2）[7,7]为一个窗口中的 Patch 数量，一个窗口中一共有 49 个 Patch。

（3）96 为 Patch Embedding 的通道维度。

通过以上的矩阵变形，就对输入图片进行了分割。最后，直接返回分割完成的窗口数据。通过此窗口分割函数，可以将经过嵌入后的数据传递给此函数，并打印输出矩阵及矩阵的维度。可以看到，输入数据维度为[1,56,56,96]，经过窗口分割后尺寸维度为[64,7,7,96]。输出如下：

```
windows_partition
tensor([[[[-9.0168e-02, -8.2516e-01, 7.1557e-01, ..., -1.2823e-01,
           7.6588e-02, 4.3803e-01],
          [-9.0168e-02, -8.2516e-01, 7.1557e-01, ..., -1.2823e-01,
           7.6588e-02, 4.3803e-01],
          [-9.0168e-02, -8.2516e-01, 7.1557e-01, ..., -1.2823e-01,
           7.6588e-02, 4.3803e-01],
          ....................,
          此处省略
          ....................,
windows_partition torch.Size([64, 7, 7, 96])
```

分割后的窗口就可以进行窗口注意力机制的计算了。计算完成窗口注意力机制后，为了进行移动窗口操作，还需要重新把分割后的图片复原到原来的数据维度，其窗口复原代码如下：

```
#第 10 章/10.2.3/Swin Transformer 模型窗口复原的代码实现
def window_reverse(windows, window_size, H, W):
    #windows: (num_windows*B, window_size, window_size, C) 复原前窗口尺寸维度为
    #[64, 7, 7, 96]
    #window_size (int): Window size      窗口尺寸#7
    #H (int): Height of image        Patch 分割后的原始窗口尺寸 H #56
    #W (int): Width of image         Patch 分割后的原始窗口尺寸 W #56
    #Returns:x: (B, H, W, C)      返回窗口分割前的尺寸维度   #[1, 56, 56, 96]
    #获取 Batch Size
    B = int(windows.shape[0] / (H *W / window_size / window_size))
    #窗口尺寸维度由[64, 7, 7, 96]转换到 [1, 8, 8, 7, 7, 96]
    x = windows.view(B, H //window_size, W //window_size, window_size, window_size, -1)
    #窗口尺寸维度由[1, 8, 8, 7, 7, 96]转换到 [1, 56, 56, 96]
    x = x.permute(0, 1, 3, 2, 4, 5).contiguous().view(B, H, W, -1)
    return x            #返回窗口分割前的尺寸维度 [1, 56, 56, 96]

windows_reverse = window_reverse(windows_partition, 7, 56, 56)
print('windows_reverse',windows_reverse)             #窗口尺寸维度为[1, 56, 56, 96]
print('windows_reverse',windows_reverse.shape)       #窗口尺寸维度为[1, 56, 56, 96]
```

此函数接受 4 个输入参数。

（1）windows：分割后的窗口数据。

（2）window size：单个窗口尺寸维度，默认值为 7。

（3）H：原始图片高度数据维度，这里设置为 56。

（4）W：原始图片宽度数据维度，这里设置为 56。

首先需要计算输入数据的 Batch Size，由于输入的图片只有一张，所以这里计算完成后为 1，然后通过 view 函数，将数据维度转换到[1,8,8,7,7,96]，然后经过 permute 函数，将数据维度转换到[1,8,7,8,7,96]。最后通过 view 函数，将数据维度重新转到[1,56,56,96]，这样通过以上操作，把分割后的窗口重新进行了复原。可以将分割后的窗口传递给此函数，并打印其输出矩阵及矩阵维度，输出如下：

```
windows_reverse
tensor([[[[-0.0902, -0.8252, 0.7156, ..., -0.1282, 0.0766, 0.4380],
        [-0.0902, -0.8252, 0.7156, ..., -0.1282, 0.0766, 0.4380],
        [-0.0902, -0.8252, 0.7156, ..., -0.1282, 0.0766, 0.4380],
        ...,
        [-0.0902, -0.8252, 0.7156, ..., -0.1282, 0.0766, 0.4380],
        [-0.0902, -0.8252, 0.7156, ..., -0.1282, 0.0766, 0.4380],
        [-0.0902, -0.8252, 0.7156, ..., -0.1282, 0.0766, 0.4380]],
        .....................,
windows_reverse torch.Size([1, 56, 56, 96])
```

Swin Transformer 模型每个阶段都会经过一层 Patch Merging 操作，将窗口尺寸维度缩小一半，因此其他阶段的窗口分割与窗口复原类似，但修改了原始输入数据的窗口维度，这里就不再赘述了。

10.3 Swin Transformer 模型 Patch Merging

如图 10-1 所示，Swin Transformer 模型在每个阶段都经历一次 Patch Merging 操作。Patch Merging 类似于卷积神经网络结构，它将输入图片的尺寸维度缩小一半，并将通道维度扩大一倍。通过 Patch Merging 操作，模型能够收集更加细致的图片信息，为对象分割提供重要的支持，但是，Patch Merging 是如何实现的呢？

10.3.1 Swin Transformer 模型的 Patch Merging 操作

输入图片数据经过 Transformer Block 处理后，每次都会经过一层 Patch Merging 操作。在 Patch Merging 操作中，数据的尺寸维度会减半，通道维度会翻倍，这类似于卷积神经网络的操作，然而，Swin Transformer 模型的 Patch Merging 并非采用卷积，而是采用了另一种技术手段。

首先，Swin Transformer 模型的 Patch 大小为 4×4。对于一张 224×224 的图片，经过 Patch 分割和 Patch Embedding 后，尺寸维度变为[56,56,96]。在这里，单独提取出 56×56 的尺寸维度，并用不同的数字进行标注。假设第 1 行第 1 个 Patch 的数字为"1"，第 2 个

Patch 的数字为"2"，然后以此类推，填充整个第 1 行；假设第 2 行第 1 个 Patch 的数字为
"3"，第 2 个 Patch 的数字为"4"，然后以此类推，填充整个第 2 行。重复以上逻辑，对所有的
56×56 个 Patch 进行标注，奇数行的奇数列使用数字"1"填充，奇数行的偶数列使用数字
"2"填充，偶数行的奇数列使用数字"3"填充，偶数行的偶数列使用数字"4"填充，如图 10-5
所示。

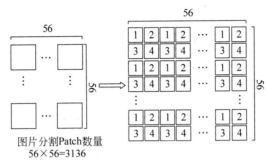

图 10-5　Swin Transformer Patch Merging 数字填充示意图

　　Patch Merging 的过程是从 56×56 个 Patch 中，每隔一个 Patch 挑选一个，并根据填充
的数字进行分类。将所有填充数字为"1"的 Patch 挑选出来，重新组成一个新的 Patch 模块
数据；同样的道理，将所有相同填充数字的 Patch 挑选出来，重新组成一个新的 Patch 模块
数据。经过以上操作，一个[56,56,96]维度的 Patch 数据将被重新分割成 4 个[28,28,96]
维度的 Patch 模块数据，如图 10-6 所示。

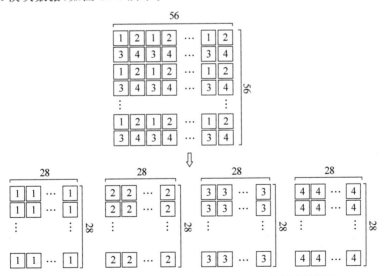

图 10-6　Swin Transformer Patch Merging 分割后的模块

　　下一步是将这 4 个重新组成的 Patch 模块数据在通道维度进行合并。这样，4 个维度
为[28,28,96]的 Patch 模块数据就会被重新组成一个维度为[28,28,384]的 Patch 数据。
尽管与原始输入数据的[56,56,96]维度相比，重新组成的 Patch 模块数据在尺寸维度上缩

小了一半,但通道维度却增加了4倍,这与卷积神经网络的设计有所不同。为了与卷积神经网络的空间维度保持一致,[28,28,384]维度的Patch模块数据会通过一层线性层。该线性层保持尺寸维度不变,但通道维度减少一半,因此,[28,28,384]维度的Patch模块数据的维度被压缩到[28,28,192],与未经过Patch Merging的原始输入数据的维度相比,尺寸维度减少了一半,而通道维度增加了一倍,这使其类似于卷积神经网络,如图10-7所示。

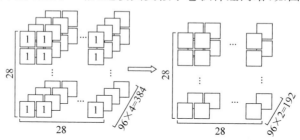

图 10-7　Swin Transformer Patch Merging 线性层操作

10.3.2　Swin Transformer 模型 Patch Merging 的代码实现

如图10-1所示,每经过一个阶段的 Transformer 计算后,Swin Transformer 模型都会进行一次 Patch Merging 操作。10.3.1节介绍了第一阶段 Transformer 后的 Patch Merging 操作。初始输入数据维度为[1, 56×56, 96]。经过 Patch Merging 操作后,数据维度变为[1,28×28,192]。尺寸维度缩小一半,通道维度增加一倍。同样的道理,经过第二阶段 Transformer 后,数据维度为[1,28×28,192],再经过一次 Patch Merging 操作,数据维度变为[1,14×14,384]。尺寸维度再次缩小一半,通道维度再次增加一倍。随后,第三阶段 Transformer 后,输入数据再次经过 Patch Merging 操作,数据维度为[1,7×7,768]。通道维度再次增加一倍,尺寸维度再次缩小一半。最后,在经过最后一个阶段的 Transformer 后,可以完成图片分割或对象检测任务。

图10-5中的数字填充仅为了方便解释 Patch Merging 操作,实际代码实现中并不在 Patch 上填充数字,而是直接使用隔行隔列选择的方式进行 Patch Merging 操作,代码如下:

```
#第 10 章/10.3.2/Swin Transformer 模型 Patch Merging 的代码实现
shift_win_reshape = shift_win_reverse.view(1,56*56,96)    #窗口分割后需要窗口复原
class PatchMerging_M(nn.Module):                          #创建 Patch Merging 类函数
    #input_resolution[56,56]输入的窗口尺寸
    def __init__(self, input_resolution, dim, norm_layer=nn.LayerNorm):
        super().__init__()
        self.input_resolution = input_resolution      #输入的窗口尺寸
        self.dim = dim                                #Embedding 维度
        #线性层实现通道维度缩小一半
        self.reduction = nn.Linear(4 *dim, 2 *dim, bias=False)
        self.norm = norm_layer(4 *dim)                #数据归一化操作

    def forward(self, x):                             #Patch Merging 实现函数
```

```
H, W = self.input_resolution        #获取输入窗口维度 H 和 W
B, L, C = x.shape                   #窗口维度为[1, 56*56, 96]
x = x.view(B, H, W, C)              #将窗口维度转换到[1, 56, 56, 96]
#利用矩阵的筛选操作,从 56×56 的窗口中挑选 4 个 Patch 模块
#每个 Patch 模块的矩阵维度为[1, 28, 28, 96]
x0 = x[:, 0::2, 0::2, :] #B H/2 W/2 C [1, 28, 28, 96]
x1 = x[:, 1::2, 0::2, :] #B H/2 W/2 C [1, 28, 28, 96]
x2 = x[:, 0::2, 1::2, :] #B H/2 W/2 C [1, 28, 28, 96]
x3 = x[:, 1::2, 1::2, :] #B H/2 W/2 C [1, 28, 28, 96]
#使用 concat 函数对 4 个 Patch 模块按照通道维度进行合并
x = torch.cat([x0, x1, x2, x3], -1)     #B H/2 W/2 4*C [1, 28, 28, 96*4]
#合并后的数据维度为[1, 28, 28, 384],然后把数据维度转换到[1, 784, 384]
x = x.view(B, -1, 4 *C)             #B H/2*W/2 4*C [1, 28*28, 96*4]
x = self.norm(x)            #[1, 784, 384] 数据归一化,并不会改变数据维度
x = self.reduction(x)       #[1,28*28,96*2][1, 784, 192]线性变换改变通道维度
return x                    #[1, 784, 192]

patch_merger = PatchMerging_M((56,56),96)     #实例化 Patch Merging 函数
#[1,784,192] 执行 Patch Merging 操作
patch_merger_r = patch_merger(shift_win_reshape)
print('patch_merger_r',patch_merger_r)        #[1, 784, 192] 输出 Patch Merging 数据
#[1,784,192] 输出 Patch Merging 数据维度
print('patch_merger_r',patch_merger_r.shape)
```

首先,第 1 行代码表示经过第一阶段 Transformer 后的输出数据。由于注意力机制的计算不会改变数据维度,因此此时的数据维度仍为嵌入后的数据维度[1,56×56,96]。下面按照第一阶段 Transformer 的思路分析 Patch Merging 代码。

接着,建立一个 Patch Merging 的类函数,该函数接受 3 个参数:

(1) input_resolution:输入图片数据的 H、W 尺寸维度。

(2) dim:输入图片数据的嵌入通道维度。

(3) layer norm 函数,用于数据归一化操作,可省略。

在初始化部分,需要设置输入的图片尺寸维度与嵌入维度,并建立一个线性层函数,该函数主要用于将嵌入通道维度减半。在实现函数部分,实现函数只接受一个输入参数,即输入数据经过窗口分割后的数据。通过 input_resolution 参数,获取图片尺寸的 H 与 W 维度数据,并得到输入图片的窗口尺寸维度,此时的数据维度为[1,56×56,96]。

然后通过 view 函数,将图片窗口尺寸维度[1,56×56,96]转换为[1,56,56,96]。按照 Patch Merging 操作,每隔一个 Patch 挑选一个。在此,创建 4 个参数,即 $\boldsymbol{X}_1 \sim \boldsymbol{X}_4$,每个参数的 Batch Size 与嵌入维度保持不变,然后从奇数行奇数列、奇数行偶数列、偶数行奇数列、偶数行偶数列分别挑选出 4 个 Patch 模块,并重新组成一个新的 Patch 组合,每个 Patch 组合的尺寸维度都为[1,28,28,96]。

得到 4 个挑选出来的 Patch 组合后,还需通过 cat 方法将 4 个新的 Patch 组合在嵌入的维度上合并起来。这样,尺寸维度保持不变,通道维度增加了四倍。此时的数据维度为

$[1,28,28,384]$，通过 view 函数将数据维度调整为$[1,784,384]$，然后经过一层数据归一化操作，其数据维度保持不变。

为了与卷积神经网络保持一致，这里使用一层线性函数，将数据维度的嵌入维度减半，此时的数据维度被调整为$[1,784,192]$。最后，直接返回经过 Patch Merging 操作的最终输出。

最后，可使用 Patch Merging 代码示例，将经过 Transformer 的输出传递给 Patch Merging 函数，这里可打印其处理后的输出数据及数据维度。可以看到，输入$[1,56\times56,96]$的数据维度，经过 Patch Merging 后的输出数据维度为$[1,784,192]$，尺寸维度缩小一半，通道维度增加一倍，实现了类似卷积神经网络的卷积操作，其输出如下：

```
patch_merger_r
tensor([[[-0.0570, -0.1654, -1.3575, ..., 0.7298, 0.0069, 0.1581],
        [-0.0669, -0.1816, -1.4214, ..., 0.6807, 0.0812, 0.2074],
        [-0.0370, -0.4132, -1.3414, ..., 0.6988, 0.2774, 0.2559],
        ...,
        [-0.0570, -0.1654, -1.3575, ..., 0.7298, 0.0069, 0.1581],
        [-0.0570, -0.1654, -1.3575, ..., 0.7298, 0.0069, 0.1581],
        [-0.0570, -0.1654, -1.3575, ..., 0.7298, 0.0069, 0.1581]]],
        grad_fn=<UnsafeViewBackward>)
patch_merger_r torch.Size([1, 784, 192])
```

10.4　Swin Transformer 模型的位置编码

在 Swin Transformer 模型中，位置编码是一个关键参数，因为它是一个视觉处理模型。不同于标准的 Transformer 模型，位置编码会先添加到原始输入数据上，然后进行注意力机制计算。根据 Swin Transformer 模型的论文介绍，在计算注意力机制时，位置编码被加入了注意力机制的计算公式中。Swin Transformer 模型的位置编码是一个随着模型训练而变化的相对位置编码，其注意力机制的计算公式如下：

$$\text{Attention}(\boldsymbol{Q},\boldsymbol{K},\boldsymbol{V}) = \text{Softmax}\left(\frac{\boldsymbol{Q}\boldsymbol{K}^{\text{T}}}{\sqrt{d_k}} + \boldsymbol{B}\right)\boldsymbol{V} \tag{10-1}$$

式(10-1)所示与标准 Transformer 模型的注意力机制计算公式只有参数 $\boldsymbol{B}$ 不一样，而参数 $\boldsymbol{B}$ 就是 Swin Transformer 模型的位置编码。

10.4.1　Swin Transformer 模型位置编码的来源

Swin Transformer 模型通过一个 7×7 的 Patch 窗口来计算注意力机制，因此位置编码也是在这个小窗口中计算的。可以将其类比于自然语言处理领域中的机器翻译。在一个 7×7 的 Patch 窗口中，共有 49 个 Patch，可以理解为一个句子中有 49 个单词。根据 Swin Transformer 模型的注意力机制计算公式，位置编码的参数 $\boldsymbol{B}$ 的维度也为 $[49,49]$。为了方便演示,假设窗口维度为 2×2,共有 4 个 Patch。这可以理解为输入句子中有 4 个单词。接下来,对 4 个 Patch 依次进行编码(这是绝对位置编码),如图 10-8 所示。

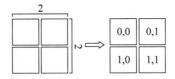

图 10-8　Swin Transformer 绝对位置编码示意图

第 1 行第 1 列为 $(0,0)$；第 1 行第 2 列为 $(0,1)$；第 2 行第 1 列为 $(1,0)$。第 2 行第 2 列为 $(1,1)$。

针对第 1 行第 1 列的 $(0,0)$ 位置,单独取出来。那么 $(0,0)$ 位置相对于自身与其他 3 个位置的相对位置可以计算为 $(0,0)$ 位置坐标减去其他位置的坐标,因此,$(0,0)$ 位置的相对位置坐标矩阵为 $(0,0),(0,-1),(-1,0),(-1,-1)$。

同样的道理,针对第 1 行第 2 列的 $(0,1)$ 位置,相对于自身与其他 3 个位置的相对坐标矩阵为 $(0,1),(0,0),(-1,1),(-1,0)$。

针对第 2 行第 1 列的 $(1,0)$ 位置,相对于自身与其他 3 个位置的相对坐标矩阵为 $(1,0)$,$(1,-1),(0,0),(0,-1)$。

针对第 2 行第 2 列的 $(1,1)$ 位置,相对于自身与其他 3 个位置的相对坐标矩阵为 $(1,1)$,$(1,0),(0,1),(0,0)$。计算如图 10-9 所示。

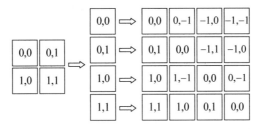

图 10-9　Swin Transformer 相对位置坐标矩阵示意图

有了 4 个相对位置坐标矩阵,就可以将它们合并成一个 4×4 矩阵。在合并过程中,需要注意相对位置矩阵中存在负数的情况,并且相对坐标矩阵是一个二维向量。为了将二维向量转换为一维向量,需要将行与列的相对位置相加,从而得到一维向量,如图 10-10 所示。

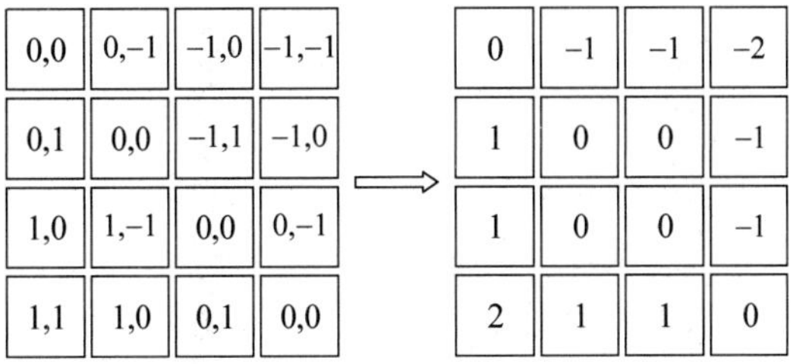

0,0	0,-1	-1,0	-1,-1
0,1	0,0	-1,1	-1,0
1,0	1,-1	0,0	0,-1
1,1	1,0	0,1	0,0

0	-1	-1	-2
1	0	0	-1
1	0	0	-1
2	1	1	0

图 10-10　Swin Transformer 相对位置坐标矩阵二维向量转换到一维向量

然而,0+0=0,1+(−1)=0,这样在计算相对位置时就会出现问题。为了解决这个问题,首先需要将二维向量的行与列的值都加上一个($M−1$)。这里的 M 指的是窗口的尺寸大小,因此,需要将二维矩阵的所有行与所有列都加上"1",如图 10-11 所示

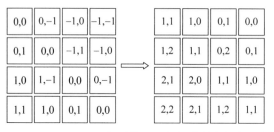

图 10-11　Swin Transformer 相对位置坐标矩阵所有行与列加($M−1$)

通过加法运算得到了一个新的矩阵,其中已经没有负数的情况了。为了更好地区分不同位置的信息编码,在行方向上乘以($2M−1$),而列方向上保持不变。这里 $M=2$,因此在行方向上都乘以"3"。这就得到了一个新的矩阵,如图 10-12 所示。

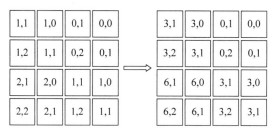

图 10-12　Swin Transformer 相对位置坐标矩阵所有行数据乘以($2M−1$)

通过以上操作,相对位置编码的信息已经相对清晰。为了将二维向量转换为一维向量,可以直接将行与列的数据相加,从而得到一个新的一维相对位置矩阵,其矩阵维度为[4,4],如图 10-13 所示。

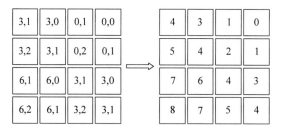

图 10-13　Swin Transformer 相对位置坐标矩阵二维矩阵转换到一维向量

当然,以上操作都是相对位置编码的索引,其程序中只需计算一次。真正用到的是一个位置编码的索引表,其表的尺寸维度为$[(2M−1)×(2M−1)]$。这里是一个一维 9 列的数据表,随机初始化。在模型的训练过程中会对此表进行训练与更新。随机初始化了一个数据表,其数据都在[0,1]之间,如图 10-14 所示。

有了随机初始化的位置编码索引表,再加上相对位置编码索引向量矩阵,就可以得到真

图 10-14 Swin Transformer 随机初始化的位置编码索引表

正的位置编码矩阵了。只需将每个索引对应的随机初始化的数据依次填充到相对位置编码矩阵中，如图 10-15 所示。

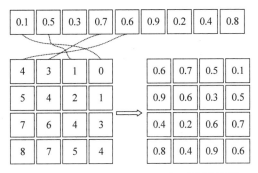

图 10-15 Swin Transformer 相对位置编码

通过以上计算，就得到了 Swin Transformer 模型的相对位置编码矩阵。当然，在真正使用时窗口尺寸维度为[7,7]，原理类似。

10.4.2 Swin Transformer 模型位置编码的代码实现

在 10.4.1 节中，大量计算用于获取位置编码的索引。这些索引用于获取相应的位置编码数据，而位置编码则会随着 Swin Transformer 模型的训练而实时更新，其实现位置编码的代码如下：

```
#第10章/10.4.2/Swin Transformer 模型位置编码的代码实现
import torch
#relative_position_index (4, 4)
window_size =[2, 2] #假设窗口 Patch 尺寸维度为[2, 2]
#relative_position_bias_table (1, 9) 随机初始化一个大小为 9 的位置编码表
relative_position_bias_table = torch.tensor([0.1,0.5,0.3,0.7,0.6,0.9,0.2,0.4,
0.8])
#创建一个大小为[0, 1]的一维张量,表示窗口的高度坐标
coords_h = torch.arange(window_size[0])
#创建一个大小为[0, 1]的一维张量,表示窗口的宽度坐标
coords_w = torch.arange(window_size[1])
#使用 meshgrid 函数生成网格坐标,并将其堆叠成一个大小为[2, 2, 2]的三维张量
coords = torch.stack(torch.meshgrid([coords_h, coords_w]))      #[2, Wh, Ww]
#将三维张量压平成一个大小为[2, 4]的二维张量
coords_flatten = torch.flatten(coords, 1)                        #[2, Wh * Ww]
#计算相对坐标,即每个坐标与其他坐标的差值,得到一个大小为[4, 4, 2]的三维张量
relative_coords = coords_flatten[:, :, None] - coords_flatten[:, None, :]#[2,Wh *
Ww,Wh * Ww]
#对三维张量的维度进行转置,使其变成[4, 4, 2]
```

```
relative_coords = relative_coords.permute(1, 2, 0).contiguous() #[Wh*Ww, Wh*Ww, 2]
#将第一维的坐标加上M-1,使其变成[0, 1, 2, 3]
relative_coords[:, :, 0] += window_size[0] - 1          #行加M-1
#将第二维的坐标加上M-1,使其变成[0, 1, 2, 3]
relative_coords[:, :, 1] += window_size[1] - 1          #列加M-1
#将第一维的坐标乘以2M-1,使其变成[0, 2M-1, 4M-2, 6M-3]
relative_coords[:, :, 0] *= 2 * window_size[1] - 1      #行乘以2M-1
#将第三维的坐标相加,得到一个大小为[4, 4]的二维张量,表示相对位置索引
relative_position_index = relative_coords.sum(-1)       #[Wh*Ww, Wh*Ww]行与列相加
#根据相对位置索引从位置编码表中查找对应的位置编码,并将其变形成一个大小为[4, 4, 9]的三
#维张量
table = relative_position_bias_table[relative_position_index.view(-1)].view(
    window_size[0]*window_size[1], window_size[0]*window_size[1], -1)
#对三维张量的维度进行转置,并在第一维上添加一个批次维度,使其变成一个大小为[1, 9, 4, 4]
#的四维张量
table = table.permute(2, 0, 1).contiguous().unsqueeze(0)
#打印位置编码与位置编码维度
print("relative_position_index", relative_position_index)
print('table',table)
```

假设窗口尺寸维度为[2,2]。首先,随机初始化了一个数据表,其长度为$(2M-1)\times(2M-1)$,在这个例子中,窗口尺寸M为2,因此表的长度为9,然后获取窗口的尺寸维度,并使用arange函数得到从0到窗口尺寸的递增序列,对于这个例子,即为[0,1]。接着,初始化绝对位置编码:(0,0),(0,1),(1,0),(1,1)。有了这些绝对位置编码,就可以计算相对位置编码了。在计算完成相对位置编码后,需要对行和列的数据进行相关运算:

(1) 将相对位置编码矩阵的行和列都加上$M-1$。因为这里窗口尺寸的维度为2,所以行和列都需要加上1。

(2) 将相对位置编码矩阵的行乘以$2M-1$,而列保持不变,因此,这里行乘以3,列保持不变。

(3) 对相对位置编码矩阵的行和列进行相加,得到最终的索引矩阵。

通过以上矩阵变形和相对位置编码的矩阵运算,得到了一个[4,4]维度的相对位置编码索引矩阵。需要注意的是,以上计算过程是计算相对位置编码矩阵的索引,而不是计算位置编码。有了这些索引,还需要根据初始化的位置编码表来计算相对位置编码。

根据索引,提取相对位置编码表中的数据,类似于一个数组,通过数组的下标来索引出数组中的数字。通过以上代码,得到了相对位置编码矩阵,其会随着模型的训练而更新。最后,可以打印出相对位置编码的索引列表及相对位置编码。可以看到,以上代码计算的相对位置编码索引列表与10.4.1节中讲解的相对位置编码索引表保持一致,最终计算的位置编码也与10.4.1节中讲解的位置编码保持一致,其输出如下:

```
relative_position_index tensor([
[4, 3, 1, 0],
```

```
    [5, 4, 2, 1],
    [7, 6, 4, 3],
    [8, 7, 5, 4]])

table tensor([[[
    [0.6000, 0.7000, 0.5000, 0.1000],
    [0.9000, 0.6000, 0.3000, 0.5000],
    [0.4000, 0.2000, 0.6000, 0.7000],
    [0.8000, 0.4000, 0.9000, 0.6000]]]])
```

10.5　Swin Transformer 模型移动窗口与掩码矩阵

在 Swin Transformer 模型中，移动窗口与掩码矩阵是其突出的特点之一。本节将深入讲解它们的运作方式。

10.5.1　Swin Transformer 模型的移动窗口

假设有一张 8×8 的输入图片。为了方便演示，并没有采用标准的 224×224 的图片，但原理相同。首先，按照 4×4 的 Patch 窗口对整张图片进行分割。这样，输入图片便被分割成了 4 个 4×4 的窗口，如图 10-16 所示。在每个小窗口中，Swin Transformer 模型计算注意力机制。完成注意力机制计算后，模型执行移动窗口操作，主要是为了促进窗口之间的数据交互。

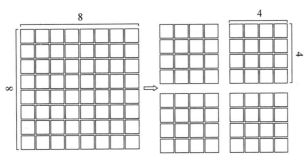

图 10-16　Swin Transformer 窗口分割示意图

在计算完窗口注意力机制后，需要将分割的窗口还原到原始位置，以便进行窗口的移动操作。为了确保窗口之间能够有效地进行交互，将整体窗口向右下方移动 2 个 Patch 尺寸，如图 10-17 所示。通常，移动窗口的距离为窗口尺寸的一半，以确保窗口重叠并且不会超出图片范围，从而避免出现窗口无法交互的情况。

窗口移动后，输入图片被分割成了 9 个窗口，如图 10-18 所示。尽管窗口之间实现了交互，但窗口数量增加了 2 倍以上，并且每个窗口的 Patch 尺寸大小各不相同，给编程和计算带来了一定挑战。这不仅没有降低计算资源的消耗，还增加了模型设计的复杂性。有没有一种方法可以在窗口移动后仍然保持窗口数量和 Patch 尺寸的一致性呢？

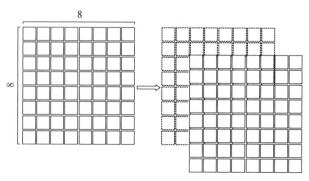

图 10-17　Swin Transformer 移动窗口示意图

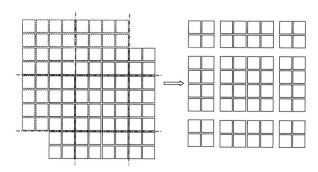

图 10-18　Swin Transformer 移动窗口分割示意图

　　为了更容易理解,使用字母"A～I"标记这 9 个窗口。为了保持窗口一致性,首先将"A B C"3 个窗口移动到图片的最下方,如图 10-19 所示。

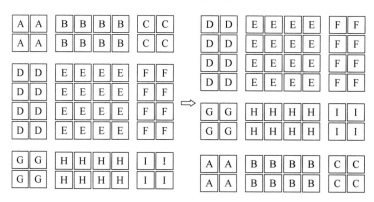

图 10-19　Swin Transformer ABC 窗口移动示意图

　　然后将"D G A"3 个窗口再次移动到图片的最右边。通过这样的窗口移动,重新将"F D""H B""I G C A"几个窗口合并成一个窗口,如图 10-20 所示。这样,图片仍然被分割成了 4 个窗口,保持了窗口数量和每个窗口 Patch 数量的一致性,确保不会因为窗口移动而增加计算复杂度。

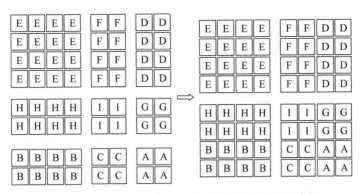

图 10-20 Swin Transformer 窗口移动重新分割示意图

10.5.2 Swin Transformer 模型的掩码矩阵

如图 10-21 所示，与原始图片对比可以发现，"E"窗口之间的数据是由原始 4 个相邻窗口的数据组成的，其注意力机制计算充分地进行了窗口与窗口之间的数据交互，但是，"F D"窗口、"H B"窗口及"I G C A"窗口并不是原图片中相邻的窗口。在这样的情况下，在计算注意力机制时就没有太大意义。为了解决这个问题，Swin Transformer 模型采用了掩码矩阵的概念，对不相邻的窗口进行掩码，避免重新计算，大大地降低了计算复杂度。

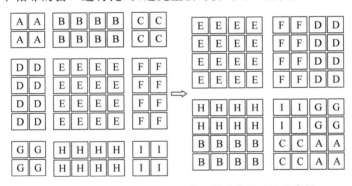

图 10-21 Swin Transformer 窗口移动前后对比示意图

话说回来，Swin Transformer 模型为了解决不相邻窗口之间的注意力机制的计算问题，也同样采用了掩码矩阵。为了更加容易演示，这里从每个移动窗口中挑选 4 个 Patch 重新组成一个新的移动窗口，如图 10-22 所示。

首先考虑"E"窗口，为了计算注意力机制，需要将"E"窗口展平成一个列向量和一个行向量，然后根据矩阵乘法的规则，计算每列向量与每行向量之间的注意力机制。由于"E"窗口中的每个 Patch 都来自相邻窗的数据，因此在计算注意力机制后，每个 Patch 之间的数据都是"EE"(表示来自相邻窗口)，不需要使用掩码矩阵，如图 10-23 所示。

接下来考虑"F D"窗口，同样将窗口展平成列向量和行向量，然后计算每列向量与每行向量之间的注意力机制。相同字母表示相邻窗口的数据，而不同字母表示不相邻窗口的数

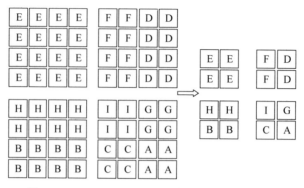

图 10-22　Swin Transformer 移动窗口简化示意图

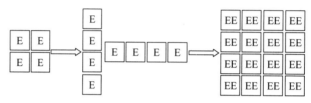

图 10-23　Swin Transformer"E"窗口计算注意力机制示意图

据,例如,"F"窗口与"F"窗口之间的注意力机制计算时使用"FF"窗口,而"F"窗口与"D"窗口之间的注意力机制计算时使用"FD"窗口。由于来自不相邻窗口的数据,计算注意力机制就没有意义,因此需要使用掩码矩阵。按照这样的方式计算所有窗口之间的注意力机制,可以得到"FF""FD""DD"和"DF"4 种不同窗口数据,但是"FD"和"DF"来自不相邻窗口的数据,因此需要添加掩码矩阵,如图 10-24 所示。

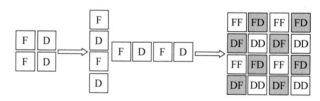

图 10-24　Swin Transformer"F"与"D"窗口计算注意力机制示意图

同样的方法应用于"H B"窗口,将窗口展平成列向量和行向量,然后计算每列向量与每行向量之间的注意力机制,得到"HH""HB""BH"和"BB"4 种不同窗口数据,其中"HB"和"BH"的地方需要添加掩码矩阵,如图 10-25 所示。

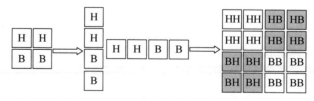

图 10-25　Swin Transformer"H"与"B"窗口计算注意力机制示意图

最后考虑"I G C A"窗口,将窗口展平成列向量和行向量,然后计算每列向量与每行向量之间的注意力机制,得到"II""IG""IC""IA""GI""GG""GC""GA""CI""CG""CC""CA""AI""AG""AC"和"AA"共16种不同窗口数据,其中不同字母的地方需要添加掩码矩阵,如图10-26所示。

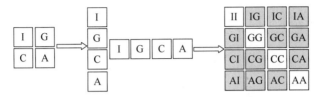

图 10-26　Swin Transformer "I G C A"窗口计算注意力机制示意图

以上是 Swin Transformer 模型掩码矩阵的计算方式。需要注意的是,为了方便演示,这里对图片尺寸进行了相应缩减。在真实场景中,图片尺寸通常为 224×224,在移动窗口后,需要添加掩码的窗口主要集中在图片的最下方和最右方。

10.5.3　Swin Transformer 模型移动窗口的代码实现

Swin Transformer 模型采用移动窗口的概念来加速度计算,并建立窗口与窗口之间的联系,其移动窗口的代码如下:

```
#第10章/10.5.3/Swin Transformer 模型移动窗口的代码实现
import matplotlib.pyplot as plt
import numpy as np
import torch
window_size = 2                          #窗口尺寸
shift_size =1                            #移动距离
H, W =4, 4                               #图片尺寸
#创建一个大小为[1, H, W, 1]的全零张量,用于存储移动窗口的标记
img_mask = torch.zeros((1, H, W, 1))    #[1 H W 1]
#定义 3 个切片,用于在垂直方向上移动窗口
h_slices = (slice(0, -window_size), slice(-window_size, -shift_size), slice
(-shift_size, None))
#定义 3 个切片,用于在水平方向上移动窗口
w_slices = (slice(0, -window_size), slice(-window_size, -shift_size), slice
(-shift_size, None))
cnt = 0                                  #初始化计数器,用于记录移动窗口的序号
for h in h_slices:                       #遍历垂直方向上的切片
    for w in w_slices:                   #遍历水平方向上的切片
        img_mask[:, h, w, :] = cnt       #将当前移动窗口的序号赋值给张量中对应位置的元素
        cnt += 1
#显示图像
plt.matshow(img_mask[0, :, :, 0].NumPy(), cmap='coolwarm')
#为窗口添加字母标记
for i in range(H //shift_size):
    for j in range(W //shift_size):
```

```
        plt.text(j *shift_size, i *shift_size, chr(ord('A') + i *(W //shift_size)
+ j), ha='center', va='center', color='w', fontsize=14)
plt.xticks([]), plt.yticks([])
plt.show()
```

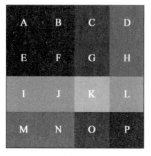

图 10-27 Swin Transformer 移动窗口
代码执行可视化示意图

首先,将窗口的尺寸定义为2,将移动窗口的距离定义为1,将图片尺寸定义为[4,4]。通过创建一个大小为[1,H,W,1]的全零张量来存储移动窗口的标记,并定义了两个切片,用于在水平与垂直方向上移动窗口,然后通过 for 循环函数来移动窗口,从左上角开始移动,每移动一步,就将当前窗口的序号赋值给张量中对应位置的元素。最终,使用 Matplotlib 库将张量转换为图像进行可视化。代码执行完成后如图 10-27 所示。

10.5.4 Swin Transformer 模型掩码矩阵的代码实现

如图 10-27 所示,窗口经过移动后,需要添加掩码矩阵以避免增加计算资源,其掩码矩阵代码需要借用移动窗口的代码,代码如下:

```
#第 10 章/10.5.4/Swin Transformer 模型掩码矩阵的代码实现
import matplotlib.pyplot as plt
import numpy as np
import torch
window_size = 2                        #窗口尺寸
shift_size =1                          #移动距离
H, W =4,4                              #图片尺寸
#创建一个大小为[1, H, W, 1]的全零张量,用于存储移动窗口的标记
img_mask = torch.zeros((1, H, W, 1))    #[1 H W 1]
#定义 3 个切片,用于在垂直方向上移动窗口
h_slices = (slice(0, -window_size), slice(-window_size, -shift_size), slice
(-shift_size, None))
#定义 3 个切片,用于在水平方向上移动窗口
w_slices = (slice(0, -window_size), slice(-window_size, -shift_size), slice
(-shift_size, None))
cnt = 0                                #初始化计数器,用于记录移动窗口的序号
for h in h_slices:                     #遍历垂直方向上的切片
    for w in w_slices:                 #遍历水平方向上的切片
        img_mask[:, h, w, :] = cnt     #将当前移动窗口的序号赋值给张量中对应位置的元素
        cnt += 1
#定义一个函数,用于对输入的特征图按照窗口大小进行分块
def window_partition(x, window_size):
#获取输入特征图的形状,其中 B 表示批次大小,H 表示高度,W 表示宽度,C 表示通道数
B, H, W, C = x.shape
```

```
#改变输入特征图的形状,将其分成多个窗口,每个窗口的大小为
#window_size × window_size,并将通道数 C 保留在最后一维
  x = x.view(B, H //window_size, window_size, W //window_size, window_size, C)
#对分块后的特征图进行转置,使其形状为
#(B, H/window_size, W/window_size, window_size, window_size, C)
#然后将其转换为连续的内存布局,并将其形状改变为
#(B × H/window_size × W/window_size, window_size, window_size, C),表示多个窗口的
#集合
    windows = x.permute(0, 1, 3, 2, 4, 5).contiguous().view(-1, window_size,
window_size, C)
      return windows
#对掩码图像按照窗口大小进行分块,得到多个窗口的掩码
mask_windows = window_partition(img_mask, window_size)
#对多个窗口的掩码进行平坦化,使其形状为
#(B × H/window_size × W/window_size, window_size × window_size)
mask_windows = mask_windows.view(-1, window_size *window_size)
#计算自注意力掩码矩阵,使用广播机制将平坦化后的窗口掩码扩展到三维张量
#并计算任意两个位置之间的相对位置关系
attn_mask = mask_windows.unsqueeze(1) - mask_windows.unsqueeze(2)
#将自注意力掩码矩阵中的非零元素设置为一个很小的负数
#表示这些位置不应该被注意力机制考虑,将零元素设置为 0
#表示这些位置可以被注意力机制考虑
attn_mask = attn_mask.masked_fill(attn_mask != 0, float(-100.0)).masked_fill
(attn_mask == 0, float(0.0))
#打印掩码矩阵与掩码矩阵的形状
print('attn_mask', attn_mask) #[H *W/window_size^2, window_size^2, window_size^2]
print('attn_mask', attn_mask.shape)    #[4, 4, 4]
#显示图像
num_subplots = int(np.sqrt(attn_mask.shape[0]))
fig, axs = plt.subplots(num_subplots, num_subplots, figsize=(10, 10))
for i in range(attn_mask.shape[0]):
    row = i //num_subplots
    col = i % num_subplots
    ax = axs[row, col]
    im = ax.matshow(attn_mask[i].NumPy(), cmap='coolwarm')
    for j in range(attn_mask.shape[1]):
        for k in range(attn_mask.shape[2]):
            if attn_mask[i, j, k] == 0:
                ax.text(k, j, chr(ord('A') + i), ha='center', va='center', color=
'w', fontsize=14)
    ax.set_xticks([])
    ax.set_yticks([])
plt.show()
```

　　首先定义了一个窗口分割函数,接受两个参数：需要分割的窗口和窗口的尺寸。这个函数的目的是将移动后的窗口分割成多个小窗口,并重新塑形,以便用于计算注意力掩码矩阵。通过扩展维度和相减的方式,得到了每个窗口内的像素与其他像素的相对位置,方便计算掩码矩阵。非零值表示不是相邻的窗口,需要添加掩码矩阵,因此将其替换为负100,而

相对位置为 0 表示是相邻的窗口,不需要添加掩码矩阵,因此将其设置为 0。这样,在计算注意力机制时,需要重点考虑相对位置为 0 的地方,而非零位置则不需要考虑。

最后,打印注意力掩码及掩码矩阵的形状,可以看到掩码矩阵由 0 和负 100 组成,非零位置表示需要掩码的地方,其形状与 10.5.2 节介绍的掩码矩阵示意图一致,输出如下:

```
attn_mask tensor([[
[  0.,    0.,    0.,    0.],
[  0.,    0.,    0.,    0.],
[  0.,    0.,    0.,    0.],
[  0.,    0.,    0.,    0.]],

[[  0., -100.,    0., -100.],
[-100.,    0., -100.,    0.],
[  0., -100.,    0., -100.],
[-100.,    0., -100.,    0.]],

[[  0.,    0., -100., -100.],
[  0.,    0., -100., -100.],
[-100., -100.,    0.,    0.],
[-100., -100.,    0.,    0.]],

[[  0., -100., -100., -100.],
[-100.,    0., -100., -100.],
[-100., -100.,    0., -100.],
[-100., -100., -100.,    0.]]])
attn_mask torch.Size([4, 4, 4])
```

通过添加自注意力掩码矩阵,Swin Transformer 模型在计算自注意力时避免了考虑不应该考虑的位置,从而降低了计算复杂度。模型更加关注相邻窗口之间的注意力,避免了关注不相邻窗口的注意力,有效地提高了计算速度。为了方便可视化,最后可以使用 matplotlib 函数可视化其 4 个窗口的掩码矩阵,运行代码可视化如图 10-28 所示(有字母处是相邻窗口,不需要掩码矩阵,而其他地方,则需要掩码矩阵)。

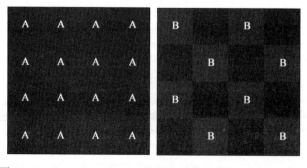

图 10-28　Swin Transformer 掩码矩阵代码执行可视化示意图

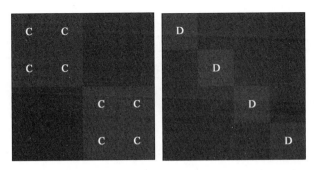

图 10-28　（续）

10.6　Swin Transformer 模型窗口注意力与移动窗口注意力

Swin Transformer 模型创新地使用了窗口和移动窗口注意力机制。从公式 10-1 可以看出，除了在计算完成注意力机制后添加了位置编码外，其余部分与标准 Transformer 模型完全一致。本章将重点介绍其代码实现过程，以及注意力机制的原理，读者可参考本书第一部分关于 Transformer 模型的讲解。

10.6.1　Swin Transformer 模型窗口注意力机制代码

Swin Transformer 模型的注意力机制与标准 Transformer 模型类似，其代码实现也有相似之处，代码如下：

```
#第 10 章/10.6.1/Swin Transformer 模型窗口注意力机制代码
#输入图片数据需要经过窗口分割，分割成 64 个窗口
#将分块后的输入特征矩阵平坦成一个形状为 (64, 49, 96) 的矩阵
#其中 64 是批次大小，49 是每个窗口的特征数量，96 是每个特征的维度
x_windows = windows_partition.view(-1, window_size *window_size, 96)    #[64, 49, 96]
#新建窗口注意力机制函数
class WindowAttention(nn.Module):
    def __init__(self, dim, window_size, num_heads, qkv_bias=True, qk_scale=None,
attn_drop=0., proj_drop=0.):
        super().__init__()
        self.dim = dim                              #96 Patch Embedding 维度
        self.window_size = window_size              #[7,7] 窗口尺寸维度
        self.num_heads = num_heads                  #3 多头注意力机制头数
        head_dim = dim //num_heads                  #32 每个头的 Embedding 维度
        self.scale = qk_scale or head_dim ** -0.5   #注意力机制的缩放系数

        #如下是位置编码部分
        self.relative_position_bias_table = nn.Parameter(
            torch.zeros((2 *window_size[0] - 1) * (2 *window_size[1] - 1), num_heads))
    #[169, 3]
```

```
        coords_h = torch.arange(self.window_size[0])
        coords_w = torch.arange(self.window_size[1])
        coords = torch.stack(torch.meshgrid([coords_h, coords_w]))     #[2, 7, 7]
        coords_flatten = torch.flatten(coords, 1)                      #[2, 7*7]
        relative_coords = coords_flatten[:, :, None] - coords_flatten[:, None, :]
#[2, 7*7, 7*7]
        relative_coords = relative_coords.permute(1, 2, 0).contiguous()
#[7*7, 7*7, 2]
        relative_coords[:, :, 0] += self.window_size[0] - 1
        relative_coords[:, :, 1] += self.window_size[1] - 1
        relative_coords[:, :, 0] *= 2 * self.window_size[1] - 1
        relative_position_index = relative_coords.sum(-1)
        #[49,49][7*7,7*7]
        #把位置编码保存下来
        self.register_buffer("relative_position_index", relative_position_index)
        #定义一个线性层，用于将输入特征映射到QKV空间
        self.qkv = nn.Linear(dim, dim * 3, bias=qkv_bias) #{96,96*3}
        #定义一个DropOut层，用于在注意力机制的输出上添加随机性
        self.attn_drop = nn.DropOut(attn_drop)
        self.proj = nn.Linear(dim, dim)
        self.proj_drop = nn.DropOut(proj_drop)
        trunc_normal_(self.relative_position_bias_table, std=.02)
        self.softmax = nn.Softmax(dim=-1)


    def forward(self, x, mask=None):
        #x: input features with shape of (num_windows *B, N, C) [64,49,96]
        #mask: (0/-inf) mask with shape of (num_windows, Wh *Ww, Wh *Ww) or None
        #[64,49,49]
        #获取输入特征矩阵的形状
        B_, N, C = x.shape                          #[64, 49, 96]
        #qkv [3, 64, 3, 49, 32]
        #将输入特征映射到QKV空间，并进行分头操作
        qkv = self.qkv(x).reshape(B_, N, 3, self.num_heads, C //self.num_heads).
permute(2, 0, 3, 1, 4)
        #分别获取Q、K、V矩阵
        q, k, v = qkv[0], qkv[1], qkv[2]            #[64, 3, 49, 32] 3 head
        #对Q矩阵进行缩放操作
        q = q *self.scale
        #计算注意力权重
        attn = (q @k.transpose(-2, -1))            #[64, 3, 49, 49]
        #根据相对位置索引获取相应的位置偏置
        relative_position_bias = self.relative_position_bias_table[self.relative_
position_index.view(-1)].view(
            self.window_size[0] * self.window_size[1], self.window_size[0] *self.
window_size[1], -1)                                 #[49,49,3]
        relative_position_bias = relative_position_bias.permute(2, 0, 1).
contiguous()                                        #[3,49,49]
        #将位置偏置添加到注意力权重上
        attn = attn + relative_position_bias.unsqueeze(0)   #[64, 3, 49, 49]
```

```
                   #若存在 Mask 操作,则需要考虑移动窗口注意力机制
                   if mask is not None:                      #shift window attention
                       nW = mask.shape[0]
                       attn = attn.view(B_ //nW, nW, self.num_heads, N, N) + mask.unsqueeze
(1).unsqueeze(0)
                       attn = attn.view(-1, self.num_heads, N, N)
                       attn = self.softmax(attn)             #[64, 3, 49, 49]
                   else:
               #计算注意力权重的 Softmax 值
                       attn = self.softmax(attn)             #[64, 3, 49, 49]
                   #添加 DropOut 操作
                   attn = self.attn_drop(attn)               #[64, 3, 49, 49]
                   #[64, 3, 49, 32] >> [64, 49, 3, 32] >> [64, 49, 96]
                   #将注意力权重与 V 矩阵相乘
                   x = (attn @v).transpose(1, 2).reshape(B_, N, C)  #[64, 49, 96]
                   #将注意力机制的输出映射回原始特征空间
                   x = self.proj(x)                          #[64, 49, 96]
                   x = self.proj_drop(x)                     #[64, 49, 96]
                   return x                                  #[64, 49, 96]

num_heads = 3                                      #注意力机制多头注意力机制头数
#初始化一个 WindowAttention 对象
Window_Attention = WindowAttention(96, [7,7], num_heads)
#将分块后的输入特征矩阵输入 WindowAttention 中,得到注意力机制的输出
attn_windows = Window_Attention(x_windows)         #[64, 49, 96]
print('attn_windows',attn_windows)                 #[64, 49, 96] 打印注意力机制的输出
print('attn_windows',attn_windows.shape)           #[64, 49, 96] 打印注意力机制的输出形状
#计算完成注意力机制后,还需要把分割后的窗口复原,以便进行后期的移动窗口操作
attn_windows = attn_windows.view(-1, window_size, window_size, 96)  #[64, 7, 7, 96]
win_reverse = window_reverse(attn_windows,window_size,56,56)        #[1, 56, 56, 96]
win_reshape = win_reverse.view(1,56*56,96)                         #[1, 56*56, 96]
```

首先创建一个窗口注意力机制的类函数,在初始化部分定义了几个超参数:

(1) Patch 的通道维度,定义为 96。

(2) 窗口大小,每个窗口的尺寸为 7×7。

(3) 多头的维度,默认值为 3。

(4) 缩放系数,注意力机制计算时的缩放系数。

(5) self.qkv 线性变换函数,用于计算 Q、K、V 三矩阵。

(6) self.proj 线性变换函数,用于多头注意力机制后的线性变换。

接下来的代码(10～23 行)是位置编码的计算过程。这里需要注意的是,计算的是相对位置编码的索引,得到索引后,就可以根据索引得到位置编码。

定义好初始化函数后,编写实现函数部分。该函数接受两个参数:被分割后的图片窗口数据和掩码矩阵(可省略)。首先获取了输入矩阵的形状,其维度为[64,49,96],根据输入矩阵计算了 Q、K、V 三矩阵。每个矩阵的维度都是[64,3,49,32],其中各数值所表示的意义如下:

（1）3 代表多头注意力机制的头数。

（2）64 表示图片被分割后的 64 个窗口。

（3）49 表示每个窗口有 49 个 Patch。

（4）32 表示多头注意力机制每个头的维度。

有了 Q、K、V 三矩阵，就可以根据注意力机制的公式计算注意力矩阵，然后计算位置编码，并将其与注意力矩阵相加，得到最终的注意力矩阵。在判断是否需要进行掩码操作后，进行了一次 Softmax 操作和一次 DropOut 操作。这些操作并不会改变矩阵的维度，此时矩阵的维度仍为[64,3,49,49]。

最后，将结果乘以 V 矩阵，并将多头的维度合并。此时矩阵的维度恢复到了原始数据的维度，因为注意力机制的计算并不会改变数据的维度，所以此时的矩阵维度为[64,49,96]。初始化窗口注意力机制函数，并将原始数据传递给注意力机制函数进行计算。经过注意力机制计算后的数据及数据维度保持不变，仍为[64,49,96]，其输出如下：

```
attn_windows
tensor([[[-0.1096, -0.1338, -0.0381, ..., -0.0621, 0.2443, -0.1085],
        [-0.1098, -0.1338, -0.0381, ..., -0.0620, 0.2445, -0.1084],
        [-0.1098, -0.1339, -0.0381, ..., -0.0621, 0.2444, -0.1084],
        ...,
        ...,
        [-0.1630, -0.1240, -0.0350, ..., -0.0829, 0.2917, -0.0972],
        [-0.1630, -0.1241, -0.0349, ..., -0.0828, 0.2918, -0.0972],
        [-0.1631, -0.1240, -0.0348, ..., -0.0826, 0.2918, -0.0973]]],
attn_windows torch.Size([64, 49, 96])
```

经过窗口注意力机制的计算后，还需要对分割后的窗口进行窗口还原，这里还原后的窗口尺寸维度为[1,56×56,96]。得到还原后的窗口后，就可以执行移动窗口及移动窗口的注意力机制的计算了。

10.6.2 Swin Transformer 模型移动窗口注意力机制代码

如图 10-2 所示，Swin Transformer 模型的每个阶段包含了两个注意力机制的计算：一个是窗口注意力机制，另一个是移动窗口注意力机制。

其移动窗口注意力机制的代码如下：

```
#第 10 章/10.6.2/Swin Transformer 模型移动窗口注意力机制代码
B = 1
C = 96
H = W = 56
#完成窗口注意力机制计算后，需要把分割的窗口重新复原
win_reverse = window_reverse(attn_windows,window_size,56,56)    #[1,56, 56, 96]
win_reshape = win_reverse.view(1,56*56,96)                       #[1, 56*56, 96]
xx = win_reshape.view(B, H, W, C)                                #[1, 56, 56, 96]
#计算掩码矩阵   #nW, window_size, window_size, 1
```

```
mask_windows = window_partition(img_mask, window_size)
mask_windows = mask_windows.view(-1, window_size *window_size)
attn_mask = mask_windows.unsqueeze(1) - mask_windows.unsqueeze(2)
attn_mask = attn_mask.masked_fill(attn_mask !=0, float (-100.0)).masked_fill
(attn_mask ==0, float(0.0))
#attn_mask torch.Size([64, 49, 49])
#计算移动窗口
shifted_x = torch.roll(xx, shifts=(-shift_size, -shift_size), dims=(1, 2))
#[1, 56, 56, 96]
#对移动窗口重新进行分割
shifted_x_windows = window_partition(shifted_x, window_size)    #[64, 7, 7, 96]
shifted_x_windows = shifted_x_windows.view(-1, window_size *window_size, 96)
#[64, 49, 96]
#计算移动窗口注意力机制
shifted_x_windows_aten = Window_Attention(shifted_x_windows, attn_mask)
#[64, 49, 96]
#shifted_x_windows_aten                                         #[64, 7, 7, 96]
#重新把移动后的窗口复原
shifted_x_windows_aten = shifted_x_windows_aten.view(-1, window_size, window_
size, 96)
shift_win_reverse = window_reverse(shifted_x_windows_aten, window_size, 56, 56)
#[1, 56, 56, 96]
shift_win_reshape = shift_win_reverse.view(1, 56*56, 96)    #[1, 56*56, 96]
#完成移动窗口计算后，第1个阶段结束后使用 Patch Merging 操作
#缩放尺寸维度，增加通道维度
patch_merger = PatchMerging_M((56, 56), 96)
patch_merger_r = patch_merger(shift_win_reshape)            #[1, 28*28, 192]
```

完成窗口注意力机制计算后，需要将分割的窗口重新复原，然后根据真实的窗口尺寸定义一个掩码窗口，并根据掩码矩阵实现代码得到一个掩码矩阵。为了得到移动窗口，可以直接使用 torch.roll 函数，让窗口整体向右下方移动3个 Patch 尺寸。移动之后的窗口尺寸维度依然保持不变。可以演示一下 torch.roll 函数的功能，首先定义一个 tensor 变量，其形状类似移动窗口后的形状，其9个窗口使用 torch.roll 函数后就会实现图 10-20 所示的移动操作，代码如下：

```
#第10章/10.6.2/Swin Transformer 模型移动窗口注意力机制代码
import torch
x = torch.tensor([
[0,0,    1,1,1,1,      2,2],
[0,0,    1,1,1,1,      2,2],

[3,3,    4,4,4,4,      5,5],
[3,3,    4,4,4,4,      5,5],
[3,3,    4,4,4,4,      5,5],
[3,3,    4,4,4,4,      5,5],

[6,6,    7,7,7,7,      8,8],
```

```
[6,6,    7,7,7,7,     8,8]])
y = torch.roll(x, shifts=(-2, -2), dims=(0, 1))
print(y)
tensor([
[4, 4, 4, 4,      5, 5, 3, 3],
[4, 4, 4, 4,      5, 5, 3, 3],
[4, 4, 4, 4,      5, 5, 3, 3],
[4, 4, 4, 4,      5, 5, 3, 3],

[7, 7, 7, 7,      8, 8, 6, 6],
[7, 7, 7, 7,      8, 8, 6, 6],
[1, 1, 1, 1,      2, 2, 0, 0],
[1, 1, 1, 1,      2, 2, 0, 0]])
```

　　得到移动窗口后,需要重新对窗口进行分割,方便进行窗口注意力机制。窗口分割完成后,其尺寸维度为$[64,7,7,96]$,然后就可以进行移动窗口注意力机制的计算了,当然这里多了一个参数 mask,这个参数是 10.5.2 节介绍的注意力机制掩码矩阵。注意力机制的计算并不会改变窗口维度,因此这里的数据维度依然保持不变。完成移动窗口的注意力机制计算后,还需要将移动后的窗口重新复原。利用 window reverse 函数将窗口复原,并将窗口维度转换到$[1,56\times56,96]$。

　　这样就完成了 Swin Transformer 模型第一阶段的全部代码。最后还需要使用 Patch Merging 操作,将图片尺寸维度缩小一半,将通道维度放大一倍。可以看到其数据维度从 $[1,56\times56,96]$被转换到$[1,28\times28,192]$。接下来就是进行下一个阶段的注意力机制的计算了,而其他阶段的计算完全与第一阶段类似,这里就不再赘述了。

10.7　Swin Transformer 模型计算复杂度

　　Vision Transformer 模型采用了全局注意力机制。若图片尺寸较大,则其计算量会成倍增加。相比之下,Swin Transformer 模型采用了窗口注意力机制的概念,将整张图片划分成一个个小窗口,在每个小窗口中进行注意力机制计算,从而大大地节省了计算资源。本章将从注意力机制的公式来估算 Swin Transformer 模型的计算复杂度,以揭示其节省资源的程度。

　　根据注意力机制的计算公式,Transformer 核心算法主要涉及矩阵的乘法,其中计算复杂度主要体现在注意力机制的公式上。忽略其他位置编码及相关加法运算,首先来看全局注意力机制的计算复杂度。

　　首先,输入矩阵 X 的维度为$[h,w,C]$,其中$[h,w]$为图片的尺寸维度,C 为图片的通道维度,即嵌入维度。若要计算注意力机制,则需要计算 Q、K、V 三个矩阵,它们等于输入矩阵 X 乘以初始化的 W_q、W_k、W_v 三个矩阵,而 W_q、W_k、W_v 矩阵的每个维度为$[C\times C]$,因此,

输入矩阵 $\boldsymbol{X}$ 与 $\boldsymbol{W}_q$ 矩阵相乘得到 $\boldsymbol{Q}$ 矩阵，其计算复杂度为$[h\times w\times C^2]$。同样地，$\boldsymbol{K}$、$\boldsymbol{V}$ 矩阵的计算过程与 $\boldsymbol{Q}$ 矩阵相同，其计算复杂度也为$[h\times w\times C^2]$。这样得到 $\boldsymbol{Q}$、$\boldsymbol{K}$、$\boldsymbol{V}$ 三个矩阵的计算过程，整体计算复杂度为 $3[h\times w\times C^2]$，而 $\boldsymbol{Q}$、$\boldsymbol{K}$、$\boldsymbol{V}$ 三个矩阵的维度仍然是$[h,w,C]$，如图 10-29 所示。

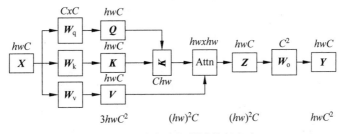

图 10-29　注意力机制计算复杂度

得到 $\boldsymbol{Q}$、$\boldsymbol{K}$、$\boldsymbol{V}$ 三个矩阵后，就可以根据注意力机制来计算注意力了。首先，$\boldsymbol{Q}$ 矩阵乘以 $\boldsymbol{K}$ 矩阵的转置，得到注意力矩阵，其注意力矩阵的维度为$[h\times w,h\times w]$，计算复杂度为 $[(h\times w)^2\times C]$。得到注意力矩阵后，还需要再乘以 $\boldsymbol{V}$ 矩阵，最终得到注意力机制的矩阵 $\boldsymbol{Z}$，其维度依然是$[h,w,C]$，计算复杂度为$[(h\times w)^2\times C]$。由于使用的是多头注意力机制，所以得到最终的注意力机制 $\boldsymbol{Z}$ 后，还需要再乘以一个 $\boldsymbol{W}_o$ 矩阵，其维度为$[C\times C]$，两个矩阵相乘后，得到最终的输出矩阵 $\boldsymbol{Y}$，其维度依然是$[h,w,C]$，计算复杂度为$[h\times w\times C^2]$。经过以上过程后，得到了最终的输出矩阵 $\boldsymbol{Y}$，其整个过程的计算复杂度如式(10-2)所示。

$$4hwC^2 + 2(hw)^2C \tag{10-2}$$

Swin Transformer 模型采用的是窗口注意力机制，每个窗口的 Patch 数量为$[M\times M]$，因此每个窗口的计算复杂度可以直接代入式(10-2)得到其计算复杂度，如式(10-3)所示。

$$4MMC^2 + 2(MM)^2C \tag{10-3}$$

而图片的尺寸维度为$[h,w]$，那么整张图片共有$[(h/M)\times(w/M)]$个窗口，所有窗口的计算复杂度可以代入式(10-3)计算得到，如式(10-4)所示。

$$4hwC^2 + 2M^2hwC \tag{10-4}$$

对比式(10-2)与式(10-4)，其注意力机制计算复杂度主要体现在加法后面，两个公式做除法可以得到两个注意力机制计算复杂度的对比：

$$\frac{2(hw)^2C}{2M^2hwC} = \frac{hw}{M^2} \tag{10-5}$$

这里与全局注意力的区别在于，全局注意力机制是$[h\times w]$，而窗口注意力机制是$[M\times M]$，例如，图片尺寸为 224×224，而 Swin Transformer 模型每个窗口的 Patch 尺寸为 7×7。这样对比，其计算复杂度增加了 900 多倍。对于大型模型来讲，计算复杂度增加一倍就会带来更大的计算成本，更不用说增加了 900 多倍的计算成本。当然，以上计算过程只是一次注意力机制的计算复杂度，其随着模型的堆叠也会成倍增加。

10.8　本章总结

　　虽然 Vision Transformer 模型成功地将注意力机制应用于计算机视觉任务,但采用全局注意力机制的算法势必会消耗大量的计算资源。相比之下,Swin Transformer 模型采用了窗口注意力机制,成功地降低了计算复杂度。本章基于 Swin Transformer 模型的框架,详细地介绍了相关的基础知识。

　　首先,介绍了 Swin Transformer 的模型框架,包括模型的输入、输出及结构等,其次,详细地介绍了窗口注意力机制与移动窗口注意力机制,这是 Swin Transformer 的核心创新之一。窗口注意力机制通过在局部窗口内计算注意力来减少计算量,从而实现高效计算。移动窗口注意力机制则通过在不同的窗口之间移动注意力来扩大接受野,提高模型的表示能力。进一步地介绍了窗口分割与窗口复原的过程,这是窗口注意力机制的基础。

　　接着,介绍了 Patch Embedding 和 Patch Merging 的过程。Patch Embedding 将输入图像分割成多个 Patch,然后将每个 Patch 映射到一个向量空间中,实现图像到序列的转换。Patch Merging 是模型卷积神经网络操作,将尺寸维度缩小一半,将通道维度放大一倍。这两个过程在 Swin Transformer 中非常重要,它们实现了在不同层次上对图像进行不同粒度的表示。

　　位置编码是为了让模型能够理解序列中元素的位置信息,从而更好地理解序列的语义信息。Swin Transformer 使用了一种相对位置编码的方法,通过计算元素之间的相对位置来实现对位置信息的编码。

　　最后,通过对比全局注意力机制与窗口注意力机制的计算复杂度,阐述了两者之间的差异。在相同的图片尺寸下(224×224),全局注意力机制的计算复杂度是窗口注意力机制的900多倍。

　　本章通过代码实现了上述知识,使读者可以更好地理解 Swin Transformer 的工作原理。通过代码实现,读者可以更直观地了解 Swin Transformer 的各部分是如何工作的。也可以进行实验和调试,以提高模型的性能。

Transformer模型进阶篇

CNN＋Transformer 视觉模型：DETR 模型

11.1　DETR 模型

卷积神经网络一直是计算机视觉领域的主要算法,随着 Transformer 模型注意力机制成功地被应用到计算机视觉任务上,此领域就增加了一个核心计算算法。既然两个算法都有强大的能力,是否可以把两个算法结合起来,执行更多的视觉任务呢?

DETR(Detection Transformer)是一种由 Facebook AI Research(FAIR)在 2020 年提出的端到端目标检测模型,最初在论文 *End-to-End Object Detection with Transformers* 中提出。与传统的目标检测方法(如 Faster R-CNN、YOLO)不同,DETR 采用了全新的思路,将目标检测问题转换为一个序列到序列的问题,通过 Transformer 模型实现目标检测和目标分类的联合训练。

11.1.1　DETR 模型框架

DETR 模型结构主要包括四部分:卷积神经网络提取层、编码器层、解码器层、预测输出层,如图 11-1 所示。

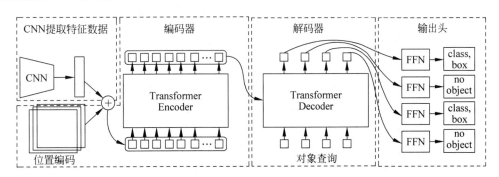

图 11-1　DETR 模型结构

卷积神经网络特征提取层:DETR 使用了一个卷积神经网络(如 ResNet-50 或 ResNet-101)作为特征提取网络,用于提取图像特征。卷积神经网络接收图像作为输入,并生成一张特征图,其中每个特征向量代表图像中的一个区域。当然特征图还需要添加位置编码,以便模型可以定位图片的相对位置。

Transformer 编码器:Transformer 编码器接收卷积神经网络特征提取层生成的特征图作为输入,并生成编码器特征图数据,该特征图数据包含图像中物体的表示。在 Transformer 编码器中,使用了多头自注意力机制,并在每个自注意力层中添加了空间位置编码,以帮助模型理解输入特征的空间位置信息。

Transformer 解码器:Transformer 解码器接收初始化为 0 的 Q 向量、对象查询向量和编码器特征数据,并通过注意力机制与编码器特征数据进行交互,以生成最终的预测结果。在解码器中,使用了多个解码器层,每个解码器层包含一个自注意力子层和一个解码器-编码器交叉注意力子层。在自注意力子层中,输入查询矩阵 Q 与自身进行注意力运算,以生成新的查询矩阵。在解码器-编码器交叉注意力子层中,新的查询矩阵与编码器特征图数据 (K、V) 进行注意力运算,以生成最终的预测结果。

预测输出层:预测输出层是通过一个多层的前馈神经网络与 Softmax 函数预测出对象的边界框与对象类别标签。在 DETR 模型中,由于预测的是固定数量的 N 个边界框,而实际图像中的对象数量通常远小于 N,因此引入了一个特殊的类别标签"ø"来表示某个边界框内没有检测到对象。此外,DETR 模型的输出层还使用了 Softmax 函数来预测类别标签。Softmax 函数将网络学习到的特征映射到类别概率分布上,使最终的预测结果具有明确的类别标签。

11.1.2 DETR 模型的 Transformer 框架

DETR 模型使用了标准的 Transformer 模型框架,包含编码器与解码器两部分,如图 11-2 所示。

编码器输入的是经过卷积神经网络后的特征图,特征图首先经过一个 1×1 的卷积核对卷积神经网络的特征图进行维度降维,并把空间特征图转换到单维度数据,这样的序列数据就可以传递给 Transformer 模型的编码器进行注意力机制的计算了。DETR 模型的位置编码只添加在 Q、K 矩阵上,并未添加到 V 矩阵上。标准的 Transformer 模型是输入序列添加上位置编码后统一生成 Q、K、V 三矩阵,并且位置编码只添加在输入特征序列上,而 DETR 模型的位置编码被添加到了每个注意力层的输入中。

解码器接收一个固定数量的学习位置嵌入作为输入,这些嵌入被称为对象查询。这些对象查询在模型的训练过程中是学习的参数,它们不直接来自图像的标签或对象框。相反,它们被设计为捕获图像中可能存在的对象的潜在表示。在解码过程中,每个对象查询与编码器输出的特征向量进行交互,以生成一个关于潜在对象的预测。这个预测包括对象的类别、边界框位置和对象特征向量。通过优化模型的损失函数,模型可以学会生成与真实对象相对应的对象查询。通过最后的输出层,便可以成功地预测出对象的标签类别与对象框。对象查询被添加到每层的注意力机制层(自注意力机制 Q、K 矩阵,交叉注意力机制 Q 矩阵),而位置编码被添加到每层的交叉注意力机制 Q 矩阵中。

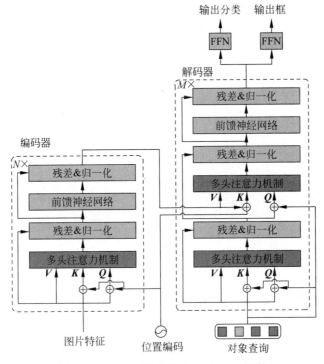

图 11-2　DETR 模型的 Transformer 结构

11.2　DETR 模型的代码实现

PyTorch 是一个开源的机器学习库，用于深度学习研究和开发。它由 Facebook 的人工智能研究院开发并维护。PyTorch 提供了一个与 NumPy 类似的 Tensor 计算库，以及一个用于构建和训练神经网络的深度学习框架。PyTorch 集成了多个模型的代码搭建库，可以使用 PyTorch 提供的函数库快速搭建模型。

11.2.1　DETR 模型搭建

DETR 模型搭建的代码如下：

```
#第 11 章/11.2.1/DETR 模型搭建的代码
from PIL import Image
import requests
import matplotlib.pyplot as plt
import torch
from torch import nn
from torchvision.models import resnet50
import torchvision.transforms as T
torch.set_grad_enabled(False);
```

```python
class DETR(nn.Module):
    def __init__(self, num_classes, hidden_dim=256, nheads=8,
                 num_encoder_layers=6, num_decoder_layers=6):
        super().__init__()
        #创建 ResNet-50 主干网络
        self.backbone = resnet50()
        #删除 ResNet-50 的全连接层
        del self.backbone.fc
        #创建转换层,用于将特征通道数从 2048 转换为 256
        self.conv = nn.Conv2d(2048, hidden_dim, 1)

        #创建默认的 PyTorch Transformer 模型
        self.transformer = nn.Transformer(
            hidden_dim, nheads, num_encoder_layers, num_decoder_layers)
        #创建预测头,用于预测类别和边界框,多出一个类别用于预测非对象类别
        self.linear_class = nn.Linear(hidden_dim, num_classes + 1)
        #创建输出框
        self.linear_bbox = nn.Linear(hidden_dim, 4)
        #输出位置编码(对象查询),默认为 100 个
        self.query_pos = nn.Parameter(torch.rand(100, hidden_dim))
        #空间位置编码
        self.row_embed = nn.Parameter(torch.rand(50, hidden_dim //2))
        self.col_embed = nn.Parameter(torch.rand(50, hidden_dim //2))
    def forward(self, inputs):
        #将输入图像通过 ResNet-50 的第 1 个卷积层进行下采样和特征提取
        x = self.backbone.conv1(inputs)
        x = self.backbone.bn1(x)                #将特征图通过批量标准化层进行标准化
        x = self.backbone.relu(x)               #将特征图通过 ReLU 激活函数进行非线性变换
        x = self.backbone.maxpool(x)            #将特征图通过最大池化层进行下采样
        #将特征图通过 ResNet-50 的第 1 个残差块进行特征提取
        x = self.backbone.layer1(x)
        #将特征图通过 ResNet-50 的第 2 个残差块进行特征提取
        x = self.backbone.layer2(x)
        #将特征图通过 ResNet-50 的第 3 个残差块进行特征提取
        x = self.backbone.layer3(x)
        #将特征图通过 ResNet-50 的第 4 个残差块进行特征提取
        x = self.backbone.layer4(x)
        #将特征通道数从 2048 转换为 256,以供 Transformer 使用
        h = self.conv(x)
        #构造位置编码
        H, W = h.shape[-2:]
        pos = torch.cat([
            self.col_embed[:W].unsqueeze(0).repeat(H, 1, 1),
            self.row_embed[:H].unsqueeze(1).repeat(1, W, 1),
        ], dim=-1).flatten(0, 1).unsqueeze(1)
        #将位置编码和特征一起传递给 Transformer
        h = self.transformer(pos + 0.1 *h.flatten(2).permute(2, 0, 1),
                             self.query_pos.unsqueeze(1)).transpose(0, 1)
        #最后,将 Transformer 的输出投影到类别标签和边界框上
        return {'pred_logits': self.linear_class(h),
                'pred_boxes': self.linear_bbox(h).sigmoid()}
```

首先在初始化部分,输入图片特征图主干网络使用 ResNet-50 来搭建卷积神经网络层,此模型由 4 个阶段组成,每个阶段包含几个残差块。最后是一个全局平均池化层和一个全连接层,用于输出类别概率。整个网络结构的深度为 50 层,但是加入了残差连接,使模型更加容易训练与优化,避免了梯度消失和梯度爆炸问题。

然后使用 nn. Transformer 函数搭建了一个标准的 Transformer 模型。nn. Transformer 函数是 PyTorch 中的一个类,它实现了 Transformer 模型的编码器和解码器,这个类接收 4 个主要参数。

(1) d_model:模型的隐藏维度。

(2) nhead:多头注意力机制中的头数。

(3) num_encoder_layers:编码器层数。

(4) num_decoder_layers:解码器层数。

除了这 4 个参数外,还有一些可选参数,如前馈网络的隐藏维度、置零比率等。在初始化 Transformer 模型时,它会创建一个编码器和一个解码器,其中每个编码器和解码器都包含多个子层,如自注意力层、前馈网络层等。在前向传播过程中,输入序列会先经过编码器的多个层进行编码,然后经过解码器的多个层进行解码,最终得到输出序列。

最后初始化对象查询与位置编码,方便传递给解码器与编码器进行注意力机制计算。

在实现函数部分,输入图片数据首先要经过 ResNet-50 卷积神经网络进行卷积操作,包含卷积操作、数据归一化、ReLU 激活函数及池化操作,并把输出特征数据经过 ResNet-50 模型 4 个阶段的残差块进行卷积操作,然后把位置编码与对象查询和图片特征数据传递给 Transformer 模型进行注意力机制计算,最后模型预测出对象的标签与对象框。

11.2.2　基于 DETR 预训练模型的对象检测

DETR 模型搭建完成后,就可以使用预训练模型进行对象检测了,代码如下:

```
#第 11 章/11.2.2/DETR 模型搭建代码
#实例化 DETR 模型
detr = DETR(num_classes=91)
state_dict = torch.hub.load_state_dict_from_url(
    url='https://dl.fbaipublicfiles.com/detr/detr_demo-da2a99e9.pth',
    map_location='cpu', check_hash=True)        #下载预训练模型
detr.load_state_dict(state_dict)                #加载预训练模型
detr.eval();                                    #模型推理

#COCO 数据集的标签
CLASSES = [
    'N/A', 'person', 'bicycle', 'car', 'motorcycle', 'airplane', 'bus',
    'train', 'truck', 'boat', 'traffic light', 'fire hydrant', 'N/A',
    'stop sign', 'parking meter', 'bench', 'bird', 'cat', 'dog', 'horse',
    'sheep', 'cow', 'elephant', 'bear', 'zebra', 'giraffe', 'N/A', 'backpack',
    'umbrella', 'N/A', 'N/A', 'handbag', 'tie', 'suitcase', 'frisbee', 'skis',
    'snowboard', 'sports ball', 'kite', 'baseball bat', 'baseball glove',
```

```
        'skateboard', 'surfboard', 'tennis racket', 'bottle', 'N/A', 'wine glass',
        'cup', 'fork', 'knife', 'spoon', 'bowl', 'banana', 'apple', 'sandwich',
        'orange', 'broccoli', 'carrot', 'hot dog', 'pizza', 'donut', 'cake',
        'chair', 'couch', 'potted plant', 'bed', 'N/A', 'dining table', 'N/A',
        'N/A', 'toilet', 'N/A', 'tv', 'laptop', 'mouse', 'remote', 'keyboard',
        'cell phone', 'microwave', 'oven', 'toaster', 'sink', 'refrigerator', 'N/A',
        'book', 'clock', 'vase', 'scissors', 'teddy bear', 'hair drier',
        'toothbrush'
]

#定义一些颜色，方便可视化
COLORS = [[0.000, 0.447, 0.741], [0.850, 0.325, 0.098], [0.929, 0.694, 0.125],
          [0.494, 0.184, 0.556], [0.466, 0.674, 0.188], [0.301, 0.745, 0.933]]
#输入图片转换函数
transform = T.Compose([
    T.Resize(800),
    T.ToTensor(),
    T.Normalize([0.485, 0.456, 0.406], [0.229, 0.224, 0.225])
])
#输出框预处理
def box_cxcywh_to_xyxy(x):
    x_c, y_c, w, h = x.unbind(1)
    b = [(x_c - 0.5 * w), (y_c - 0.5 * h),
        (x_c + 0.5 * w), (y_c + 0.5 * h)]
    return torch.stack(b, dim=1)

def rescale_bboxes(out_bbox, size):
    img_w, img_h = size
    b = box_cxcywh_to_xyxy(out_bbox)
    b = b * torch.tensor([img_w, img_h, img_w, img_h], dtype=torch.float32)
    return b
#对象检测
def detect(im, model, transform):
    #输入图片预处理
    img = transform(im).unsqueeze(0)
    #定义输入图片尺寸
    assert img.shape[-2] <= 1600 and img.shape[-1] <= 1600, ' only supports images
up to 1600 pixels on each side'
    #模型推理预测
    outputs = model(img)
    #获取预测置信度，选择置信度大于 0.7 的标签
    probas = outputs['pred_logits'].softmax(-1)[0, :, :-1]
    keep = probas.max(-1).values > 0.7

    #获取输出框，置信度，标签
    bboxes_scaled = rescale_bboxes(outputs['pred_boxes'][0, keep], im.size)
```

```
        return probas[keep], bboxes_scaled
im = Image.open('demo.jpg')                        #加载图片
scores, boxes = detect(im, detr, transform)        #模型预测得到最终的标签,对象框
```

首先实例化 DETR 模型,加载预训练模型,并进行输入图片的预处理操作,然后就可以使用 DETR 模型进行对象的检测操作了。模型预测完成后会输出对象标签的置信度,可以根据 COCO 数据集的标签,挑出置信度大于 0.7 的标签,并且模型输出每个对象的坐标位置,左上角的坐标(x1,y1)和右下角的坐标(x2,y2)。

对象检测完成后,可以执行可视化代码进行对象检测的可视化,代码如下：

```
#第11章/11.2.2/DETR 预测结果可视化
def plot_results(pil_img, prob, boxes):
    plt.figure(figsize=(16,10))
    plt.imshow(pil_img)
    ax = plt.gca()
    #获取位置坐标,置信度
    for p, (xmin, ymin, xmax, ymax), c in zip(prob, boxes.tolist(), COLORS *100):
        ax.add_patch(plt.Rectangle((xmin, ymin), xmax - xmin, ymax - ymin,
                            fill=False, color=c, linewidth=3))       #添加对象框
        cl = p.argmax()
        text = f'{CLASSES[cl]}: {p[cl]:0.2f}'                        #获取对象检测的标签
        ax.text(xmin, ymin, text, fontsize=15,
                bbox=dict(facecolor='yellow', alpha=0.5))            #添加标签
    plt.axis('off')
    plt.show()

plot_results(im, scores, boxes)
```

执行以上代码后,对象检测结果可视化如图 11-3 所示。可以看到,DETR 模型成功地检测到了图片中的对象,并进行了对象标签、位置及置信度的预测。

图 11-3　DETR 对象检测结果可视化

11.3　本章总结

本章主要介绍了 DETR 模型的框架、基础原理及其中卷积神经网络和 Transformer 模块的结合与应用,并通过代码实现了 DETR 模型的对象检测功能。

DETR 是一种基于 Transformer 的端到端目标检测模型,它将目标检测任务视为一种集合预测问题,并采用 Transformer 的编码器-解码器架构来实现。DETR 模型的输入为一张图像,输出为一个包含所有目标的集合,其中每个目标由一个类别标签和一条边界框表示。

DETR 模型的基础原理是利用 Transformer 的自注意力机制,在图像和目标之间建立一个全局的关系,从而实现对目标的准确定位和分类。DETR 模型的编码器模块采用了卷积神经网络来提取图像的特征,并将其转换为一个序列的特征向量,作为 Transformer 编码器的输入。Transformer 编码器通过自注意力机制对特征向量进行编码,并生成一个包含图像全局信息的向量。

DETR 模型的解码器模块采用了 Transformer 的解码器结构,并在其基础上进行了一些改进。DETR 的解码器在每个解码步骤中都会预测一个目标的集合,并通过与图像的全局信息进行交互,不断地优化和更新该集合。DETR 的解码器在输出的集合中会通过一个特殊的 no object 类别来表示没有目标的情况。

在本章中,还通过代码实现了 DETR 模型的对象检测功能,并可视化了检测结果。通过本章的学习,让读者可以理解 DETR 模型的知识要点及使用代码实现 DETR 的目标检测操作。

Transformer 多模态模型

前几章介绍的 Transformer 模型,无论是 Vision Transformer 还是 GPT、BERT 等模型都是输入单一的数据(文本或者图片),而真实的物理世界往往是多模态的,人类不仅可以同时感知文本、图片,还可以同时感知音频与视频,而 Transformer 模型是否也可以同样适用于多模态模型?

12.1 多模态模型简介

多模态模型是一种能够同时处理多种类型输入数据(例如文本、图像、音频等)的机器学习模型。这些模型不仅能处理单一模态的数据,还可以同时处理多种模态的数据,从而可以更好地理解和分析复杂的现实世界情况。

多模态模型的出现是因为现实世界中的数据往往是多模态的,不同的数据来源可以提供互补的信息,综合利用这些信息能够更准确地解决问题,例如,在图像描述生成任务中,结合图像和相应的文字描述能够提高生成的准确性和丰富性;在情感分析任务中,综合考虑文本内容和说话者的语音特征能够更准确地判断情感倾向。

多模态模型的特点主要包括以下几点。

(1)综合性:能够处理多种类型的数据,充分利用不同数据模态之间的相关性,提高模型的性能和泛化能力。

(2)信息丰富性:不同模态的数据可以提供互补的信息,综合利用这些信息能够更全面地理解输入数据。

(3)复杂性:多模态模型往往比单一模态模型更加复杂,因为需要处理多种类型的数据,所以需要同时考虑不同数据模态之间的关系。

(4)挑战性:多模态数据的处理和融合需要克服各种挑战,例如数据的异构性、不同模态之间的数据对齐、特征提取和表示学习等。

(5)应用广泛:多模态模型在自然语言处理、计算机视觉、语音处理等领域都有广泛的应用,能够解决各种复杂的现实世界问题。

12.2　Transformer 多模态模型：VILT 模型

12.2.1　VILT 模型简介

VILT 模型是在论文 *Vision-and-Language Transformer Without Convolution or Region Supervision* 提出的一个多模态模型。此模型是一种基于 Transformer 架构的模型，用于处理视觉与语言之间的复杂关系，而无须使用卷积神经网络或区域监督（Region Supervision）。VILT 模型的设计旨在解决视觉与语言领域中的多模态任务，例如视觉问答、图像标注等。传统上，这些任务通常需要结合图像特征提取（使用卷积神经网络）和自然语言处理（使用循环神经网络或 Transformer 模型）来完成。然而，这种方法的局限之一是需要使用不同的网络架构来处理图像和文本数据，这增加了模型的复杂性和计算成本。

VILT 提出了一种简洁而强大的解决方案，通过 Transformer 模型统一处理图像和文本数据，避免了传统方法中的复杂度问题，其模型框架如图 12-1 所示。

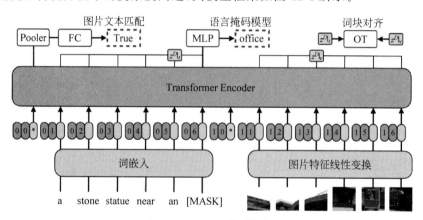

图 12-1　VILT 模型框架

VILT 模型输入：模型输入部分包含两部分（图片与文本）。图片输入数据需要经过 Patch 分割与块嵌入操作，类似 Vision Transformer 模型的输入处理方式；文本输入需要经过词嵌入操作，但是输入的文本经过了掩码处理，类似 BERT 模型的输入处理方式。图片与文本输入数据单独加上自己的位置编码标签，并传递给 Transformer 框架。

Transformer 架构：VILT 模型采用了 Transformer 架构来同时处理图像和文本数据。Transformer 架构已经在自然语言处理领域取得了巨大成功，其自注意力机制能够有效地捕捉序列数据中的长距离依赖关系，这也使它适用于处理图像和文本之间的关系。

注意力机制：通过注意力机制，模型可以在处理图像和文本数据时动态地关注最相关的信息，无须手动设计特征提取器或区域检测器。这使模型更具灵活性和通用性，能够适应不同类型的视觉与语言任务。

无监督学习：模型在训练过程中不需要使用区域监督或其他形式的监督信号，而是采用了无监督学习的方法。这意味着模型可以直接从视觉与语言数据中学习语义信息,而无须额外地标注信息,从而降低了数据收集和标注的成本。

VILT 模型的输出包括 3 部分。

(1) 词块对齐(Word Patch Alignment):这个任务涉及将文本中的词语与图像中的特定区域(例如图像中的某个区域或者目标)进行对齐。模型需要理解文本中的描述与图像中的视觉内容之间的对应关系。这有助于模型更好地理解文本与图像之间的语义关系。

(2) 语言遮罩模型(Masked Language Modeling):这个任务类似于 BERT 中的遮罩语言建模,在文本输入中随机地遮盖一些词语,然后模型需要预测这些被遮盖的词语。通过这个任务,模型可以学习文本中的语义信息,并提高对文本的理解能力。

(3) 图像文本匹配(Image Text Matching):这个任务要求模型评估图像与文本之间的匹配程度。给定一张图像和一个文本描述,模型需要判断它们是否相关或相匹配。这个任务有助于模型学习文本描述与图像内容之间的对应关系,从而提高模型在图文匹配任务上的性能。

通过这 3 个任务,VILT 模型可以在多个层面上学习文本与图像之间的关系,并提高模型在视觉与语言理解任务上的性能。VILT 模型在多模态任务中取得了令人瞩目的成绩,展现了基于 Transformer 模型的端到端多模态学习的潜力,并为进一步研究和应用提供了新的思路。

12.2.2 VILT 模型的代码实现

训练 VILT 模型使用了 3 种模式,这里使用语言遮罩模型来实现 VILT 模型,其代码如下:

```
#第 12 章/12.2.2/VILT 模型的代码实现
#导入所需的库
from transformers import ViltProcessor, ViltForMaskedLM
import requests
from PIL import Image
import re
import torch
#打开一个图像文件
image = Image.open("demo.jpg")
#定义一个带有 Mask 的文本
text = "a bunch of [MASK] laying on a [MASK]."
#加载预先训练好的 ViltProcessor
processor = ViltProcessor.from_pretrained("dandelin/vilt-b32-mlm")
#加载预先训练好的 ViltForMaskedLM 模型
model = ViltForMaskedLM.from_pretrained("dandelin/vilt-b32-mlm")
#将图像和文本编码成适合模型的格式
encoding = processor(image, text, return_tensors="pt")
#将编码的数据传递给模型,并获取输出结果
outputs = model(**encoding)
```

```
#获取文本中的 Mask 文本数量
tl = len(re.findall("\[MASK\]", text))
#初始化一个列表,用于存储推断出的 token
inferred_token = [text]
#循环遍历 Mask Token 的数量
with torch.no_grad():
    for i in range(tl):
        #对推断出的 token 进行编码
        encoded = processor.tokenizer(inferred_token)
        #将编码后的文本转换成张量
        input_ids = torch.tensor(encoded.input_ids)
        #获取输入的 id,并去除特殊的 token
        encoded = encoded["input_ids"][0][1:-1]
        #将输入的 id 传递给模型,并获取输出结果
        outputs = model(input_ids=input_ids, pixel_values=encoding.pixel_values)
        #获取输出结果中的 logits
        mlm_logits = outputs.logits[0]
        #去除特殊 token 的 logits
        mlm_logits = mlm_logits[1 : input_ids.shape[1] - 1, :]
        #获取最大 Softmax 值和其对应的索引
        mlm_values, mlm_ids = mlm_logits.softmax(dim=-1).max(dim=-1)
        #将非 Mask Token 的 logits 值设置为 0
        mlm_values[torch.tensor(encoded) != 103] = 0
        #获取 Mask Token 中最大 Softmax 值的索引
        select = mlm_values.argmax().item()
        #用推断出的 token 替换 Mask Token
        encoded[select] = mlm_ids[select].item()
        #对编码后的文本进行解码,并获取推断出的 token
        inferred_token = [processor.decode(encoded)]
#初始化一个字符串,用于存储选中的 token
selected_token = ""
#对推断出的 token 进行编码
encoded = processor.tokenizer(inferred_token)
#对编码后的文本进行解码,并获取选中的 token
output = processor.decode(encoded.input_ids[0], skip_special_tokens=True)
print(output)
```

本代码在给定一张图片的情况下,推断出文本中被掩码的单词。首先,使用 Transformers 库加载预训练模型并使用它对图像和文本进行编码,然后将编码后的数据传递给预训练模型,并获取模型的推理结果。在推断过程中,先对推理出的文本进行编码,然后将编码后的文本传递给模型,并获取最终的输出结果。从输出结果中,获取最大 Softmax 值对应的输出文本,并用它替换掩码文本。最后,对推断出的文本进行解码,并打印出来。代码执行后,输出如下:

```
a bunch of cats laying on a couch.
```

模型正确地输出了图片的内容,而图片就是 2 只猫咪躺在沙发上。

12.3　Transformer 多模态模型：CLIP 模型

12.3.1　CLIP 模型简介

CLIP 模型是由 OpenAI 发布的一种多模态预训练模型，旨在实现对文本与图像之间的理解和匹配，其模型最初发表在 *Learning Transferable Visual Models From Natural Language Supervision* 论文中。CLIP 模型采用了 Transformer 架构，并通过对比学习的方式来训练模型，使其能够理解文本描述和图片之间的语义关系，其模型框架如图 12-2 所示。

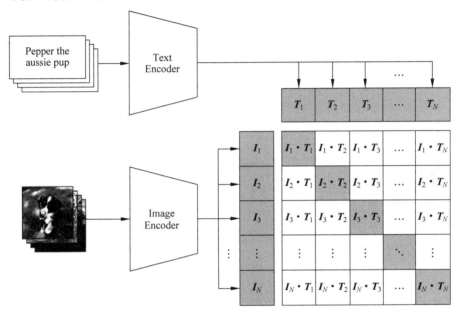

图 12-2　CLIP 模型框架

CLIP 模型预训练阶段：

输入 CLIP 模型包括文本与图片数据，而文本与图片是成对出现的（例如文本是：这是一条狗的图片，图片是：一张狗的图片），而文本与图片会分别经过 Transformer 模型的编码器层进行注意力机制的计算，如图 12-2 所示，N 个文本句子经过编码器后，输出 N 个文本特征数据（$T_1,T_2,\cdots,T_N$），N 张图片经过编码器后，输出 N 张图片特征数据（$I_1,I_2,\cdots,I_N$），然后输出特征数据进行对比学习。对比学习矩阵中，对角线上的数据（$I_1\times T_1,I_2\times T_2,\cdots,I_N\times T_N$）便是数据集中成对出现的文本与图片数据，这里称为正样本，而其他地方的数据，文本与图片特征数据并不符合输入特征，称为负样本。有了正负样本，模型就可以自行进行训练了。

CLIP 模型推理阶段：

CLIP 模型推理阶段，输入预训练模型的是一张需要识别的图片及数据集所有图片分类的文本数据，例如输入一张狗的图片，数据集中包含 100 个对象分类，那么就输入 100 张图片描述文本。文本特征经过文本编码器后,输出 100 个文本特征数据,而一张图片经过图片编码器后,输出一张图片特征数据。通过计算图像特征向量与每个文本描述特征向量之间的余弦相似度,可以得到一个相似度分数列表。最后,挑选出最高相似度的文本描述,便是模型的预测结果,如图 12-3 所示。

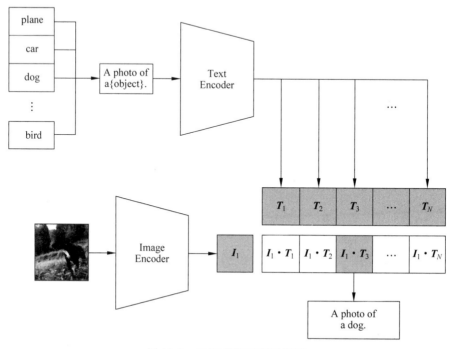

图 12-3　CLIP 模型推理示意图

12.3.2　CLIP 模型的代码实现

实现 CLIP 模型的代码如下:

```
#第 12 章/12.3.2/ CLIP 模型的代码实现
#导入所需的库
from PIL import Image                               #用于处理图像
import requests                                     #用于获取网络图像
from transformers import CLIPProcessor, CLIPModel   #导入 CLIP 模型
#加载预训练的 CLIP 模型和处理器
model = CLIPModel.from_pretrained("openai/clip-vit-base-patch32")
processor = CLIPProcessor.from_pretrained("openai/clip-vit-base-patch32")
#使用 PIL 库打开图像
image = Image.open('demo.jpg')
#使用 CLIP 处理器处理输入数据,将图像转换为模型所需的张量格式,并提供文本描述
Text = ["a photo of a cat", "a photo of a dog"]
inputs = processor(text=Text, images=image, return_tensors="pt", padding=True)
#使用 CLIP 模型进行预测,得到输出
```

```
outputs = model(**inputs)
#从模型输出中获取图像的逻辑回归结果
logits_per_image = outputs.logits_per_image
#对逻辑回归结果进行Softmax操作,得到概率分布
probs = logits_per_image.softmax(dim=1)
#输出预测的概率分布
print(probs)
#找到概率最高的文本描述的索引
predicted_indices = probs.argmax(dim=1)
#获取对应的文本描述
predicted_texts = Text[predicted_indices.item()]
#输出预测的文本描述
print(predicted_texts)
```

传递给代码一张猫的照片,并在Text变量中输入一些文本描述。一个正样本数据,其他都是负样本数据。通过CLIP模型预测后,代码输出在每个文本数据上的概率。由于这里只设置了两个样本数据,因此模型输出两个概率,而代码选择概率最大的文本即可,执行以上代码,输出如下:

```
tensor([[0.9949, 0.0051]], grad_fn=<SoftmaxBackward0>)
a photo of a cat
```

12.4　本章总结

本章主要介绍了什么是多模态模型及其优点,并分别介绍了VILT和CLIP两个多模态模型的框架、预训练过程和预测过程,最后通过代码实现了这两个模型。多模态模型是指同时处理多种不同模态数据的模型,如文本、图像、音频等。相比于单模态模型,多模态模型主要具有以下优点:

(1)多模态数据可以提供更丰富的信息,从而提高模型的表现。

(2)多模态数据可以互相补充,弥补单个模态数据的不足。

(3)多模态数据可以提供更强的泛化能力,使模型在处理未见过的数据时更有效。

首先介绍了VILT模型的框架。VILT是一种基于Transformer的多模态模型,它将文本和图像数据结合在一起,并通过自注意力机制实现跨模态的交互。VILT模型的输入为一张图像和一个相关的文本描述,输出为一个表示图像和文本的向量。

接着,介绍了VILT模型的预训练过程。VILT模型采用了一个称为掩码预测的预训练任务,该任务将图像和文本中的一些Token随机掩码,并要求模型根据上下文信息进行预测被掩码遮掩的信息。此外,VILT模型还采用了一个称为图像文本匹配的预训练任务,该任务要求模型判断一张图像和一个文本描述是否相关。

然后介绍了CLIP模型的框架。CLIP是一种基于对比学习的多模态模型,它将文本和图像数据结合在一起,并通过对比学习实现跨模态的表示学习。CLIP模型的输入为一张

图像和一个相关的文本描述,输出为一个表示图像和文本的向量。CLIP 模型在预测过程中会将图像和文本的向量输入一个余弦相似度函数中,并输出一个概率分布,表示图像与文本是否符合。

最后,通过代码实现了 VILT 和 CLIP 两个模型在多模态任务上的应用,通过本章的学习,让读者可以了解到多模态模型的魅力,并通过代码实现了多模态模型。

优化 Transformer 模型注意力机制

Transformer 模型的强大之处是使用了注意力机制,由于注意力机制是一种全局注意力机制,所以当输入序列长度增加时,其计算复杂度将会呈指数增加,大大地降低了计算速度。如何优化注意力机制,成为大模型不得不考虑的一个核心因素。

13.1　稀疏注意力机制

13.1.1　稀疏注意力机制简介

稀疏注意力(Sparse Attention)是一种注意力机制的变体,它通过限制注意力的计算来降低模型的复杂度和计算成本。在自然语言处理和机器学习领域,注意力机制在提高模型性能方面发挥着关键作用,但是传统的注意力机制在处理长序列或大规模数据时可能会遇到计算资源的限制问题,因为它们需要对所有的输入信息进行注意力机制计算。稀疏注意力通过引入一些稀疏机制,使模型只关注输入中的一部分信息,从而降低了计算成本。

全局注意力机制每个单词都需要跟其他所有的单词计算注意力机制,无疑浪费了大量的计算资源,而稀疏注意力机制中的每个单词只跟有限的单词计算注意力机制,大大地降低了计算复杂度,提高了模型运行效率,如图 13-1 所示。

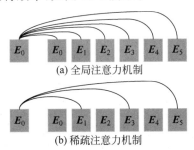

(a) 全局注意力机制

(b) 稀疏注意力机制

图 13-1　全局注意力机制与稀疏注意力机制示意对比图

稀疏注意力机制的设计目标之一是在降低计算复杂度的同时尽量保留语义信息。虽然稀疏注意力机制会限制模型关注输入中的部分信息,但是在设计上通常会考虑到如何保持关键的语义信息。稀疏注意力机制的计算方式主要包括以下几种:

（1）步长注意力机制（Strided Attention）：在注意力的计算过程中，跳过一定的距离，只关注与当前位置相隔一定距离的位置之间的注意力权重。这样可以减少计算量，特别适用于处理长序列。

（2）固定权重注意力机制（Fixed Attention）：将注意力权重设置为固定的模式，不再通过学习参数来计算。这种方式通常基于一些先验知识或者特定的规则来设计，可以大大地减少模型的参数数量和降低计算复杂度。

（3）稀疏注意力机制（Sparse Attention）：通过引入稀疏性的注意力机制，例如局部注意力、随机注意力等，限制每个位置只与附近的一部分位置进行交互，而不是与所有位置进行交互。这样可以降低计算复杂度，提高模型的计算效率。

（4）线性注意力机制（Linformer）：通过降低注意力矩阵的维度，将注意力计算的复杂度从二次降低到线性。这种方法可以在保持模型性能的同时，大幅降低计算资源的使用。

稀疏注意力机制通常会将注意力限制在输入序列的局部区域内，而不是全局范围。这样做的目的是确保模型能够更加专注于当前位置附近的语义信息，而不是过度地关注整个序列，从而在降低计算复杂度的同时保持语义一致性。尽管如此，稀疏注意力机制可能会在某些情况下丢失一些细微的语义信息，特别是在对长序列进行处理时，因此在设计稀疏注意力机制时，需要根据具体任务和数据特点进行权衡，并可能需要在模型设计和训练过程中进行调整，以确保在降低计算成本的同时不会显著地损失语义信息。

13.1.2 稀疏注意力机制的代码实现

实现稀疏注意力机制的代码如下：

```
#第13章/13.1.2/稀疏注意力机制的代码实现
import torch
import torch.nn.functional as F
import time
#设置设备
device = torch.device("cuda" if torch.cuda.is_available() else "cpu")
#数据生成
N = 10240        #序列长度
d = 64           #嵌入维度

Q = torch.randn(N, d, device=device)
K = torch.randn(N, d, device=device)
V = torch.randn(N, d, device=device)
#传统注意力机制
def traditional_attention(Q, K, V):
    #计算 QK^T
    scores = torch.matmul(Q, K.transpose(-2, -1)) / torch.sqrt(torch.tensor(d,
dtype=torch.float32, device=device))
    #应用 Softmax
    attention_weights = F.softmax(scores, dim=-1)
```

```
        #计算注意力输出
        output = torch.matmul(attention_weights, V)
        return output
#稀疏注意力机制(固定步长的跳跃注意力)
def sparse_attention(Q, K, V, stride=16):
    N, d = Q.size()
    output = torch.zeros_like(Q, device=device)

    for i in range(0, N, stride):
        #选择固定步长的跳跃位置
        indices = torch.arange(i, N, stride, device=device)
        K_sparse = K[indices]
        V_sparse = V[indices]
        #计算稀疏点积
        scores = torch.matmul(Q[i:i+1], K_sparse.transpose(-2, -1)) / torch.sqrt
(torch.tensor(d, dtype=torch.float32, device=device))
        attention_weights = F.softmax(scores, dim=-1)
        output[i:i+1] = torch.matmul(attention_weights, V_sparse)
    return output


#测量传统注意力机制的时间
start_time = time.time()
output_traditional = traditional_attention(Q, K, V)
end_time = time.time()
traditional_time = end_time - start_time
print("Traditional Attention Time: {:.6f} seconds".format(traditional_time))
#测量稀疏注意力机制的时间
start_time = time.time()
output_sparse = sparse_attention(Q, K, V)
end_time = time.time()
sparse_time = end_time - start_time
print("Sparse Attention Time: {:.6f} seconds".format(sparse_time))
#计算加速比
speedup = traditional_time / sparse_time
print("Speedup: {:.2f}x".format(speedup))
```

　　首先建立一个传统的注意力机制计算代码,然后建立一个稀疏注意力机制的代码,并使用相同的序列长度与嵌入维度计算注意力机制,对比两种注意力机制的计算效率,可以看到稀疏注意力机制(将步长设置为16)的运算速度是传统注意力机制的6倍,而当将步长设置为8时,其运算速度是传统注意力机制的两倍多。随着稀疏注意力机制越稀疏,其运行效率越高,但是会丢失一些语义信息,因此需要根据模型综合考虑稀疏性,其输出如下:

```
#将步长设置为16
Traditional Attention Time: 1.098998 seconds
Sparse Attention Time: 0.182999 seconds
Speedup: 6.01x
#将步长设置为8
```

```
Traditional Attention Time: 0.853994 seconds
Sparse Attention Time: 0.386999 seconds
Speedup: 2.21x
```

13.2 Flash Attention

GPU 在人工智能领域发挥着极大的作用,其并行计算的设计大大地提高了模型的训练与推理速度。虽然 GPU 有较大尺寸的高带宽内存(High Bandwidth Memory,HBM),但其主要计算过程要加载到静态随机存取内存(Static Random-Access Memory,SRAM)中来计算,SRAM 一般内存较小,无法加载大量的数据同时进行计算,因此优化其注意力机制的计算过程主要包含两个方面:避免数据一次加载到 SRAM 中,预防 SRAM 内存溢出问题;避免多次访问 HBM,提高数据加载效率,如图 13-2 所示。

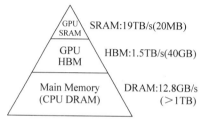

图 13-2　内存带宽与尺寸大小对比图

13.2.1　标准注意力机制计算过程

根据注意力机制的计算公式,其注意力机制的主要过程分为 3 步:注意力机制的计算,应用 Softmax,计算注意力输出矩阵:

$$S = QK^{\mathrm{T}} \in \mathbf{R}^{N \times N}, P = \mathrm{Softmax}(S) \in \mathbf{R}^{N \times N}, O = PV \in \mathbf{R}^{N \times d} \tag{13-1}$$

其中,Q、K、V 矩阵维度为 $[N,d]$,N 为序列长度,d 为序列嵌入长度。

(1) 首先从 HBM 中将 Q、K 矩阵加载到 SRAM 中,计算注意力机制 S,由于 Q 和 K 都是大小为 $N \times d$ 的矩阵,因此 S 为 $N \times N$ 的矩阵,并把结果保存到 HBM 中。

(2) 从 HBM 中将注意力矩阵 S 加载到 SRAM 中,计算 P,并把结果保存到 HBM 中。

(3) 从 HBM 中将 V、P 矩阵加载到 SRAM 中,计算 O,并把结果保存到 HBM 中。

Q、K、V 矩阵都需要被加载到 SRAM,由于这些矩阵的大小都与输入序列长度 N 成正比,当 N 很大时会占用大量的 SRAM 内存,且在运行计算时,不停地从 HBM 中将数据加载到 SRAM 中,频繁地进行内存访问会带来高延迟和带宽压力,会严重影响计算效率。

13.2.2　Flash Attention 注意力机制的计算过程

Flash Attention 在论文 *Flash Attention:Fast and Memory-Efficient Exact Attention with IO-Awareness* 中被提出,旨在解决 Transformer 模型在处理长序列时的计

算和内存消耗问题。它在计算上与 Transformer 的注意力机制相同,但在实现上采用了一些优化策略,使其在处理长序列时的计算速度得到了显著的提高,并且内存消耗得到了显著降低,其计算过程如图 13-3 所示。

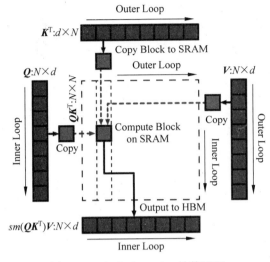

图 13-3 Flash Attention 计算过程

Flash Attention 的主要计算过程如下。

(1) 分块处理(Tiling):通过分块处理,每次加载到 SRAM 中的数据量是有限的。这样可以确保即使在 SRAM 资源有限的情况下,也能高效地进行计算。

(2) 外循环(Outer Loop)处理:在外循环中,Flash Attention 按块遍历 K 和 V 矩阵。这意味着每次外循环,只有当前块的 K 和 V 矩阵数据会被加载到 SRAM 中进行处理。

(3) 内循环(Inner Loop)处理:在每个外循环的 K 和 V 块内,Flash Attention 按块遍历 Q 矩阵。这意味着在内循环中,每次只将一个 Q 块加载到 SRAM 中进行计算。

例如,如果一个序列长度为 N,被分成 N/M 个块,每个块大小为 M,那么每次计算时,SRAM 中只会有一个大小为 $M \times d_k$ 的 K 矩阵,一个大小为 $M \times d_v$ 的 V 矩阵,以及一个大小为 $M \times d_q$ 的 Q 矩阵,而不是整个序列的数据(其中 d_q 是 Q 的维度,d_k 和 d_v 分别是 K 和 V 的维度)。

(1) 外循环首先从 HBM 将第 1 个 $M \times d_k$ 的 K 矩阵和 $M \times d_v$ 的 V 矩阵加载到 SRAM 中,然后内循环将第 1 个 $M \times d_q$ 的 Q 矩阵加载到 SRAM 中,并使用当前的 Q、K、V 矩阵进行注意力机制计算,计算完成后把输出保存到 HBM 中。

(2) 然后内循环继续将下一个 Q 矩阵加载到 SRAM 中,并跟第 1 个 K、V 矩阵进行注意力机制计算,直到加载计算完成所有的 Q 矩阵,内循环结束。

(3) 然后外循环加载下一个 K、V 矩阵,并重复内循环的步骤,直到外循环加载完成所有的 K、V 矩阵。

通过上述逐步加载和分块计算的策略,Flash Attention 确保了在有限的 SRAM 内存中高效地进行大规模的注意力计算。每次只加载和处理一个较小的数据块，避免了超出SRAM 容量的情况，同时充分利用了 SRAM 的高访问速度和低延迟特性，从而实现了内存优化和计算加速。虽然在每个外循环和内循环中都需要从 HBM 加载数据，但通过在SRAM 中暂存和重复使用数据块，减少了重复加载的次数，优化了整体的内存带宽的使用和计算效率。这种方法确保了在处理大规模数据时，既能充分利用片上高速缓存的优势，又能有效地控制 HBM 访问的频率和数据量，从而实现高效的注意力计算。

13.2.3　Flash Attention 注意力机制的代码实现

基于 Flash Attention 的分块操作可以大大地提高运行效率，可以使用传统注意力机制的代码与 Flash Attention 代码进行对比，其代码如下：

```
#第 13 章/13.2.3/ Flash Attention 注意力机制的代码实现
import torch
import torch.nn.functional as F
import time
#设置设备
device = torch.device("cuda" if torch.cuda.is_available() else "cpu")
#数据生成
N = 1024            #序列长度
d = 512             #嵌入维度
Q = torch.randn(N, d, device=device)
K = torch.randn(N, d, device=device)
V = torch.randn(N, d, device=device)
#传统注意力机制
def traditional_attention(Q, K, V):
    #计算 QK^T
    scores = torch.matmul(Q, K.transpose(-2, -1)) / torch.sqrt(torch.tensor(d,
dtype=torch.float32))
    #应用 Softmax
    attention_weights = F.softmax(scores, dim=-1)
    #计算注意力输出
    output = torch.matmul(attention_weights, V)
    return output
#测量传统注意力机制的时间
start_time = time.time()
output_traditional = traditional_attention(Q, K, V)
print(output_traditional.shape)
end_time = time.time()
print("Traditional Attention Time: {:.6f} seconds".format(end_time - start_
time))
#Flash Attention
def flash_attention(Q, K, V, block_size=64):
    N, d = Q.size()
    output = torch.zeros_like(Q, device=device)
    #内循环加载 Q
    for i in range(0, N, block_size):
```

```
            Q_block = Q[i:i+block_size]
            for j in range(0, N, block_size):        #外循环加载 KV
                K_block = K[j:j+block_size]
                V_block = V[j:j+block_size]
                #计算局部注意力
                scores = torch.matmul(Q_block, K_block.transpose(-2, -1)) / torch.
sqrt(torch.tensor(d, dtype=torch.float32))
                attention_weights = F.softmax(scores, dim=-1)
                output_block = torch.matmul(attention_weights, V_block)
                #聚合结果
                output[i:i+block_size] += output_block
        return output
#测量 Flash Attention 的时间
start_time = time.time()
output_flash = flash_attention(Q, K, V)
print(output_flash.shape)
end_time = time.time()
print("Flash Attention Time: {:.6f} seconds".format(end_time - start_time))
```

首先定义了一个传统注意力机制的代码实现过程,并计算了其运行时间,然后建立了一个 Flash Attention 注意力机制的代码实现过程,并计算了其运行时间。运行以上代码后,输出如下:

```
torch.Size([1024, 512])
Traditional Attention Time: 0.407998 seconds
torch.Size([1024, 512])
Flash Attention Time: 0.238998 seconds
```

当然这里只是使用了分块操作,其代码是在 CPU 上面运行的,并没有体现出 Flash Attention 的硬件优化策略。

13.3　MoE 混合专家模型

13.3.1　混合专家模型简介

混合专家模型(Mixture-of-Experts,MoE)是一种神经网络架构,旨在提高深度学习模型的效率和可扩展性。MoE 的关键思想是使用多个"专家"网络,并为每个输入动态地选择其中的一部分专家,而不是使用整个网络。这种方法可以显著地减少计算成本并提高模型的容量,从而不成比例地增加推理时间。MoE 模型的基本思想是,对于一个给定的输入,不同的专家模型可能对其进行不同的预测,而 MoE 模型则通过对这些预测进行加权平均得到最终的预测结果。

MoE 模型的结构通常包括三部分:专家模型(Experts)、门控模型(Gating Network)和路由(Router)。专家模型是用于进行预测的模型,它可以是任何类型的机器学习模型,例如线性回归、决策树、神经网络等。门控模型是用于确定专家模型的权重的模型,它通常是一个软最大值函数,例如 Sigmoid 函数或者 Softmax 函数。再需要一个路由来选择一个或者多个专家模型,其模型框架如图 13-4 所示。

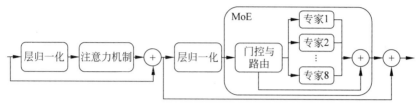

图 13-4　MoE 混合专家模型框架

与标准的 Transformer 模型对比,MoE 模型替代了前馈神经网络部分。在 MoE 模型的训练过程中,首先对专家模型和门控模型进行初始化,然后对于每个输入,计算每个专家模型的预测结果,并通过门控模型确定每个专家模型的权重。接着,计算加权平均的预测结果,并与真实值进行比较,计算出损失函数。在每次前向传播过程中,基于门控网络输出激活概率,动态地路由到相关的专家,激活部分专家,显著减少计算量。

13.3.2　混合专家模型的代码实现

例如判断一个评论是否是正向评论或者负向评论,可以使用混合专家模型代码来实现,其代码如下:

```python
#第 13 章/13.3.2/混合专家模型的代码实现
import torch
import torch.nn as nn
import torch.optim as optim
import torch.nn.functional as F
from sklearn.model_selection import train_test_split
from sklearn.metrics import accuracy_score

#定义专家网络
class Expert(nn.Module):
    def __init__(self, input_size, hidden_dim, output_size):
        super(Expert, self).__init__()
        #第 1 层全连接层,输入大小为 input_size,输出大小为 hidden_dim
        self.fc1 = nn.Linear(input_size, hidden_dim)
        #第 2 层全连接层,输入大小为 hidden_dim,输出大小为 output_size
        self.fc2 = nn.Linear(hidden_dim, output_size)
    def forward(self, x):
        x = torch.relu(self.fc1(x))            #使用 ReLU 激活函数进行非线性变换
        return torch.sigmoid(self.fc2(x))      #确保输出在 0 和 1 之间

#定义门控网络
class GatingNetwork(nn.Module):
    def __init__(self, input_size, num_experts):
        super(GatingNetwork, self).__init__()
        #第 1 层全连接层,输入大小为 input_size,输出大小为 64
```

```
            self.fc1 = nn.Linear(input_size, 64)
            self.DropOut = nn.DropOut(0.01)          #添加 0.01 的丢弃层,用于防止过拟合
            #第 2 层全连接层,输入大小为 64,输出大小为 num_experts
            self.fc2 = nn.Linear(64, num_experts)
        def forward(self, x):
            x = torch.relu(self.fc1(x))              #使用 ReLU 激活函数进行非线性变换
            x = self.DropOut(x)                      #在输出上应用丢弃层
            #对第 2 层的输出进行 Softmax 激活,确保输出为概率分布
            return F.softmax(self.fc2(x), dim=1)
#定义混合专家模型
class MoE(nn.Module):
    def __init__(self, input_size, hidden_dim, output_size, num_experts):
        super(MoE, self).__init__()
        self.experts = nn.ModuleList([Expert(input_size, hidden_dim, output_
size) for _ in range(num_experts)])          #创建多个专家网络
        #创建门控网络
        self.gating_network = GatingNetwork(input_size, num_experts)
    def forward(self, x):
        gating_weights = self.gating_network(x)      #计算门控权重
        #对每个专家网络的输出进行堆叠
        expert_outputs = torch.stack([expert(x) for expert in self.experts], dim=1)
        #计算加权输出
        output = torch.sum(gating_weights.unsqueeze(2) *expert_outputs, dim=1)
        return output


#创建一个数据集
def create_dataset(num_samples, input_size):
    #创建服从标准正态分布的输入数据
    X = torch.randn(num_samples, input_size)
    #创建随机标签,取值为 0 或 1
    y = torch.randint(0, 2, (num_samples, 1), dtype=torch.float32)
    return X, y


#模型训练
def train_model(model, X_train, y_train, num_epochs=1000, learning_rate=0.001):
    criterion = nn.BCELoss()                         #二元交叉熵损失函数
    #Adam 优化器
    optimizer = optim.Adam(model.parameters(), lr=learning_rate)
    for epoch in range(num_epochs):
        model.train()                                #将模型设置为训练模式
        optimizer.zero_grad()                        #梯度清零
        outputs = model(X_train)                     #前向传播
        loss = criterion(outputs, y_train)           #计算损失
        loss.backward()                              #反向传播
        optimizer.step()                             #更新参数

        if (epoch+1) % 100 == 0:
            print(f'Epoch [{epoch+1}/{num_epochs}], Loss: {loss.item():.4f}')
#打印损失值
```

```
#评估模型
def evaluate_model(model, X, y):
    model.eval()                                #将模型设置为评估模式
    with torch.no_grad():                       #不计算梯度
        outputs = model(X)                      #前向传播
        predicted = (outputs > 0.5).float()     #将输出转换为预测类别
        accuracy = accuracy_score(y.cpu(), predicted.cpu())   #计算精度
        return accuracy

#创建模型和数据
input_size = 10                                 #输入大小
output_size = 1                                 #输出大小
num_experts = 6                                 #专家数量
num_samples = 1000                              #样本数量
hidden_dim = 64                                 #隐藏层大小
#创建混合专家模型
model = MoE(input_size, hidden_dim, output_size, num_experts)
X, y = create_dataset(num_samples, input_size)      #创建数据集

#划分数据集
X_train, X_test, y_train, y_test = train_test_split(X, y, test_size=0.2, random_
state=42)
#训练模型
train_model(model, X_train, y_train)
#评估每个专家的精度
for i, expert in enumerate(model.experts):
    expert_accuracy = evaluate_model(expert, X_test, y_test)
    print(f'Expert {i+1} Accuracy: {expert_accuracy:.4f}')
#评估混合专家模型的精度
moe_accuracy = evaluate_model(model, X_test, y_test)
print(f'MoE Model Accuracy: {moe_accuracy:.4f}')
```

首先定义一个专家网络,其专家网络是2层的全连接层,输入评论数据的10个特征,输出一个正向或者负向评论的结果,然后建立一个门控网络模型,其门控网络是2层的线性连接层,输入评论数据的10个特征,输出6个专家网络模型的概率分布;最后搭建混合专家模型。

混合专家模型搭建完成后,就可以输入特征数据进行模型的训练了。这里随机生成了一些随机数据,让模型进行训练,并每100步打印一次模型训练的效果,最后可以输出每个专家模型的评估概率及混合专家模型的评估概率。运行以上代码后,输出如下:

```
Epoch [100/1000], Loss: 0.6033
Epoch [200/1000], Loss: 0.4302
Epoch [300/1000], Loss: 0.2847
Epoch [400/1000], Loss: 0.1845
Epoch [500/1000], Loss: 0.1163
Epoch [600/1000], Loss: 0.0777
```

```
Epoch [700/1000], Loss: 0.0590
Epoch [800/1000], Loss: 0.0417
Epoch [900/1000], Loss: 0.0324
Epoch [1000/1000], Loss: 0.0285
Expert 1 Accuracy: 0.4900
Expert 2 Accuracy: 0.5300
Expert 3 Accuracy: 0.5600
Expert 4 Accuracy: 0.4500
Expert 5 Accuracy: 0.4200
Expert 6 Accuracy: 0.5800
MoE Model Accuracy: 0.5850
```

13.4 RetNet 模型

Transformer 模型的并行计算,大大地提高了计算效率,但是随着输入序列长度的增加,Transformer 模型的注意力机制的计算复杂度将会呈平方增加($O(n^2)$,n 为序列长度),这样便会使用大量的计算资源(如 GPU 资源)。Flash Attention 使用了切片的方式进行注意力机制计算,大大节省了计算资源,经过对比发现,其注意力机制中的矩阵乘法并没有浪费太多时间,而浪费时间较多的是掩码矩阵、置零比率的计算及 Softmax 操作,如图 13-5 所示。

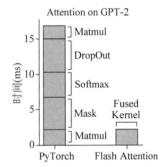

图 13-5 Flash Attention 注意力机制计算时间对比

是否可以改写传统注意力机制的计算公式来提高计算速度,并保持注意力机制的优点呢?是否可以借鉴 RNN 循环神经网络的时间序列机制降低计算资源,并同步保持并行化操作呢? Transformer 模型提供了很好的并行计算方式,无法在降低计算复杂度的同时,保持并行化操作成为目前研究者的方向。

13.4.1 RetNet 模型的多尺度保留机制

RetNet(Retentive Network)模型是清华大学与微软研究院发布的,其模型发布在论文 *Retentive Network: A Successor to Transformer for Large Language Models* 中。作为全新的神经网络架构,RetNet 同时实现了良好的扩展结果并行训练、低成本部署和高效推理。这些特性将使 RetNet 有可能成为继 Transformer 之后大语言模型基础网络架构的有力继承者。

RetNet 在 Transformer 的基础上,使用多尺度保持(Multi-Scale Retention,MSR)机制替代了标准的自注意力机制。与标准自注意力机制相比,保持机制主要有以下几大特点:

(1)引入位置相关的指数衰减项取代 Softmax,简化了计算,同时使前步的信息以衰减的形式保留下来。

（2）引入复数空间表达位置信息，取代绝对或相对位置编码，容易转换为递归形式。

（3）保持机制使用多尺度的衰减率，增加了模型的表达能力，并利用组归一化（Group Normalization，GroupNorm）的缩放不变性来提高 Retention 层的数值精度。

RetNet 模型的多尺度保持机制与标准 Transformer 注意力机制的计算对比如图 13-6 所示。

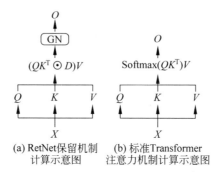

图 13-6　RetNet 模型的多尺度保持机制与注意力机制的对比

可以看出在 RetNet 模型的多尺度保持机制中删除了 Softmax 操作，取而代之的是 Q 乘以 K 的转置矩阵后，采用 Hadamard 乘积（逐元素相乘），乘以 D 矩阵（包含因果掩码与指数衰减），而在计算完成后，使用了 GroupNorm 进行了数据归一化操作，其计算公式如下：

$$Q = (XW_q) \odot \Theta, \quad K = (XW_k) \odot \overline{\Theta}, \quad V = XW_v$$

$$\Theta_n = \mathrm{e}^{in\theta}, \quad D_{nm} = \begin{cases} \gamma^{n-m}, n \geqslant m \\ 0, n < m \end{cases} \tag{13-2}$$

$$\mathrm{Retention}(X) = (QK^{\mathrm{T}} \odot D)V$$

其中，n 为当前时间步的序列位置，m 为可以观察到的序列位置，$\Theta_n = \mathrm{e}^{in\theta}$ 为位置编码，RetNet 的位置编码采用的是欧拉公式的形式，标准的欧拉公式如下：

$$\mathrm{e}^{ix} = \cos(x) + i\sin(x) \tag{13-3}$$

其中，e 是自然对数的底数（大约等于 2.72），i 是虚数单位（$i^2 = -1$），x 是实数，$\cos(x)$ 和 $\sin(x)$ 分别是余弦函数和正弦函数。

D 矩阵是一个因果掩码矩阵与指数衰减的组合矩阵，用来代替 Softmax 操作。因果掩码类似 Transformer 模型的 Sequence Mask 矩阵，为了避免模型看到未来的输入信息。指数衰减按照参数 gamma（γ）进行，gamma 是一个略小于 1 的数字，并且 RetNet 模型针对每个头设置了不同的衰减系数，其 gamma 的计算公式如下：

$$\gamma = 1 - 2^{-5-\mathrm{arange}(0,h)} \tag{13-4}$$

例如输入"人工智能"4 个汉字，在自注意力机制条件下，汉字"工"可以观察到"人"与"工"，其他汉字无法观察到，对于无法观察到的地方全部置为 0，而能够观察到的地方按照式（13-2）计算衰减系数，其 D 矩阵整体如图 13-7 所示。

这里可以对比一下 **D** 矩阵与 Softmax 操作,它们有异曲同工之妙,保证了自注意力机制的概率分布。不仅考虑到了输入序列的位置信息,又能有效加权不同距离的序列元素,强调近期信息,而使用指数衰减的方式逐渐减弱远期信息的影响,并且有效地提高了运行效率。

图 13-7　RetNet 模型 **D** 矩阵示意图

最后完成保留机制的计算后,使用了 GroupNorm 数据归一化操作。GroupNorm 类似于 LayerNorm,都是在通道维度进行归一化操作,但是 GroupNorm 把通道维度分成多个组进行归一化操作,避免在通道维度太大的情况下,需要较多的计算资源,例如输入的序列维度为 $[2,5,512]$,Batch Size 为 2,5 为输入序列长度,512 为嵌入通道维度。GroupNorm 将在嵌入通道维度(512)上进行归一化操作。具体来讲,GroupNorm 将输入序列维度为 $[2,5,512]$ 的 Tensor 变量重塑为 $[2×5,512]$ 的 Tensor 变量,然后将其分成多个组,每组包含一定数量的通道。每组通道的大小取决于 GroupNorm 的超参数"num_groups"(分组数)。接着,GroupNorm 将分别计算每组通道的均值和方差,然后使用这些统计量来对每组通道进行归一化。最后,GroupNorm 会将归一化后的通道重新组合成原来的 Tensor 变量形状 $[2,5,512]$。

而 RetNet 模型同样采用了多头的概念,把多尺度保留机制扩展到了多头的维度,这也是为什么 RetNet 的保留机制称为多尺度保留机制的原因,其多头保留机制的计算公式如下:

$$
\begin{aligned}
&\gamma = 1 - 2^{-5-\text{arange}(0,h)} \in \mathbf{R}^h \\
&\text{head}_i = \text{Retention}(\boldsymbol{X}, \gamma_i) \\
&\boldsymbol{Y} = \text{GroupNorm}_h(\text{Concat}(\text{head}_i, \ldots, \text{head}_h)) \\
&\text{MSR}(\boldsymbol{X}) = (\text{swish}(\boldsymbol{X}\boldsymbol{W}_G) \odot \boldsymbol{Y})\boldsymbol{W}_O, (\boldsymbol{W}_G, \boldsymbol{W}_O \in \mathbf{R}^{d_{\text{model}} \times d_{\text{model}}}) \\
&h = d_{\text{model}}/d
\end{aligned} \tag{13-5}
$$

其中,d_{model} 为词嵌入维度,d 为多头嵌入的维度,h 为多头的维度,swish 为激活函数,$\boldsymbol{W}_G$ 和 $\boldsymbol{W}_O$ 为可学习的参数,γ 为指数衰减系数,这里每个头的指数衰减系数都不一样。RetNet 模型的多尺度保留机制类似于标准 Transformer 模型中的多头注意力机制,其计算过程也跟多头注意力机制类似。

13.4.2　RetNet 模型的递归表示

每个 RetNet 块包含两个模块:多尺度保持模块和前馈神经网络模块。保持机制支持以 3 种形式的序列表示:并行、递归、分块递归。分块递归即并行表示和递归表示的混合形式,将输入序列划分为块,在块内按照并行表示进行计算,在块间遵循递归表示,其中,并行表示使 RetNet 可以像 Transformer 一样高效地利用 GPU 进行并行训练。递归表示实现

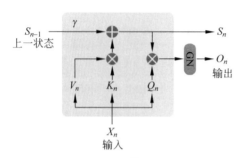

图 13-8　RetNet 模型递归表示

了 $O(1)$ 的计算复杂度,降低了内存占用和延迟。因为每个子序列只需计算一次表示向量,而不需要与其他子序列进行互相计算。这意味着,无论输入序列的长度如何变化,递归表示的计算量都不会随着序列长度的增加而增加,实现了 $O(1)$ 的计算复杂度。分块递归则可以更高效地处理长序列。递归的计算如图 13-8 所示。

递归表示类似于 RNN 循环神经网络模型,当前时间步的输出由上一时间步的输出来计算,因此递归只计算当前时间步与上一时间步的数据,并不涉及其他位置的数据,因此计算复杂度为 $O(1)$,并不会随着模型输入序列的长度增加而变化。递归的计算公式如下:

$$S_n = \gamma S_{n-1} + K_n^T V_n$$
$$\text{Retention}(X_n) = Q_n S_n, \quad n = 1, \cdots, |x| \tag{13-6}$$

为了兼顾注意力机制的并行计算与递归计算的低复杂度,RetNet 模型采用了分块递归的模式,其计算公式如下:

$$Q_{[i]} = Q_{Bi:B(i+1)}, K_{[i]} = K_{Bi:B(i+1)}, V_{[i]} = V_{Bi:B(i+1)}$$
$$R_i = \gamma^B R_{i-1} + K_{[i]}^T (V_{[i]} \odot \zeta), \zeta_{ij} = \gamma^{B-i-1} \tag{13-7}$$
$$\text{Retention}(X_{[i]}) = (Q_{[i]} K_{[i]}^T \odot D) V_{[i]} + (Q_{[i]} R_i) \odot \xi, \xi_{ij} = \gamma^{i+1}$$

其中,i 为分块的数量索引,B 为分块的长度,那么分块的数量等于 len/B,len 为序列长度。$\text{Retention}(X_{[i]})$ 公式前半部分为块内执行并行运算,后半部分为块与块之间执行递归运算,这样保证了在长输入序列情况下,先进行分块操作,在保证了并行运算的同时,又在块外使用递归操作,降低了计算复杂度。

关于递归公式的推理过程可以参考论文中的推理过程,本节使用一个实例来证明递推公式的结果是否与并行公式的结果一致。假设有 Q、K、V 三个矩阵,其矩阵初始化如下:

```
Q = np.array([[3, 2, 1, 2, 3], [7, 2, 3, 1, 4]])
K = np.array([[1, 4, 3, 2, 6], [4, 5, 6, 5, 2]])
V = np.array([[5, 3, 4, 8, 3], [2, 7, 1, 6, 0]])
```

输入的 Q、K、V 矩阵维度为 $[2,5]$,那么 D 矩阵的维度为 $[2,2]$。将 gamma 设置为 0.8,那么 D 矩阵计算完成后,输出如下:

```
gamma= 0.8
D = np.array([[1, 0],
              [0.8, 1]])
```

首先按照标准的并行计算公式(13-2)来计算保留机制的结果,Q 矩阵乘以 K 矩阵的转置,再与 D 矩阵进行 Hadamard 乘积,最后乘以 V 矩阵,其每个步骤的输出如下:

```
#使用 NumPy 的 dot 函数计算矩阵乘积
matrix_product = np.dot(Q, K.T)
#矩阵 Q 和矩阵 K 的乘积为
[[36 44]
 [50 69]]

matrix_product_h = matrix_product * D
#矩阵 Q 和矩阵 K 的乘积再与 D 进行 Hadamard 乘积为
[[36. 0.]
 [40. 69.]]

attention = np.dot(matrix_product_h,V)
#最后为保留机制的输出结果
[[180. 108. 144. 288. 108.]
 [338. 603. 229. 734. 120.]]
```

按照递归的计算公式,来计算递归的输出。首先当 $n=1$ 时,其计算公式如下:

$$S_1 = \gamma S_0 + K_1^T V_1$$

$$\text{Retention}(X_1) = Q_1 S_1, \quad n = 1, \cdots, |x| \tag{13-8}$$

式(13-8)中,由于 S_0 没有数据,因此等于0,那么 S_1 的输出如下:

```
K1 = np.array([[1, 4, 3, 2, 6]])
V1 = np.array([[5, 3, 4, 8, 3]])
Q1 = np.array([[3, 2, 1, 2, 3]])
S1 = np.dot(K1.T,V1)

#S1 输出结果
[[ 5  3  4  8  3]
 [20 12 16 32 12]
 [15  9 12 24  9]
 [10  6  8 16  6]
 [30 18 24 48 18]]
```

$\text{Retention}(X_1)$ 的输出如下:

```
Retention_X1 = np.dot(Q1,S1)
#Retention(X1)的输出
[180 108 144 288 108]
```

可以看到递归计算的第1个结果与并行计算公式的第1行数据是一致的,当 $n=2$ 时,其计算公式如下:

$$S_2 = \gamma S_1 + K_2^T V_2$$

$$\text{Retention}(X_2) = Q_2 S_2, \quad n = 1, \cdots, |x| \tag{13-9}$$

其中,gamma 等于0.8,这里计算稍微复杂一点,需要使用上一步 S_1 的结果,那么 S_2 的输出如下:

```
K2 = np.array([[4, 5, 6,5,2]])
V2 = np.array([[2, 7,1,6, 0]])
Q2 = np.array([[7, 2, 3,1, 4]])
matrix_product_2 = np.dot(K2.T,V2)
S2 = matrix_product_2 + gamma *S1
#S2 输出结果
[[12.   30.4  7.2 30.4  2.4]
 [26.   44.6 17.8 55.6  9.6]
 [24.   49.2 15.6 55.2  7.2]
 [18.   39.8 11.4 42.8  4.8]
 [28.   28.4 21.2 50.4 14.4]]
```

Retention(X_2)的输出如下：

```
Retention_X2 = np.dot(Q2,S2)
#Retention(X2)的输出
[[338. 603. 229. 734. 120.]]
```

汇总一下 Retention(X_2)与 Retention(X_1)的结果，其输出如下：

```
#Retention(X1)的输出
[180 108 144 288 108]
#Retention(X2)的输出
[[338. 603. 229. 734. 120.]]
```

可以看到，其使用递归方式计算出来的结果跟使用并行计算方式计算的结果一致，这也是为什么 RetNet 模型采用递归方式来降低计算复杂度，而分块递归，将输入序列划分为块，在块内按照并行表示进行计算，在块间遵循递归表示的方式，可以让 RetNet 模型在高效地使用 GPU 并行计算的同时，也能降低计算复杂度，降低内存的使用，而分块递归的方式，把输入序列分成不同的块，可以更有效地处理长输入序列。这样一来，RetNet 模型就打破了人工智能领域"不可能三角"的定论，并行训练、低成本推理与良好的扩展性能可以直接在一个模型上呈现。

完成多尺度保持机制的计算后，RetNet 模型还使用了前馈神经网络操作，并且 RetNet 模型同样堆叠了多个模块搭建整个 RetNet 模型，其整体 RetNet 模型功能模块计算公式如下：

$$Y^l = \mathrm{MSR}(\mathrm{LN}(X^l)) + X^l$$
$$X^{l+1} = \mathrm{FFN}(\mathrm{LN}(Y^l)) + Y^l \qquad (13\text{-}10)$$
$$\mathrm{FFN}(X) = \mathrm{Gelu}(XW_1)W_2$$

其中，LN(•)是层归一化函数，FFN(•)是前馈神经网络模型。从式(13-10)可以看出，RetNet 模型包含了一层归一化层，一层多头保留机制层及前馈神经网络层，当然每层之间都添加了残差连接操作，模型框架跟 Transformer 模型类似，其模型框架如图 13-9 所示。

结果显示,RetNet 可以达到与 Transformer 相似的困惑度(PPL,评价语言模型好坏的指标,越小越好)。同时,在模型参数为 70 亿、输入序列长度为 8k 的情况下,RetNet 的推理速度能达到 Transformer 的 8.4 倍,内存占用减少 70%。在训练过程中,RetNet 在内存节省和加速效果方面,也比标准 Transformer + Flash Attention 表现更好,分别达到 25%～50% 和 7 倍。值得一提的是,RetNet 的推理成本与序列长度无关,推理延迟对批量大小不敏感,允许高吞吐量。

13.4.3　RetNet 模型的代码实现

RetNet 模型的主要创新点是改写了注意力机制的公式,并有效地结合了 RNN 循环神经网络模型来降低计算复杂度。根据保留机制可以改写 Transformer 模型的注意力机制代码,代码如下:

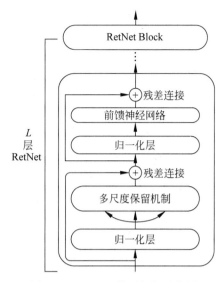

图 13-9　RetNet 模型框架示意图

```
#第13章/13.4.3/RetNet 模型的代码实现
import torch
import torch.nn as nn
import numpy
#输入数据
input = torch.LongTensor([[5, 2, 1, 0, 0], [1, 3, 1, 4, 0]])
#模型参数
d_model = 512                         #嵌入通道维度
#嵌入层
embedding = nn.Embedding(6, d_model)  #假设词典大小为 6
#将输入序列转换成嵌入向量
embedded_input = embedding(input)     #(bsz, len, d_model)[2,5,512]
#新建一个 GroupNorm 分组归一化函数
class GroupNorm(torch.nn.Module):
    def __init__(self, num_groups, num_channels, eps=1e-5, affine=True):
        super(GroupNorm, self).__init__()
        self.num_groups = num_groups
        self.num_channels = num_channels
        self.eps = eps
        self.affine = affine
        if self.affine:
            self.gamma = torch.nn.Parameter(torch.ones(1, num_channels, 1))
            self.beta = torch.nn.Parameter(torch.zeros(1, num_channels, 1))
    #按照归一化的计算公式计算均值与方差
    def forward(self, x):
        N, C, L = x.size() #N 是 Batch Size,C 是通道数,L 是序列长度
```

```
        G = self.num_groups
        x = x.view(N, G, C //G, L)
        mean = x.mean(dim=[2, 3], keepdim=True)
        var = x.var(dim=[2, 3], keepdim=True)
        x = (x - mean) / (var + self.eps).sqrt()
        if self.affine:
            gamma = self.gamma.view(1, G, C //G, 1)
            beta = self.beta.view(1, G, C //G, 1)
            x = x *gamma + beta
        return x.view(N, C, L)
#新建一个注意力机制函数
class AttentionLayer(nn.Module):
    def __init__(self, d_model, gamma=0.8):
        super(AttentionLayer, self).__init__()
        self.gamma = gamma #gamma 为衰减系数
        #定义 3 个线性矩阵[512,512],方便计算 Q、K、V 三矩阵
        self.WQ = nn.Linear(d_model, d_model)
        self.WK = nn.Linear(d_model, d_model)
        self.WV = nn.Linear(d_model, d_model)
        self.theta = nn.Parameter(torch.randn(d_model))      #位置编码 θ 参数
        #组归一化
        self.group_norm = GroupNorm(num_groups=32, num_channels=d_model)
    #创建 D 矩阵
    def create_d_matrix(self, sequence_length, gamma):
        """
        创建 D 矩阵,包含因果掩码和指数衰减。
        Args:
            sequence_length: 序列长度。
            gamma: 指数衰减系数。
        Returns:
            D: D 矩阵 (len × len)
        """
        n = torch.arange(sequence_length).unsqueeze(1)
        m = torch.arange(sequence_length).unsqueeze(0)
        D = (gamma **(n - m)) *(n >= m).float()
        D[D != D] = 0
        return D
    #按照保留机制的注意力机制计算公式,编写实现函数
    def forward(self, x):
        #x: (bsz, len, d_model)[2,5,512]
        #计算 Q、K、V 三矩阵,矩阵维度为[2,5,512]
        Q = self.WQ(x) #(bsz, len, d_model)
        K = self.WK(x) #(bsz, len, d_model)
        V = self.WV(x) #(bsz, len, d_model)
        bsz, len, d_model = Q.shape
        #计算 Θ 矩阵    #(bsz, len, d_model) [2,5,512]
        theta = self.theta.unsqueeze(0).unsqueeze(0).repeat(bsz, len, 1)
        Theta = torch.exp(1j *theta)          #(bsz, len, d_model) [2,5,512]
        #计算 D 矩阵 [2,5,5]
```

```
                D = self.create_d_matrix(len, self.gamma)    #(len, len)
                D = D.unsqueeze(0).repeat(bsz, 1, 1)          #(bsz, len, len) [2,5,5]
                print(D.shape)
                print(D)                                      #[2,5,5]
                #计算注意力                                     #(bsz, len, len) [2,5,5]
                QK_t = (Q *Theta) @(K *Theta.conj()).transpose(-1, -2) attention = QK_t *D
    #(bsz, len, len) [2,5,5]
                #由于涉及复数计算,所以这里需要使用 real 函数将注意力转换到实数
                attention = attention.real                    #(bsz, len, len) [2,5,5]
                #加权求和
                output = attention @V                         #(bsz, len, d_model) [2,5,512]
                #分组归一化,不会改变数据维度
                output = self.group_norm(output.transpose(-1, -2)).transpose(-1, -2)
                return output                                 #[2,5,512]
    #Attention 层
    attention_layer = AttentionLayer(d_model=d_model)
    #计算注意力
    output = attention_layer(embedded_input)
    print(output)
    print(output.shape)                                       #输出: torch.Size([2, 5, 512])
```

首先,代码定义了输入数据、模型参数和嵌入层,其中,input 是一个形状为$[2,5]$的 LongTensor 变量,表示两个序列,每个序列的长度为 5。d_model 表示嵌入向量的维度,这里设置为 512。Embedding 是一个 nn. Embedding 层,用于将输入序列转换为嵌入向量。最终得到的 embedded_input 是一个形状为$[2,5,512]$的 Tensor 变量,其中第 1 个维度是 Batch Size,第 2 个维度是序列长度,第 3 个维度是嵌入向量的维度。

接下来,定义了一个 GroupNorm 层,用于对输入序列进行分组归一化。GroupNorm 层的输入是一个形状为$[N,C,L]$的 Tensor 变量,其中 N 是 Batch Size,C 是通道数,L 是序列长度。在 forward 实现函数中,代码首先将输入 Tensor 的通道维度分成了 num_groups 个组,然后分别计算每组的均值和方差。接着,代码使用均值和方差对输入 Tensor 进行标准化,并在需要的情况下使用可学习的参数 gamma 和 beta 进行缩放和偏移。最终,代码将输出 Tensor 的形状恢复为$[N,C,L]$。

然后定义了一个 AttentionLayer 层,用于计算注意力。AttentionLayer 层的输入是一个形状为$[bsz,len,d\_model]$的 Tensor 变量,其中 bsz 是 Batch Size,len 是序列长度,d_model 是嵌入向量的维度。在 forward 实现函数中,代码首先使用 3 个 nn. Linear 层分别计算查询矩阵 Q、键矩阵 K 和值矩阵 V。接着,代码计算一个形状为$[bsz,len,d\_model]$的位置编码参数 theta,并使用 torch. exp 函数计算一个形状为$[bsz,len,d\_model]$的复数矩阵 Theta 来表示位置编码,然后代码使用 create_d_matrix 函数计算一个形状为$[len,len]$的因果掩码矩阵 D,并将其扩展为形状为$[bsz,len,len]$的 Tensor 变量,这里可以打印 D 矩阵,查看是否符合因果掩码与衰减系列的计算方式,然后代码使用 Q、K、Theta 和 D 按照保留机制的计算公式计算注意力矩阵。最后,代码使用 GroupNorm 层对输出 Tensor 变量进行分组归一化。

这里定义了一个输入 Tensor 变量,然后通过保留机制的代码后,其输出如下:

```
torch.Size([2, 5, 5])
tensor([[[1.0000, 0.0000, 0.0000, 0.0000, 0.0000],
         [0.8000, 1.0000, 0.0000, 0.0000, 0.0000],
         [0.6400, 0.8000, 1.0000, 0.0000, 0.0000],
         [0.5120, 0.6400, 0.8000, 1.0000, 0.0000],
         [0.4096, 0.5120, 0.6400, 0.8000, 1.0000]],

        [[1.0000, 0.0000, 0.0000, 0.0000, 0.0000],
         [0.8000, 1.0000, 0.0000, 0.0000, 0.0000],
         [0.6400, 0.8000, 1.0000, 0.0000, 0.0000],
         [0.5120, 0.6400, 0.8000, 1.0000, 0.0000],
         [0.4096, 0.5120, 0.6400, 0.8000, 1.0000]]])
tensor([[[ 0.8456,  0.5722,  0.5577,  ...,  0.8548,  0.4985,  0.4331],
         [-0.4888, -0.5863, -0.2747,  ..., -0.6865, -0.6722, -0.8500],
         [-0.7658,  0.2486, -0.4066,  ...,  0.4872, -0.2298, -0.8348],
         [-0.2385, -0.2662,  0.4614,  ...,  1.9223, -0.0242, -0.8554],
         [-0.6798, -0.3226,  0.4644,  ...,  2.3074, -0.0164, -0.5318]],

        [[-0.6645,  0.3557, -0.3269,  ...,  0.4645, -0.0765, -0.5142],
         [ 0.1631, -0.0179,  0.1407,  ..., -0.1415, -0.2490,  0.0797],
         [-0.9164,  0.3184, -0.7416,  ...,  0.3273,  0.9422, -1.1540],
         [ 3.2541, -1.5364,  1.2827,  ..., -2.3279,  0.7075,  1.2244],
         [ 1.8383, -0.4129,  0.6859,  ...,  2.1437, -0.7991,  0.1604]]],
       grad_fn=<TransposeBackward0>)
torch.Size([2, 5, 512])
```

可以看到 D 矩阵符合因果掩码与衰减系数的计算逻辑,上三角全部为 0,表示掩码,对角线全部为 1,代表着每个单词与自己的权重,而下三角按照距离远近进行指数衰减,经过保留机制的计算后,输出数据维度保持不变,依然是[2,5,512]。

13.5 本章总结

本章介绍了 4 种注意力机制优化技术:稀疏注意力机制、Flash Attention、混合专家模型及 RetNet 模型。稀疏注意力机制旨在通过仅关注输入序列中的固定数量位置来降低标准注意力机制的计算复杂度;Flash Attention 是一种标准注意力机制的优化技术,旨在通过在单个融合内核中计算注意力权重和注意力层的输出来降低其内存占用和提高其计算效率;MoE 模型是一种神经网络体系结构,旨在通过组合的专家模型,而不是单一的庞然大物模型来提高神经网络的性能和效率;RetNet 模型集成了 Transformer 并行计算的优点与 RNN 循环神经网络的低计算复杂度的特点,让模型输入长序列并有效地降低了计算复杂度。

稀疏注意力机制旨在降低标准注意力机制的计算复杂度。稀疏注意力机制通过仅关注输入序列中的固定数量位置,而不是所有位置来实现。这导致了计算复杂度的显著改善,尤其是对于长序列。

Flash Attention 是一种标准注意力机制的优化技术，旨在降低其内存占用和提高其计算效率。Flash Attention 通过在单个融合内核中计算注意力权重和注意力层的输出，而不是分别计算它们来实现。这导致了内存使用量的显著减少和计算效率的提高。

MoE 模型通过将每个输入路由到专家模型的子集，而不是所有专家模型，并计算所选专家模型的输出的加权和来实现。这对于大型模型而言尤其提高了计算效率。

RetNet 模型集成了 Transformer 并行计算的优点与 RNN 循环神经网络的低计算复杂度的特点，打破了并行训练、低成本推理与良好的扩展性能不能同时在一个模型上面使用的"不可能三角"定律。不仅可以处理长输入序列，并且在有效地使用 GPU 资源的同时，降低了计算复杂度。

本章通过示意代码实现了稀疏注意力机制、Flash Attention、混合专家模型及 RetNet 模型，让读者可以更加了解到这 4 种优化注意力机制算法的计算过程，其代码只是部分示例代码，真正应用到模型上，还需要进行软硬件的设计。

Transformer模型实战篇

第 14 章

Transformer 模型环境搭建

Transformer 模型是一个模型框架，最初由谷歌发布，并基于 TensorFlow 机器学习库开发了开源代码。TensorFlow 是一个由谷歌开发的开源机器学习和人工智能库。它用于在数据流图中进行数值计算，这些数据流图在构建机器学习模型时非常有用。TensorFlow 的一个主要优势是它的可扩展性和灵活性，这使其能够在各种不同的平台和设备上运行，包括 CPU、GPU 和 TPU(Tensor Processing Unit，谷歌专门为机器学习而设计的处理器)。

本书代码并没有使用 TensorFlow 机器学习库进行代码开发，而是基于 PyTorch 机器学习库进行了开发。PyTorch 是一个由 Facebook(现 Meta)的人工智能研究院开发的开源机器学习库。它用于构建和训练神经网络，并且具有动态计算图和自动微分功能。PyTorch 的设计哲学是将机器学习的研究和开发过程简化，使其更加灵活和直观。

14.1 本地 Python 环境搭建

在运行本书介绍的代码前，需要在本地计算机安装 Python。Python 是一种解释型语言，由于其设计哲学以可读性为重，因此在保持功能强大的同时，其语法也比较简洁。Python 可以用于许多不同的应用程序和框架。由于 Python 在人工智能和机器学习方面有着广泛的应用，所以得到了广大编程爱好者的喜爱；由于人工智能领域的兴起，其 Python 编程语言也走进了大众的视野，甚至加入了中小学课本中。

14.1.1 Python 环境安装

Python 是一种跨平台编程语言，在 Windows、Mac、Linux 等系统上都有对应的安装包供开发者下载、安装及使用。针对 Windows 平台，只需从 Python 官网下载对应的 Python 版本。下载完成 exe 文件，双击 exe 文件后，软件会弹出安装界面，如图 14-1 所示。

安装界面有软件默认安装路径，或者单击用户安装(Customize installation)，修改默认安装路径，并勾选 Add Python 3.10 to PATH，意思是将 Python 添加到环境变量里，方便直接调用。在用户安装界面配置相关的安装特性，这里采用默认选项即可，如图 14-2 所示。

图 14-1　Python 安装界面

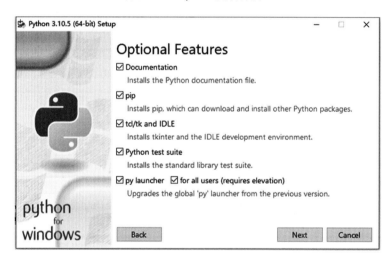

图 14-2　Python 安装特性选择项目

选择其他安装路径,其他配置项目采用默认选项即可,如图 14-3 所示。

单击 Install 按钮,等待 Python 环境安装完成即可,如图 14-4 所示。

安装完成后,可以在 CMD 终端窗口中,输入 python 命令,按 Enter 键,若输出 Python 的版本号,则说明 Python 环境安装成功了,如图 14-5 所示。

14.1.2　Python 安装第三方库

Python 只是一种编程语言,但是开发者基于 Python 开发了很多方便他人调用的第三方库。正是由于第三方库的创建,大大地提高了开发者开发代码的效率。开发者针对某个功能,无须开发自己的代码,只需调用其他的第三方库,例如 PyTorch、NumPy、Pandas、Matplotlib、OpenCV、PaddlePaddle 等都是其他公司基于 Python 开发的第三方库。也有很

图 14-3　Python 安装路径定义

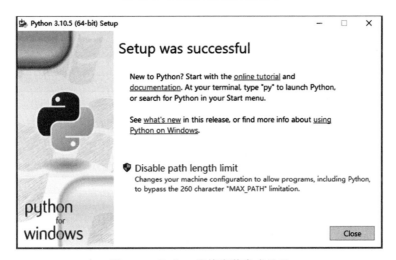

图 14-4　Python 环境安装完成界面

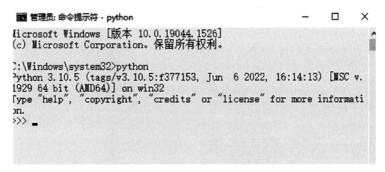

图 14-5　Python 环境安装成功示意图

多库并不是基于 Python 语言开发的,但是给 Python 预留了接口,可以使用 Python 进行调用。开发者无须重复"造轮子",这样就大大地节省了开发时间。第三方库的安装也很简单,只需在终端窗口中输入如下指令。

```
pip install transformers
```

pip 是 Python 的包管理器,用于安装和管理 Python 包。它是 Python 包索引(PyPI)的默认包管理器,可以帮助开发者轻松地安装和管理 Python 的第三方库和工具。使用 pip 安装 Python 包非常简单,只需在命令行中输入 pip install package_name。也可以使用 pip uninstall package_name 卸载包,使用 pip upgrade package_name 升级包,使用 pip show package_name 查看包信息,使用 pip list 查看本地所有安装的第三方包及第三方包的软件版本。本书代码的执行环境如下:

```
Python                  3.9.5
torch                   1.12.0
torchaudio              0.12.0
torchvision             0.13.0
NumPy                   1.22.3
opencv-contrib-python   4.5.5.64
opencv-python           4.5.5.64
pandas                  1.4.2
matplotlib              3.5.1
```

Python 有许多集成开发环境(IDE)可用,这些 IDE 提供了丰富的功能,可以帮助开发者更高效地编写和调试 Python 代码及安装第三方库。

(1) PyCharm:PyCharm 是 JetBrains 公司开发的一款商业 Python IDE,它提供了智能代码补全、调试器、单元测试支持、版本控制集成和远程开发等功能。它也支持多种框架和工具,如 Django、Flask 和 Pyramid。

(2) Spyder:Spyder 是一个开源的 Python IDE,专门为数据科学家和工程师而设计。它提供了交互式控制台、调试器、代码分析器和可视化工具等功能。

(3) Visual Studio Code:Visual Studio Code 是微软开发的一款轻量级的源代码编辑器,它支持多种编程语言,包括 Python、C、C++、Java 等。它提供了智能代码补全、调试器和Git 等功能。

(4) Atom:Atom 是 GitHub 开发的一款开源的文本编辑器,它支持多种编程语言,包括 Python。它提供了智能代码补全、文件浏览器和包管理器等功能。

(5) Sublime Text:Sublime Text 是一款商业文本编辑器,它支持多种编程语言,包括 Python。它提供了代码补全、语法高亮和多重选择等功能。

14.2　Python 云端环境搭建

Jupyter Notebook 是一个基于网络的交互式计算环境,支持多种编程语言,如 Python、R、Julia 和 Scala。Jupyter Notebook 被广泛地用于数据科学、机器学习和人工智能等领域,是许多数据科学家、机器学习工程师和研究人员的首选工具之一。它也是许多在线课程和教程的基础工具，因为它可以帮助学生和教师在一个交互式环境中进行学习和教学。Jupyter Notebook 具有丰富的功能并可提高交互体验。

（1）代码和富媒体的结合：Jupyter Notebook 允许在一个文档中结合使用代码、文本、数学方程式、图像和视频等富媒体内容。可以创建具有可执行代码和可视化结果的交互式文档。

（2）交互式计算：Jupyter Notebook 支持交互式计算，这意味着可以在运行时与代码进行交互，并查看其结果。

（3）可视化工具：Jupyter Notebook 提供了 Matplotlib、Seaborn 和 Bokeh 等可视化工具，这些工具可以帮助开发者创建漂亮的图表和图像。

（4）共享和协作：Jupyter Notebook 支持在线共享和协作，这意味着开发者可以与他人一起编辑和查看笔记本。

（5）扩展性：Jupyter Notebook 具有高度的扩展性，可以安装和使用各种不同的扩展来定制或扩展其功能。

（6）多语言支持：Jupyter Notebook 支持多种编程语言，这使它成为一个通用的交互式计算平台。

由于 Jupyter Notebook 具有交互的特点，所以很多云服务厂商基于 Jupyter Notebook 开发了自己的 Python 云环境平台，开发者可以直接在云服务厂商的云平台上编写 Python 代码。

14.2.1　百度飞桨 AI Studio 云端环境搭建

百度飞桨（PaddlePaddle）AI Studio 是一个专为 AI 开发者打造的一站式深度学习平台。这个平台集成了深度学习框架、模型库、数据集、算力资源和社区交流等多个方面，为开发者提供了从入门到精通的全方位支持。

（1）百度飞桨作为百度自主研发的深度学习框架，是 AI Studio 的核心。这个框架支持动态图和静态图两种编程范式，提供了丰富的 API 和工具，帮助开发者更高效地构建和训练深度学习模型。

（2）AI Studio 上拥有丰富的模型库，涵盖了图像识别、自然语言处理、语音识别等多个领域。这些模型都是经过精心设计和优化的，可以直接在平台上使用，或者作为开发者自定义模型的参考。

（3）AI Studio 还提供了大量的数据集，包括公开数据集和私有数据集。这些数据集覆盖了多行业和场景，可以帮助开发者快速地开展实验和验证模型的效果。同时，AI Studio 还支持用户上传自己的数据集，方便与其他开发者共享和合作。

（4）AI Studio 提供了强大的云端 GPU 和 CPU 算力资源，可以加速深度学习任务的运算速度，缩短模型的训练时间。这些算力资源都是免费的，开发者可以根据自己的需求选择适合的算力配置。

（5）AI Studio 提供了基于浏览器的在线编程环境,无须安装任何软件即可进行深度学习实验。这个环境支持多种编程语言和深度学习框架,并且提供了丰富的代码库和工具,帮助开发者更高效地编写和调试代码。

（6）AI Studio 拥有庞大的用户社区,开发者可以在社区中交流经验、分享代码和模型,并获取来自其他用户的帮助和反馈。社区中还有大量的教程和示例代码,可以帮助开发者快速地上手和理解深度学习的原理和应用。

（7）AI Studio 还提供了丰富的课程和实践机会,帮助开发者从入门到精通掌握深度学习技术。这些课程包括视频教程、文档教程、实战项目等多种形式,可以满足不同学习者的需求。同时,AI Studio 还举办各种比赛和活动,鼓励开发者展示自己的才华和成果。

开发者可以在 AI Studio 上选择合适的环境(如 Python、深度学习等免费环境),然后通过上传数据集、编写代码、运行实验等方式进行深度学习任务的开发和训练。同时,AI Studio 还提供了丰富的文档和教程,帮助开发者更好地使用平台。

14.2.2　Google Colab 云端环境搭建

Google Colab 是一款基于网络的 Jupyter Notebook 环境,由谷歌提供。它允许开发者在浏览器中编写和执行 Python 代码,并且提供了免费的 GPU 和 TPU 资源,用于加速机器学习和人工智能的训练和部署。登录 Google Colab 后,可以看到一个 Jupyter Notebook 环境界面,如图 14-6 所示。

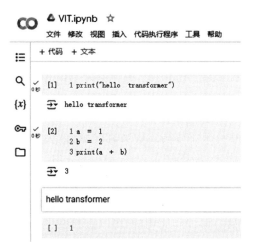

图 14-6　Google Colab 云端 Jupyter Notebook 环境

开发者单击"＋代码"功能,添加一个可执行代码输入框,用户可以直接在输入框中输入需要执行的代码,然后单击输入框左边的执行按键,就可以自动执行代码。当然开发者也可以单击"＋文本"功能输入代码注释文本,或者讲义等,其文本输入框不会被执行。Google Colab 的主要特点和功能如下。

（1）免费的 GPU 和 TPU 资源：Google Colab 为用户提供了免费的 GPU 和 TPU 资

源,这对于加速机器学习和人工智能的训练和部署非常重要。

(2)集成的 Python 环境:Google Colab 提供了一个集成的 Python 环境,包括许多常用的机器学习和人工智能库,如 TensorFlow、PyTorch 和 Keras 等。

(3)可视化工具:Google Colab 提供了 Matplotlib、Seaborn 和 Bokeh 等可视化工具,这些工具可以帮助用户创建漂亮的图表和图像。

(4)共享和协作:Google Colab 支持在线共享和协作,这意味着开发者可以与他人一起编辑和查看笔记本。

(5)集成的 Google Drive 存储:Google Colab 提供了集成的 Google Drive 存储,这使开发者可以在笔记本中直接访问和处理 Google Drive 上的数据。

(6)免费使用:Google Colab 是一个免费的在线工具,可以在浏览器中免费使用。

Google Colab 被广泛地用于机器学习和人工智能等领域,是许多数据科学家、机器学习工程师和研究人员的首选工具之一。它也是许多在线课程和教程的基础,因为它可以帮助学生和教师在一个交互式环境中进行学习和教学。

14.3 本章总结

本章主要介绍了 Python 环境的本地安装及第三方库的安装与使用,并介绍了两个云端 Python 开发环境。若不想在本地搭建 Python 环境,则可以直接在云端 Python 环境下执行代码,毕竟云端环境已经搭建好了 Python 环境,并且已经安装好了绝大多数机器学习与人工智能方向的 Python 第三方库,可以开箱即用。

Transformer 模型自然语言处理领域实例

15.1 基于 Transformer 模型的机器翻译实例

第 1～5 章详细地介绍了 Transformer 模型的框架及各个功能模块的代码实现,而 Transformer 模型最初也是为机器翻译而打造的。那么如何使用 Transformer 模型训练一个机器翻译的模型,又是如何使用 Transformer 模型进行机器翻译呢?

15.1.1 基于 Transformer 模型的机器翻译模型训练

在实现机器翻译(以中英翻译为例)前,首先需要搜集大量的中英文对照数据,并进行机器翻译模型的训练,其模型训练的代码如下:

```python
#第 15 章/15.1.1/基于 Transformer 模型的机器翻译模型训练——第一部分
#导入相关的库
import math
import torch
import numpy as np
import torch.nn as nn
import torch.optim as optim
import torch.utils.data as Data
import torch.nn.functional as F
device = 'cpu'      #使用 CPU 还是 GPU 进行加速推理训练 #device = 'cuda'
epochs = 100        #Transformer 模型训练的步数
#训练集
#这里为了演示随机地输入了 3 个句子,当然真正的模型训练需要大量的数据
sentences = [
    #中文和英语的句子,单词个数不一定相同
    #编码器输入 解码器输入 解码器输出
    ['我 爱 你 P', 'S i love you .', 'i love you . E'],
    ['你 好 吗 P', 'S how are you .', 'how are you . E'],
    ['人 工 智 能 P', 'S artificial intelligence .', 'artificial intelligence . E']
]
#Padding 字符一般会被定义为 0,其他的单词可以自行定义
#中文词库
```

```
src_vocab = {'P': 0, '我': 1, '爱': 2, '你': 3, '好': 4, '吗': 5, '人':6, '工':7, '智':
8, '能':9}
src_idx2word = {i: w for i, w in enumerate(src_vocab)}    #把单词的字典变成
#{0: 'P', 1: '我', 2: '爱', 3: '你', 4: '好', 5: '吗', 6: '人', 7: '工',
#8: '智', 9: '能'}
src_vocab_size = len(src_vocab)                           #输入编码器的词库数据长度
#英文词库
tgt_vocab = {'P': 0, 'i': 1, 'love': 2, 'you': 3, 'how': 4, 'are': 5, 'artificial':
6,'intelligence':7, 'S': 8, 'E': 9, '.': 10}
idx2word = {i: w for i, w in enumerate(tgt_vocab)}        #把单词的字典变成
#{0: 'P', 1: 'i', 2: 'love', 3: 'you', 4: 'how', 5: 'are', 6: 'artificial', #7:
'intelligence', 8: 'S', 9: 'E', 10: '.'}
tgt_vocab_size = len(tgt_vocab)                           #输入解码器的词库数据长度

src_len = 8                  #编码器输入最大句子长度,如果长度不够,则使用 pad 代替
tgt_len = 7                  #解码器输入最大句子长度,如果长度不够,则使用 pad 代替

#Transformer 超参数
d_model = 512                #词嵌入维度
d_ff = 2048                  #前馈神经网络的维度
d_k = d_v = 64               #多头注意力机制维度
n_layers = 6                 #模型搭建的层数
n_heads = 8                  #多头注意力机制的头数
```

在初始化部分,主要是定义 Transformer 模型的一些超参数及输入模型的数据集。当然要想真正训练一个机器翻译的大模型,还需要搜集大量的训练数据集,而这里为了演示代码的运行过程,定义了几个中英翻译的句子。每个句子的中英文的数据按照列表类型保存起来,其每列表由三部分组成,例如['我 爱 你 P', 'S i love you .', 'i love you . E']。

(1) 第一部分是中文数据"我 爱 你 P",此数据会传递给 Transformer 模型的编码器,作为中文输入数据,其中字母"P"代表掩码字符。

(2) 第二部分是对应的英文数据"S i love you .",此数据会传递给 Transformer 模型的解码器,作为英文输入数据,其字母"S"代表单词 start,如果 Transformer 模型碰到单词"S",则说明模型需要开始预测下一个单词了。

(3) 第三部分是英文数据"i love you . E",此数据作为 Transformer 模型解码器的输出,其字母"E",代表单词 end,Transformer 模型一旦碰到字母"E",则说明模型需要结束预测。

得到训练集数据后,需要把每个汉字及每个英文单词都使用阿拉伯数字来代替,以便后期进行词嵌入操作,例如"0"代表"P",在中文数据集中"1"代表"我",在英文数据集中"1"代表"i"等。需要把数据集按照数字依次排列,当然每个数字代表的数据集单词并不是固定的,只要确保不重复使用即可,其代码如下:

```
#第 15 章/15.1.1/基于 Transformer 模型的机器翻译模型训练——第二部分
def make_data(sentences):
```

```
#把单词序列转换为数字序列
enc_inputs, dec_inputs, dec_outputs = [], [], []
for i in range(len(sentences)):
    enc_input = [src_vocab[n] for n in sentences[i][0].split()]
    #每次生成这一行 sentence 中 encoder_input 对应的 id 编码
    for _ in range(src_len-len(enc_input)):
        enc_input.append(0)
    dec_input = [tgt_vocab[n] for n in sentences[i][1].split()]
    #每次生成这一行 sentence 中 decoder_input 对应的 id 编码
    for _ in range(tgt_len-len(dec_input)):
        dec_input.append(0)

    dec_output = [tgt_vocab[n] for n in sentences[i][2].split()]
    #每次生成这一行 sentence 中 decoder_output 对应的 id 编码
    for _ in range(tgt_len-len(dec_output)):
        dec_output.append(0)
    enc_inputs.append(enc_input)
    dec_inputs.append(dec_input)
    dec_outputs.append(dec_output)
return torch.LongTensor(enc_inputs), torch.LongTensor(dec_inputs), torch.
LongTensor(dec_outputs)
#格式化输入的数据,把单词序列转换为数字序列,如果数据长度不够,则使用 0 填充
enc_inputs, dec_inputs, dec_outputs = make_data(sentences)

#定义 Data Loader,方便模型进行训练
class MyDataSet(Data.Dataset):
    def __init__(self, enc_inputs, dec_inputs, dec_outputs):
        super(MyDataSet, self).__init__()
        self.enc_inputs = enc_inputs
        self.dec_inputs = dec_inputs
        self.dec_outputs = dec_outputs
    def __len__(self):
        return self.enc_inputs.shape[0]
    def __getitem__(self, idx):
        return self.enc_inputs[idx], self.dec_inputs[idx], self.dec_outputs[idx]
#加载数据集
loader = Data.DataLoader(MyDataSet(enc_inputs, dec_inputs, dec_outputs),batch_
size=3, shuffle=True)
```

数据集处理完成后,还需要把数据集中的英文与中文单词都删除,以便获取完全数字的数据。make_data 函数的功能便是输入中英文数据集,获取编码器的数字输入数据及解码器的输入/输出数字数据。由于定义了编码器与解码器最大句子长度,因此此函数执行完成后,如果其输入数据长度不够定义的句子的长度,则需要使用数字"0"进行填充。代码执行完成后,输出如下:

```
enc_inputs:
tensor([[1, 2, 3, 0, 0, 0, 0, 0],
```

```
          [3, 4, 5, 0, 0, 0, 0, 0],
          [6, 7, 8, 9, 0, 0, 0, 0]])
dec_inputs:
tensor([[ 8,  1,  2,  3, 10,  0,  0],
        [ 8,  4,  5,  3, 10,  0,  0],
        [ 8,  6,  7, 10,  0,  0,  0]])
dec_outputs:
tensor([[ 1,  2,  3, 10,  9,  0,  0],
        [ 4,  5,  3, 10,  9,  0,  0],
        [ 6,  7, 10,  9,  0,  0,  0]])
```

可以看到,编码器与解码器的输入数据都被格式化成了数字数据,使用此数据就可以执行 Transformer 模型相关的功能模块代码,其代码如下:

```
#第15章/15.1.1/基于 Transformer 模型的机器翻译模型训练——第三部分
#词嵌入
class Embeddings(nn.Module):          #定义一个 Embeddings 类,继承自 nn.Module
    def __init__(self, vocab_size, d_model):
    #初始化函数,输入词汇表大小和词向量维度
        super(Embeddings, self).__init__()          #调用父类的初始化函数
        self.emb = nn.Embedding(vocab_size,d_model)
    #定义一个 nn.Embedding 对象,用于词向量映射
    def forward(self,x):                      #前向传播函数,输入 x
        return self.emb(x)                    #返回 x 的词向量映射结果


#位置编码    #定义一个 PositionalEncoding 类,继承自 nn.Module
class PositionalEncoding(nn.Module):
    #初始化函数,输入词向量维度、DropOut 率和最大序列长度
    def __init__(self, d_model, DropOut=0.1, max_len=5000):
        super(PositionalEncoding, self).__init__()    #调用父类的初始化函数
        #定义一个 nn.DropOut 对象,用于 DropOut 操作
        self.DropOut = nn.DropOut(p=DropOut)
        #初始化一个全零矩阵,用于位置编码
        pe = torch.zeros(max_len, d_model)
        #创建一个从 0 到 max_len-1 的位置向量
        position = torch.arange(0, max_len, dtype=torch.float).unsqueeze(1)
        #计算每个维度上的频率因子
        div_term = torch.exp(torch.arange(0, d_model, 2).float() * (-math.log
(10000.0) / d_model))
        #每个偶数维度上应用正弦函数
        pe[:, 0::2] = torch.sin(position *div_term)
        #每个奇数维度上应用余弦函数
        pe[:, 1::2] = torch.cos(position *div_term)
        #将位置编码矩阵转置并添加一个批次维度
        pe = pe.unsqueeze(0).transpose(0, 1)
        #将位置编码矩阵注册为一个缓冲区,不需要梯度更新
        self.register_buffer('pe', pe)
    def forward(self, x):                      #前向传播函数,输入 x
```

```
            x = x + self.pe[:x.size(0), :]              #将位置编码添加到 x 上
            return self.DropOut(x)                      #应用 DropOut 操作并返回结果

    #获取 attention 的 Pad Mask,输入 query 序列和 key 序列的 Pad Mask
    def get_attn_pad_mask(seq_q, seq_k):
        batch_size, len_q = seq_q.size()                #获取 query 序列的批次大小和序列长度
        batch_size, len_k = seq_k.size()                #获取 key 序列的批次大小和序列长度
        #创建一个 Pad Mask,1 表示 Pad 位置,0 表示非 Pad 位置
        pad_attn_mask = seq_k.data.eq(0).unsqueeze(1)
        #将 Pad Mask 扩展到[batch_size, len_q, len_k]的形状
        return pad_attn_mask.expand(batch_size, len_q, len_k)
    #获取 Attention 的 Subsequence Mask,输入序列 Sequence Mask
    def get_attn_subsequence_mask(seq):
        #获取 Attention 的形状
        attn_shape = [seq.size(0), seq.size(1), seq.size(1)]
        #创建一个上三角矩阵,1 表示可以 Attention,0 表示不可以 Attention
        subsequence_mask = np.triu(np.ones(attn_shape), k=1)
        #将上三角矩阵转换为 byte 类型的 Tensor 并返回
        return torch.from_numpy(subsequence_mask).byte()
```

输入数据首先需要经过词嵌入与位置编码后才可以传递给 Transformer 模型进行注意力机制计算,这里定义了 pad_mask 与 sequence_mask 矩阵的计算函数,方便计算编码器与解码器的掩码矩阵,然后搭建注意力机制计算代码,代码如下:

```
#第 15 章/15.1.1/基于 Transformer 模型的机器翻译模型训练——第四部分
#Self Attention 注意力机制,根据注意力机制的计算公式计算注意力机制
class ScaledDotProductAttention(nn.Module):
    def __init__(self):
        super(ScaledDotProductAttention, self).__init__()
    def forward(self, Q, K, V, attn_mask):
        #Q: [batch_size, len_q, d_k]               #[2,5,512]
        #K: [batch_size, len_k, d_k]               #[2,5,512]
        #V: [batch_size, len_v(=len_k), d_v]       #[2,5,512]
        #attn_mask: [batch_size, seq_len, seq_len] #[2,5,5]
        #scores:[batch_size,len_q,len_k]           #[2,5,5]
        #计算注意力矩阵
        scores = torch.matmul(Q, K.transpose(-1, -2)) / np.sqrt(d_k)
        if attn_mask is not None: 判断是否存在掩码矩阵
            #[2,5,5]若有掩码矩阵,则需要设置为一个很小的数
            scores.masked_fill_(attn_mask, -1e9)
        attn = nn.Softmax(dim=-1)(scores)          #对最后一个维度(v)进行 Softmax 操作
        #result: [batch_size, len_q, d_v]          #[2,5,512]
        result = torch.matmul(attn, V)             #[2,5,512] 计算最终的注意力数据
        return result, attn                        #attn 注意力矩阵(用于可视化)

#multi-head attention 多头注意力,分开 8 个头,分别做注意力机制
class MultiHeadAttention(nn.Module):
    def __init__(self):
```

```
        super(MultiHeadAttention, self).__init__()
        #定义 Wq、Wk、Wv、Wo 四个矩阵
        self.W_Q = nn.Linear(d_model, d_k *n_heads, bias=False)   #512*512
        self.W_K = nn.Linear(d_model, d_k *n_heads, bias=False)   #512*512
        self.W_V = nn.Linear(d_model, d_v *n_heads, bias=False)   #512*512
        self.W_O = nn.Linear(n_heads *d_v, d_model, bias=False)   #512*512
    def forward(self, input_Q, input_K, input_V, attn_mask):
        #input_Q: [batch_size, len_q, d_model]                    #[2, 5, 512]
        #input_K: [batch_size, len_k, d_model]                    #[2, 5, 512]
        #input_V: [batch_size, len_v(=len_k), d_model]            #[2, 5, 512]
        #attn_mask: [batch_size, seq_len, seq_len]                #[2, 5, 5]
        residual, batch_size = input_Q, input_Q.size(0)
#[ 2*5*512]保存输入数据，便于计算残差
        #B: batch_size, S:seq_len, D: dim
        #(B,S,D)-proj-> (B,S,D_new)-split->(B,S,Head,W)-trans->(B,Head,S,W)
        #Q: [batch_size, n_heads, len_q, d_k]                     #[2, 8, 5, 64]
        #计算多头注意力机制的Q、K、V矩阵
        Q = self.W_Q(input_Q).view(batch_size, -1, n_heads, d_k).transpose(1, 2)
        #K: [batch_size, n_heads, len_k, d_k]                     #[2, 8, 5, 64]
        K = self.W_K(input_K).view(batch_size, -1, n_heads, d_k).transpose(1, 2)
        #V: [batch_size, n_heads, len_v(=len_k), d_v]             #[2, 8, 5, 64]
        V = self.W_V(input_V).view(batch_size, -1, n_heads, d_v).transpose(1, 2)

        #attn_mask:[batch_size,seq_len,seq_len] ->->->->
        #->->->->->[batch_size,n_heads,seq_len,seq_len]计算掩码矩阵
        attn_mask = attn_mask.unsqueeze(1).repeat(1, n_heads, 1, 1)#[2,8,5,5]
        #result:[batch_size,n_heads,len_q,d_v]      #[2,8,5,64]
        #attn:[batch_size,n_heads,len_q, len_k]     #[2,8,5,5]
        #计算多头注意力机制
        result, attn = ScaledDotProductAttention()(Q, K, V, attn_mask)

        #result:[batch_size,n_heads,len_q,d_v]->[batch_size,len_q,n_heads *d_v]
        #contat heads #result [2,5,512]              #合并 8 个头的数据
        result = result.transpose(1, 2).reshape(batch_size, -1, n_heads *d_v)
        #[batch_size, len_q, d_model]                #[2,5,512]#Wo 线性变换
        output = self.W_O(result)
        #[2,5,512]残差连接与数据归一化
        return nn.LayerNorm(d_model)(output + residual), attn
#Feed Forward 前馈神经网络
class PoswiseFeedForwardNet(nn.Module):
    def __init__(self):
        super(PoswiseFeedForwardNet, self).__init__()
        self.fc = nn.Sequential(
            nn.Linear(d_model, d_ff, bias=False),    #W1 [512,2048]
            nn.ReLU(),                               #max(0,w1*x+b1)
            nn.Linear(d_ff, d_model, bias=False))    #W2 [2048,512]
    def forward(self, inputs):
        #inputs: [batch_size, seq_len, d_model]
        #根据前馈神经网络的公式计算前馈神经网络数据
        residual = inputs
```

```
        output = self.fc(inputs)
        #[batch_size, seq_len, d_model]
        return nn.LayerNorm(d_model)(output + residual)
```

搭建编码器与解码器的功能模块代码,主要包含注意力机制与多头注意力机制的代码实现及前馈神经网络的代码实现,有了以上功能代码模块,便可以搭建整个 Transformer 模型了,代码如下:

```
#第 15 章/15.1.1/基于 Transformer 模型的机器翻译模型训练——第五部分
#解码器搭建
class EncoderLayer(nn.Module):
    def __init__(self):
        super(EncoderLayer, self).__init__()
        self.enc_self_attn = MultiHeadAttention()
        self.pos_ffn = PoswiseFeedForwardNet()
    def forward(self, enc_inputs, enc_self_attn_mask):
        #enc_inputs: [batch_size, src_len, d_model]
        #mask 矩阵(pad mask or sequence mask)
        #enc_self_attn_mask: [batch_size, src_len, src_len]
        #enc_outputs: [batch_size, src_len, d_model] [2,5,512]
        #attn: [batch_size, n_heads, src_len, src_len] [2,5,5]
        enc_outputs, attn = self.enc_self_attn(enc_inputs, enc_inputs,
                                    enc_inputs, enc_self_attn_mask)
        enc_outputs = self.pos_ffn(enc_outputs)              #[2,5,512]
        #enc_outputs: [batch_size, src_len, d_model]
        return enc_outputs, attn

class Encoder(nn.Module):
    def __init__(self):
        super(Encoder, self).__init__()
        self.src_emb = Embeddings(src_vocab_size, d_model)      #Embedding
        self.pos_emb = PositionalEncoding(d_model)      #Transformer 中的位置编码
        self.layers = nn.ModuleList([EncoderLayer() for _ in range(n_layers)])

    def forward(self, enc_inputs):
        #enc_inputs: [batch_size, src_len]              #[2,5]
        enc_outputs = self.src_emb(enc_inputs)          #[2, 5, 512]
        #enc_outputs [batch_size, src_len, src_len]     #[2, 5, 512]
        enc_outputs = self.pos_emb(enc_outputs.transpose(0,1)).transpose(0, 1)
        #Encoder 输入 Pad Mask 矩阵 #[batch_size, src_len, src_len] [2,5,5]
        enc_self_attn_mask = get_attn_pad_mask(enc_inputs, enc_inputs)
        enc_self_attns = []     #这个主要是为了画热力图,用来看各个词之间的关系
        for layer in self.layers: #for 循环访问 nn.ModuleList,进行 6 次循环堆叠
            #enc_outputs: [batch_size, src_len, d_model], [2, 5, 512]
            #enc_self_attn: [batch_size, n_heads, src_len, src_len] [2,8,5,5]
            enc_outputs, enc_self_attn = layer(enc_outputs, enc_self_attn_mask)
            enc_self_attns.append(enc_self_attn)        #可视化
        return enc_outputs, enc_self_attns      #enc_outputs [2, 5, 512]
```

```
#解码器搭建
class DecoderLayer(nn.Module):
    def __init__(self):
        super(DecoderLayer, self).__init__()
        #Decoder 自注意力机制
        self.dec_self_attn = MultiHeadAttention()
        #Decoder enc_dec_attention 交互层
        self.dec_enc_attn = MultiHeadAttention()
        #Decoder 前馈神经网络
        self.pos_ffn = PoswiseFeedForwardNet()
    def forward(self, dec_inputs, enc_outputs, dec_self_attn_mask, dec_enc_attn_
mask):
        #dec_inputs: [batch_size, tgt_len, d_model]                #[2,5,512]
        #dec_self_attn_mask: [batch_size, tgt_len, tgt_len]        #[2,5,5]
        #dec_outputs: [batch_size, tgt_len, d_model]               #[2,5,512]
        #dec_self_attn: [batch_size, n_heads, tgt_len, tgt_len]    #[2,8,5,5]
        #Decoder 自注意力机制，Q、K、V 来自 Decoder 的输入         #[2,5,512]
        dec_outputs, dec_self_attn = self.dec_self_attn(dec_inputs, dec_inputs,
dec_inputs,dec_self_attn_mask)
        #dec_outputs: [batch_size, tgt_len, d_model]               #[2,5,512]
        #enc_outputs: [batch_size, src_len, d_model]               #[2,5,512]
        #dec_enc_attn: [batch_size, h_heads, tgt_len, src_len]     #[2,8,5,5]
        #dec_enc_attn_mask: [batch_size, tgt_len, src_len]         #[2,5,5]
        #这里 Encoder 输入长度与 Decoder 输入句子长度不一定相等
        #dec_enc_Attention 层的 Q 来自 decoder，K、V 来自 encoder   #[2,5,512]
        dec_outputs, dec_enc_attn = self.dec_enc_attn(dec_outputs, enc_outputs,
enc_outputs,dec_enc_attn_mask)
        dec_outputs = self.pos_ffn(dec_outputs)                    #[2,5,512]
        #dec_self_attn、dec_enc_attn 两个矩阵是为了可视化
        return dec_outputs, dec_self_attn, dec_enc_attn


class Decoder(nn.Module):
    def __init__(self):
        super(Decoder, self).__init__()
        self.tgt_emb = Embeddings(tgt_vocab_size, d_model)
        self.pos_emb = PositionalEncoding(d_model)
        #DecoderLayer Block 一共 6 层，跟 Encoder 相同
        self.layers = nn.ModuleList([DecoderLayer() for _ in range(n_layers)])
    def forward(self, dec_inputs, enc_inputs, enc_outputs):
        #dec_inputs: [batch_size, tgt_len] [2,5]
        #enc_inputs: [batch_size, src_len] [2,5]
        #enc_outputs 用在编码器-解码器注意力交互层
        #enc_outputs: [batch_size, src_len, d_model] [2,5,512]
        dec_outputs = self.tgt_emb(dec_inputs)                     #[2,5,512]
        #dec_outputs 位置编码+Embedding 词嵌入                     #[2,5,512]
        dec_outputs = self.pos_emb(dec_outputs.transpose(0, 1)).transpose(0, 1)
        #Decoder 输入序列的 Pad Mask 矩阵                          #[2,5,5]
        dec_self_attn_pad_mask = get_attn_pad_mask(dec_inputs, dec_inputs)
```

```
            #Decoder 输入序列的 Sequence Mask 矩阵                            #[2,5,5]
            dec_self_attn_subsequence_mask = get_attn_subsequence_mask(dec_inputs)
            #Decoder 中把 Pad Mask + Sequence Mask
            #既屏蔽了 Pad 的信息，也屏蔽了未来的信息                              #[2,5,5]
            dec_self_attn_mask = torch.gt((dec_self_attn_pad_mask +
                                    dec_self_attn_subsequence_mask), 0)
            #dec_enc Mask 主要用于编码器-解码器注意力交互层
            #因为 dec_enc_attn 输入是 Encoder 的 K、V，以及 Decoder 的 Q
            #求 Attention 时是用 v1,v2,…,vm 去加权，要把 Pad 对应的 v_i 的相关系数设为 0
            #dec_inputs 提供扩展维度的大小
            #[batc_size, tgt_len, src_len]这里 tgt_len 与 src_len 不一定相等#[2,5,5]
            dec_enc_attn_mask = get_attn_pad_mask(dec_inputs, enc_inputs)
            #用于可视化的矩阵，一个 Self-Attention 一个 enc_dec_attention
            dec_self_attns, dec_enc_attns = [], []
            for layer in self.layers: #遍历 Decoder Block,n = 6
                #dec_outputs:[batch_size,tgt_len,d_model]解码器的输入[2,5,512]
                #enc_outputs:[batch_size,src_len,d_model]编码器的输入[2,5,512]
                #dec_self_attn:[batch_size,n_heads,tgt_len,tgt_len][2,8,5,5]
                #dec_enc_attn:[batch_size,h_heads,tgt_len,src_len][2,8,5,5]
                #解码器的 Block 是上一个 Block 的输出 dec_outputs(变化矩阵)
                #编码器网络的输出 enc_outputs(固定矩阵)
                dec_outputs, dec_self_attn, dec_enc_attn = layer(dec_outputs,
                            enc_outputs, dec_self_attn_mask,dec_enc_attn_mask)
                dec_self_attns.append(dec_self_attn)            #可视化矩阵 [2,8,5,5]
                dec_enc_attns.append(dec_enc_attn)              #可视化矩阵 [2,8,5,5]
            #dec_outputs: [batch_size, tgt_len, d_model]        #[2,5,512]
            return dec_outputs, dec_self_attns, dec_enc_attns


#Transformer 模型搭建
class Transformer(nn.Module):
    def __init__(self):
        super(Transformer, self).__init__()
        self.encoder = Encoder()                               #编码器
        self.decoder = Decoder()                               #解码器
        #最终模型的输出经过 Linear 层进行 Shape 转换
        self.projection = nn.Linear(d_model, tgt_vocab_size, bias=False)


    def forward(self, enc_inputs, dec_inputs):
        #enc_inputs: [batch_size, src_len][2,5]
        #dec_inputs: [batch_size, tgt_len][2,5]
        #enc_outputs: [batch_size, src_len, d_model], [2,5,512]
        #enc_self_attns: [n_layers, batch_size, n_heads, src_len, src_len]
        #经过 Encoder 网络后,输出[batch_size, src_len, d_model][2,5,512]
        enc_outputs, enc_self_attns = self.encoder(enc_inputs)
        #dec_outputs: [batch_size, tgt_len, d_model][2,5,512]
        #dec_self_attns: [n_layers, batch_size, n_heads, tgt_len, tgt_len]
        #dec_enc_attn: [n_layers, batch_size, tgt_len, src_len][8,2,5,5]
        dec_outputs, dec_self_attns, dec_enc_attns = self.decoder(dec_inputs,
    enc_inputs, enc_outputs)
        #dec_outputs: [batch_size, tgt_len, d_model][2,5,512]->
```

```
#dec_logits: [batch_size, tgt_len, tgt_vocab_size][2,5,10]
#线性变换,把输出数据维度转换到序列长度
dec_logits = self.projection(dec_outputs)
#Softmax 输出,得到每个输出的概率,概率和为 1
dec_logits = F.log_softmax(dec_logits, dim=-1)

return (dec_logits.view(-1, dec_logits.size(-1)),
                enc_self_attns, dec_self_attns, dec_enc_attns)
```

使用 Transformer 模型的各个功能模块代码搭建编码器与解码器,并合并编码器与解码器,以此搭建完整的 Transformer 模型。Transformer 模型的输出同样是一组数字数据,可以使用字典的操作方法,把数字数据映射到英文单词。接下来,便可以训练 Transformer 模型了,代码如下:

```
#第 15 章/15.1.1/基于 Transformer 模型的机器翻译模型训练——第六部分
#模型训练
#实例化一个 Transformer 模型,并将其移动到 device 上
model = Transformer().to(device)
#损失函数设置了一个参数 ignore_index=0,因为 "pad" 这个单词的索引为 0,所以不需要做损失
#定义损失函数,忽略 pad 的索引
criterion = nn.CrossEntropyLoss(ignore_index=0)
#定义优化器,使用 SGD,学习率为 1e-3,动量为 0.99
optimizer = optim.SGD(model.parameters(), lr=1e-3, momentum=0.99)

for epoch in range(epochs):                             #遍历所有的 epoch
    for enc_inputs, dec_inputs, dec_outputs in loader:  #遍历所有的数据
        """
        enc_inputs: [batch_size, src_len]
        dec_inputs: [batch_size, tgt_len]
        dec_outputs: [batch_size, tgt_len]
        """
        enc_inputs, dec_inputs, dec_outputs = enc_inputs.to(device), dec_
inputs.to(device), dec_outputs.to(device)       #将输入数据移动到 CPU 上

        #outputs: [batch_size *tgt_len, tgt_vocab_size]
        outputs, enc_self_attns, dec_self_attns, dec_enc_attns = model(enc_
inputs, dec_inputs)                             #将输入数据输入模型中,获得输出
        #计算损失
        loss = criterion(outputs, dec_outputs.view(-1))
        #dec_outputs.view(-1):[batch_size *tgt_len *tgt_vocab_size]

        print('Epoch:', '%04d' % (epoch + 1), 'loss =', '{:.6f}'.format(loss))
        #打印当前的 epoch 和 loss
        optimizer.zero_grad()                           #清零梯度
        loss.backward()                                 #反向传播
        optimizer.step()                                #更新参数

output_model_file = "pytorch_model.bin"                 #定义模型保存路径
```

```
#获取需要保存的模型
model_to_save = model.module if hasattr(model, 'module') else model
torch.save(model_to_save.state_dict(), output_model_file)        #保存模型参数
```

Transformer 模型搭建完成后,便可以进行模型的训练了,首先需要实例化 Transformer 模型,并把模型数据移动到相关的设备上进行加速(这里默认为 CPU,若有 GPU,则可以使用 GPU 加速)。定义模型的损失函数和优化器,并根据设置的训练步数进行模型训练,并在模型的训练过程中,添加前向传播和反向传播,实现实时更新模型参数。等模型训练完成后,保存预训练模型,方便后期进行推理使用。

损失函数和优化器是机器学习中非常重要的两个概念。

损失函数用来衡量模型的预测值和真实值之间的差距,从而指导进行模型训练。常用的损失函数包括以下几种。

(1)均方误差(Mean Squared Error,MSE):用于回归问题,计算预测值和真实值之间的平方差的平均值。

(2)交叉熵损失(Cross Entropy Loss):用于分类问题,计算预测值和真实值之间的负对数似然。

(3)绝对误差(Absolute Error,L1 Loss):用于回归问题,计算预测值和真实值之间的绝对差的平均值。

(4)对数似然损失(Log Likelihood Loss):用于序列生成问题,计算预测值和真实值之间的对数似然。

优化器用来更新模型的参数,从而使损失函数的值最小化。常用的优化器包括以下几种。

(1)随机梯度下降(Stochastic Gradient Descent,SGD):最基本的优化器,每次迭代时只使用一个样本来更新参数。

(2)动量梯度下降(Momentum SGD):在 SGD 的基础上引入了动量项,可以加速收敛。

(3)自适应学习率优化器(Adagrad),可以自动调整每个参数的学习率。

(4)Adadelta:Adagrad 的变种,可以自动调整学习率,不需要手动设置学习率。

(5)Adam:结合了 Adagrad 和动量梯度下降的优势,可以自动调整每个参数的学习率,并且具有较好的收敛性和稳定性。

每种优化器都有其自身的特点和适用场景,在实际应用中需要根据具体问题和数据特点来选择合适的优化器,而损失函数与优化器的选取及相关参数的调整,便是著名的调参过程。运行以上代码,模型就可以自动地进行训练了,中间过程可以打印模型训练的效果,其输出如下:

```
Epoch: 0001 loss = 2.324783
Epoch: 0002 loss = 2.121993
Epoch: 0003 loss = 1.900783
```

```
Epoch: 0004 loss = 1.731472
Epoch: 0005 loss = 1.597675
Epoch: 0006 loss = 1.427384
…
此处省略
…
Epoch: 0093 loss = 0.000687
Epoch: 0094 loss = 0.000958
Epoch: 0095 loss = 0.001113
Epoch: 0096 loss = 0.000923
Epoch: 0097 loss = 0.000945
Epoch: 0098 loss = 0.000782
Epoch: 0099 loss = 0.000620
Epoch: 0100 loss = 0.000507
```

可以看到,随着模型训练步数的增加,其计算"loss"(模型预测数据与真实数据的偏差)也会越来越小,表明模型已经学习到了中英翻译的数据,并且预测出来的数据也越来越接近真实的中英对照数据集。

15.1.2　基于 Transformer 模型的机器翻译模型推理过程

Transformer 模型推理阶段的相关模型搭建代码跟训练阶段完全一致,只需删除 15.1.1 节第六部分的代码,使用推理部分的代码,其实现模型推理过程的代码如下:

```
#创建一个 Transformer 模型,并将其移动到指定的设备上
model = Transformer().to(device)
model_weight_path = "pytorch_model.bin"          #定义模型权重文件路径
#加载模型权重
model.load_state_dict(torch.load(model_weight_path, map_location=device))
model.eval()                                     #将模型设置为评估模式
def greedy_decoder(model, enc_input, start_symbol):
    """贪心编码
    http://nlp.seas.harvard.edu/2018/04/03/attention.html     #greedy-decoding
    """
    enc_outputs, enc_self_attns = model.encoder(enc_input)
    dec_input = torch.zeros(1, 0).type_as(enc_input.data)
    terminal = False
    next_symbol = start_symbol                   #初始化下一个符号为起始符号
    while not terminal:
        #预测阶段: dec_input 序列会变长(每次添加一个新预测出来的单词)
        dec_input = torch.cat([dec_input.to(device), torch.tensor([[next_
symbol]], dtype=enc_input.dtype).to(device)],
                              -1)                #将下一个符号添加到解码器输入中
        #将解码器输入、编码器输入和编码器输出传递给解码器,获得解码器输出
        dec_outputs, _, _ = model.decoder(dec_input, enc_input, enc_outputs)
        #将解码器输出传递给投影层,获得最终的输出
        projected = model.projection(dec_outputs)
```

```
        #计算输出的最大概率和对应的符号
        prob = projected.squeeze(0).max(dim=-1, keepdim=False)[1]
        #增量更新(希望重复单词预测结果是一样的)
        #在预测时会选择性地忽略重复的预测的词,只摘取最新预测的单词拼接到输入序列中
        next_word = prob.data[-1]           #取出当前预测的单词(数字)
        #用 x'_t 对应的输出 z_t 去预测下一个单词的概率,不用 z_1,z_2..z_{t-1}
        #获取当前预测的单词
        next_symbol = next_word             #将当前预测的单词设置为下一个符号
        #如果下一个符号为结束符号,则将终止标志设置为 True
        if next_symbol == tgt_vocab["E"]:
            terminal = True
    #去除解码器输入中的起始符号,获得最终的预测结果
    greedy_dec_predict = dec_input[:, 1:]
    return greedy_dec_predict               #返回预测结果
#预测
#这里只输入 enc_input 人 工 智 能,dec_input 和 dec_output 为空,让模型预测出翻译的单词
sentences = [
    #enc_input dec_input dec_output
    ['人 工 智 能 P', '', '']]
sentences1 = [
    #enc_input dec_input dec_output
    ['你 好 吗 P', '', '']]
enc_inputs, dec_inputs, dec_outputs = make_data(sentences)       #创建数据集
#创建数据加载器
test_loader = Data.DataLoader(MyDataSet(enc_inputs, dec_inputs, dec_outputs),
2, True)
enc_inputs, _, _ = next(iter(test_loader))               #获取第 1 个批次的编码器输入

#对每个编码器输入进行解码
for i in range(len(enc_inputs)):
    greedy_dec_predict = greedy_decoder(model, enc_inputs[i].view(1, -1).to
(device), start_symbol=tgt_vocab["S"])                    #调用贪心解码函数获得预测结果
    print(enc_inputs[i], '->', greedy_dec_predict.squeeze())
    #打印编码器输入和预测结果
    print([src_idx2word[t.item()] for t in enc_inputs[i]], '->',
          [idx2word[n.item()] for n in greedy_dec_predict.squeeze()])
    #打印编码器输入和预测结果对应的单词
```

　　按照标准的模型搭建代码搭建整个 Transformer 模型,并加载 15.1.1 节训练完成的预训练模型。预训练模型类似一个已经学习到了中英文翻译的专家,可以直接把需要翻译的文本传递给预训练模型,这样模型就可以输出对应的英文文本。

　　在序列生成任务中,常常需要根据已有的输入序列来预测下一个单词,直到生成一个完整的序列。贪心算法是最简单的序列生成策略之一,它每次都选择当前最有可能的单词作为输出。在 Transformer 模型中,贪心算法可以用来实现自回归解码(Autoregressive Decoding),即每次根据已有的输入序列和上一个时刻的输出来预测下一个单词。

除了贪心算法外，还有其他一些序列生成策略，如束搜索（Beam Search）和采样（Sampling）。束搜索是一种更加高级的解码策略，它每次选择当前最有可能的 k 个单词作为输出，并在下一个时刻对这 k 个单词进行扩展，直到生成一个完整的序列。采样则是根据模型的输出概率分布来随机选择下一个单词，从而增加生成的序列的多样性。这些策略可能会提高生成的序列的质量，但它们更加复杂，并且计算量大。

使用贪心算法是因为它简单易用，并且在很多情况下可以获得不错的结果。虽然贪心算法简单易用，但它有一些缺点。由于每次只选择当前最有可能的单词，因此贪心算法可能会忽略其他可能更好的序列。此外，贪心算法还可能导致模型生成的序列过于简单和单调。

最后新建一个输入序列，此序列只有中文输入文本，让模型自动将其翻译成英文。运行以上代码，输出如下：

```
tensor([6, 7, 8, 9, 0, 0, 0, 0]) -> tensor([ 6, 7, 10])
['人', '工', '智', '能', 'P', 'P', 'P', 'P'] ->['artificial', 'intelligence', '.']
```

其中[6，7，8，9，0，0，0，0]为中文输入数据['人'，'工'，'智'，'能'，'P'，'P'，'P'，'P']，而[6，7，10]是模型预测推理出的英文数据['artificial'，'intelligence'，'. ']。这样通过以上预测，模型便实现了中英翻译功能。

15.2　基于 Transformer 模型的 BERT 模型应用实例

不同于标准的 Transformer 模型，BERT 模型仅采用了编码器部分，并且采用了双向注意力机制。输入数据可以看到当前时间节点以前与以后的数据，只是个别单词被掩码遮掩了，就像完形填空一样，训练模型去预测缺失的单词。

15.2.1　Hugging Face Transformers 库

搭建 Transformer 模型是一个标准的过程，只是中间的一些超参数会有些不同，但是从整体来看，其搭建 Transformer 模型完全可以封装各个功能模块代码，优化代码长度，而其中最著名的便是 Transformers 库了。Transformers 是一个开源库，专门用于自然语言处理任务中的 Transformer 模型。该库由 Hugging Face 公司开发并维护，目前已经成为自然语言处理领域中最流行和使用最广泛的库之一。

Transformers 库的主要特点如下。

（1）模型丰富：Transformers 库提供了许多先进的自然语言处理模型，包括 BERT、RoBERTa、GPT-2、T5 等，这些模型在许多自然语言处理任务中都取得了非常好的效果。

（2）易于使用：Transformers 库提供了简单易用的 API，用户可以很方便地使用该库来完成各种自然语言处理任务，无须深入了解 Transformer 模型的细节。

（3）预训练模型：Transformers 库提供了许多预训练好的模型，用户可以直接使用这些模型来完成各种自然语言处理任务，无须从头开始训练模型。

（4）支持多种语言：Transformers 库支持多种语言，包括英语、中文、法语、德语等，用户可以使用该库来处理不同语言的文本数据。

（5）开源和社区支持：Transformers 库是一个开源项目，有着庞大的社区支持，用户可以在 GitHub 上找到许多关于该库的教程和示例。

使用 Transformers 库可以帮助用户快速地搭建起一个高质量的自然语言处理模型，并且可以节省大量的时间和计算资源。该库被广泛地应用于许多自然语言处理任务中，包括文本分类、命名实体识别、情感分析、问答系统等。

15.2.2　基于 Transformers 库的 BERT 应用实例

在使用 Transformers 库之前，首先需要确保已经安装了 Transformers 库，其安装很简单，只需执行如下代码：

```
pip install transformers
```

而 BERT 模型最著名的应用便是做完形填空，其代码如下：

```
#第 15 章/15.2.2/基于 Transformers 库的 BERT 应用实例-完形填空
from transformers import pipeline
fill_masker = pipeline(model="google-bert/bert-base-uncased")
fill_masker("This is a simple [MASK].")
```

仅需要三行代码便可搭建整个 Transformer 模型，并且加载了已经训练好的预训练模型，这里只需在第 3 行代码上输入要执行的完形填空的句子，而其中"MASK"一词便是模型需要自己推理预测的单词。模型会输出自己预测的单词与此单词的概率，执行以上代码，输出如下：

```
[{'score': 0.04227164387702942,
  'token': 3291,
  'token_str': 'problem',
  'sequence': 'this is a simple problem.'},
 {'score': 0.031050005927681923,
  'token': 3160,
  'token_str': 'question',
  'sequence': 'this is a simple question.'},
 {'score': 0.029722506180405617,
  'token': 8522,
  'token_str': 'equation',
  'sequence': 'this is a simple equation.'},
 {'score': 0.026522284373641014,
  'token': 2028,
  'token_str': 'one',
  'sequence': 'this is a simple one.'},
 {'score': 0.02415728010237217,
  'token': 3627,
```

```
  'token_str': 'rule',
  'sequence': 'this is a simple rule.'}]
```

BERT 模型除了可以执行完形填空任务外,还可以执行文本分类任务,例如收集用户的评论数据,并分析出哪些是积极的评论,哪些是负面的情绪,而使用 Transformers 库可以很容易地实现文本分类任务,代码如下:

```
#第 15 章/15.2.2/基于 Transformers 库的 BERT 应用实例-文本分类
from transformers import pipeline
classifier = pipeline(model="distilbert/distilbert-base-uncased-finetuned-
sst-2-english")
classifier("This movie is disgustingly good!")
classifier("Director tried too much.")
```

输出如下:

```
[{'label': 'POSITIVE', 'score': 1.0}]
[{'label': 'NEGATIVE', 'score': 0.996}]
```

第一句话为积极正面的评论,而第二句为消极负面评论。

15.1.2 节实现的机器翻译实例也可以直接使用 Transformers 库实现,其代码如下:

```
#第 15 章/15.2.2/基于 Transformers 库的 BERT 应用实例-机器翻译-英语翻译成德语
from transformers import T5Tokenizer, T5ForConditionalGeneration
tokenizer = T5Tokenizer.from_pretrained("google-t5/t5-base")
model = T5ForConditionalGeneration.from_pretrained("google-t5/t5-base")
input_ids = tokenizer("translate English to German: The house is wonderful.",
return_tensors="pt").input_ids
outputs = model.generate(input_ids)
print(tokenizer.decode(outputs[0], skip_special_tokens=True))
```

输出如下:

```
Das Haus ist wunderbar.
```

15.2.3 训练一个基于 BERT 模型的文本多分类任务模型

当然基于 Transformers 库可以很容易地搭建一个训练模型,本实例基于 BERT 预训练模型打造一个文本多分类任务模型,代码如下:

```
#第 15 章/15.2.3/ 训练一个基于 BERT 模型的文本多分类任务模型——第一部分
#安装必要的库
!pip install accelerate -U
!pip install transformers[torch]
!pip install transformers==4.28.0
```

```
!pip install datasets
#导入必要的库
from transformers import TrainingArguments, Trainer
from datasets import load_dataset
from transformers import AutoTokenizer
from transformers import AutoModelForSequenceClassification
import numpy as np
from sklearn.metrics import f1_score, roc_auc_score, accuracy_score
from transformers import EvalPrediction
import torch
#加载数据集
dataset = load_dataset("sem_eval_2018_task_1", "subtask5.english")
#获取数据集中的标签
labels =[label for label in dataset['train'].features.keys() if label not in ['ID',
'Tweet']]
#创建一个字典,将标签的索引映射到标签名
id2label = {idx:label for idx, label in enumerate(labels)}
#创建一个字典,将标签名映射到标签的索引
label2id = {label:idx for idx, label in enumerate(labels)}
#加载分词器
tokenizer = AutoTokenizer.from_pretrained("bert-base-uncased")
#定义一个函数,用于预处理数据
def preprocess_data(examples):
    text = examples["Tweet"]                          #获取文本数据
    encoding = tokenizer(text, padding="max_length", truncation=True, max_length=128)
    #对文本进行编码
    #获取标签数据
    labels_batch = {k: examples[k] for k in examples.keys() if k in labels}
    #创建一个全零的标签矩阵
    labels_matrix = np.zeros((len(text), len(labels)))
    for idx, label in enumerate(labels):              #将标签数据转换为矩阵形式
        labels_matrix[:, idx] = labels_batch[label]
    encoding["labels"] = labels_matrix.tolist()        #将标签矩阵添加到编码中
    return encoding
#预处理数据集
encoded_dataset = dataset.map(preprocess_data, batched=True, remove_columns=
dataset['train'].column_names)
#将数据集的格式设置为 torch
encoded_dataset.set_format("torch")
```

使用 BERT 预训练模型执行文本多标签分类任务前,需要安装 Transformers 相关的第三方库,并加载一个需要训练的数据集。在将数据加载到训练模型之前,需要对输入数据进行预处理。一般包含获取数据集中的文本数据,以及获取数据的标签。数据集"sem_eval-2018 Task 1:Affect in Tweets"是 SemEval 2018 年的一个任务,旨在研究和评估对 Twitter 上的情感进行分析的技术。该任务包括 5 个子任务,其中第 5 个子任务(Subtask5)是一个多标签文本分类任务,要求对每条推文进行分类,判断其中是否含有 11 种情感,其情感标签如下:

```
"id2label": {
  "0": "anger",
  "1": "anticipation",
  "2": "disgust",
  "3": "fear",
  "4": "joy",
  "5": "love",
  "6": "optimism",
  "7": "pessimism",
  "8": "sadness",
  "9": "surprise",
  "10": "trust"
}
```

数据预处理完成后，就可以搭建一个 Transformer 模型对文本多标签任务模型进行训练了，其模型搭建与训练代码如下：

```python
#第 15 章/15.2.3/ 训练一个基于 BERT 模型的文本多分类任务模型——第二部分
#加载预训练的模型
model = AutoModelForSequenceClassification. from _ pretrained ( " bert - base -
uncased", problem_type="multi_label_classification", num_labels=len(labels),
id2label=id2label, label2id=label2id)
#设置批次大小
batch_size = 10
#设置评估指标的名称
metric_name = "f1"
#定义训练参数
args = TrainingArguments ( f"bert - finetuned - sem _ eval - english", evaluation_
strategy = "epoch", save_strategy = "epoch", learning_rate=2e-5, per_device_train_
batch_size=batch_size, per_device_eval_batch_size=batch_size, num_train_epochs=5,
weight_decay=0.01, load_best_model_at_end=True, metric_for_best_model=metric_
name, )
#定义多标签评估指标
def multi_label_metrics(predictions, labels, threshold=0.5):
    sigmoid = torch.nn.Sigmoid()
    probs = sigmoid(torch.Tensor(predictions))     #将预测结果转换为概率
    y_pred = np.zeros(probs.shape)                  #创建一个全零的预测标签矩阵
    y_pred[np.where(probs >= threshold)] = 1        #将概率大于阈值的部分设置为1
    y_true = labels                                 #获取真实标签
    f1_micro_average = f1_score(y_true=y_true, y_pred=y_pred, average='micro')
    #计算 F1 值
    roc_auc = roc_auc_score(y_true, y_pred, average = 'micro')
    accuracy = accuracy_score(y_true, y_pred)       #计算准确率
    metrics = {'f1': f1_micro_average, 'roc_auc': roc_auc, 'accuracy': accuracy}
#返回评估指标
    return metrics
#定义计算评估指标的函数
def compute_metrics(p: EvalPrediction):
```

```
        preds = p.predictions[0] if isinstance(p.predictions, tuple) else
    p.predictions
        result = multi_label_metrics(predictions=preds, labels=p.label_ids)
        return result
#初始化训练器
trainer = Trainer(model, args, train_dataset=encoded_dataset["train"], eval_
dataset=encoded_dataset["validation"], tokenizer=tokenizer, compute_metrics=
compute_metrics)
trainer.train()                              #训练模型
trainer.save_model("my_trained_model")       #保存训练好的模型
```

首先是加载 BERT 预训练模型,由于不需要从头训练模型,因此,使用预训练模型进行训练可以节省模型训练的时间,提高模型的运行效率,其主要优点如下。

(1)提高训练效率:预训练模型已经在大规模数据集上进行了训练,因此它们已经学习了一些通用的语言特征。这意味着可以使用较少的数据和计算资源来微调这些模型,从而提高训练效率。

(2)改善模型性能:由于预训练模型已经学习了一些通用的语言特征,因此它们可以帮助模型更好地理解和分析文本数据。这可以提高模型在下游任务(如文本分类、命名实体识别等)上的性能。

(3)降低过拟合风险:在一些数据量较小的任务中,模型可能会过于适应训练数据,从而导致在测试数据上的表现不佳。通过预训练模型,可以利用它们在大规模数据集上学到的知识,从而降低过拟合的风险。

(4)实现迁移学习:迁移学习是指将一个模型在一个任务上学到的知识迁移到另一个任务上。通过预训练模型,可以将它们在大规模数据集上学到的知识迁移到模型感兴趣的下游任务上,从而实现迁移学习。

定义完成训练模型的参数及评估指标后,就可以进行模型的训练了。这里只进行了 5 步训练,若想让模型更加收敛或提高模型的预测精度,则可以调整模型的训练步数。可以看到模型随着步数的增加,其 loss 值会越来越小,表明模型已经开始收敛,其训练代码的输出如下:

Epoch	Training Loss	Validation Loss	F1	Roc Auc	Accuracy
1	0.395100	0.322571	0.663433	0.763793	0.270880
2	0.308300	0.309236	0.701331	0.795049	0.305869
3	0.247900	0.304564	0.712758	0.803412	0.287810
4	0.224100	0.305869	0.712295	0.803015	0.283296
5	0.206700	0.309698	0.713082	0.804207	0.288939

待模型训练完成后,需要保存训练好的模型,方便直接使用训练好的模型进行文本多标签分类,其模型推理的代码如下:

```
#第 15 章/15.2.3/ 训练一个基于 BERT 模型的文本多分类任务模型——第三部分
from transformers import AutoTokenizer, AutoModelForSequenceClassification
```

```
#加载分词器
tokenizer = AutoTokenizer.from_pretrained("bert-base-uncased")
#加载训练好的模型
model = AutoModelForSequenceClassification. from_pretrained ( " my_trained_
model")
#输入预测文本
text = "I love you"
encoded_input = tokenizer(text, return_tensors='pt')
#用模型进行预测
output = model(**encoded_input)
#获取预测结果
logits = output.logits
#将预测结果转换为概率
import torch
sigmoid = torch.nn.Sigmoid()
probs = sigmoid(logits[0])
#将概率转换为标签
import numpy as np
predictions = np.where(probs >= 0.5, 1, 0)
print(labels)
#获取预测的标签名
predicted_labels = [id2label[idx] for idx, label in enumerate(predictions) if
label == 1.0]
print(predicted_labels)
```

由于模型使用的是 BERT 预训练模型,因此所有输入的文本格式都需要使用 BERT 模型的分词器进行分割,以便输入文本符合输入 BERT 模型的要求,然后加载预训练好的模型,输入需要预测的文本,并将文本输入模型中,这样模型就可以自动进行预测了。这里可以把模型预测的结果打印出来,可以看到 I love you 的文本分类标签属于有爱的、积极的,其输出如下:

```
[0 0 0 0 1 1 1 0 0 0 0]
['joy', 'love', 'optimism']
```

15.3　本章总结

本章主要介绍了基于 Transformer 模型的机器翻译和文本分类的代码实现过程。首先,介绍了如何使用 Transformer 模型进行机器翻译的训练过程,包括数据预处理、模型结构、训练过程等内容,并提供了具体的代码实现,其次,介绍了如何使用预训练的 Transformer 模型进行机器翻译的推理过程,并提供了相应的代码实现。

接着,介绍了如何使用 BERT 预训练模型实现文本分类任务的代码,包括数据预处理、模型结构、训练过程等内容,并提供了具体的代码实现。最后,介绍了如何基于 BERT 预训练模型训练一个多标签分类模型。

　　通过本章的学习，读者可以了解到 Transformer 模型和 BERT 预训练模型在自然语言处理任务中的应用，并可以掌握基于这两种模型的机器翻译和文本分类的代码实现过程。同时，也可以通过对多标签分类模型进行训练，进一步了解 BERT 预训练模型在处理复杂任务时的优势。

Transformer 模型计算机视觉领域实例

Transformer 模型不仅在自然语言处理任务上大放光彩,而在计算机视觉领域也取得了很好的效果,Vision Transformer、Swin Transformer 及 DETR 模型等都把 Transformer 模型应用到计算机视觉领域。

16.1 Vision Transformer 模型预训练

第 9 章详细地介绍了 Vision Transformer 模型的框架及各个功能模块的代码实现过程,本章不再搭建 Vision Transformer 模型,重点介绍模型训练与推理的过程。

16.1.1 Vision Transformer 模型预训练数据集

在模型进行训练前,需要下载预训练的数据集。这里使用一个花卉数据集,这个花卉数据集是一个用于图像分类的数据集,它包含 5 个花卉类别的 3670 张图像。这些花卉类别包括郁金香(Daisy)、鸢尾花(Dandelion)、玫瑰(Roses)、向日葵(Sunflowers)和菊花(Tulips)。数据集中的每个类别的图像数量基本相同,其数据集包含 2939 张训练数据集与 731 张验证数据集。

这个数据集最初是由 TensorFlow 团队创建的,用于教育和演示目的。它是一个相对较小的数据集,因此可以在较短的时间内进行训练和评估。同时,由于花卉的形状、颜色和纹理相对复杂,因此这个数据集也可以用于研究和探索更有挑战性的图像分类问题。数据集下载解压后,其目录结构如下:

```
#第 16 章/16.1.1/花卉识别目录
flower_photos/
daisy/

1002298151_64ef21a009.jpg
102037913_fc3aae665c_m.jpg
...此处省略
dandelion/
```

```
100171480_f1f7bde85e_m.jpg
100175159_f0f7b0a85f_m.jpg
...此处省略
roses/

17564640134_8a9997f73e_n.jpg
1771053786_2e6da117b3_n.jpg
...此处省略
sunflowers/

100057591_f9e12e6e7f_m.jpg
100065531_f1f2e76e32_m.jpg
...此处省略
tulips/

10248497_2e5e7d31e7_m.jpg
10465352_d5e12de1e1_m.jpg
...此处省略
```

可以看到,其数据集中包含 5 个分类,而模型预测的标签将会只有 5 个,可以建立一个字典来保存这 5 个标签,以便模型可以正常使用,其标签备注如下:

```
"0": "daisy",
"1": "dandelion",
"2": "roses",
"3": "sunflowers",
"4": "tulips"
```

数据集中的图像都是 JPG 格式的,但分辨率和大小各不相同。在进行图像分类任务时,通常需要对图像进行一些预处理,例如调整大小、归一化、增强等,以便更好地训练和评估模型。

16.1.2 Vision Transformer 模型预训练权重

预训练权重是指在大规模数据集上训练好的模型参数,而 Vision Transformer 模型的预训练权重通常是在 ImageNet 数据集上训练的。这个数据集包含了 1000 个类别的 1400 万张图像,是目前最常用的图像分类数据集之一。通过在这个数据集上训练 Vision Transformer 模型,可以得到一个能够捕捉通用图像特征的模型。

jx_vit_base_patch16_224_in21k.pth 是一个 Vision Transformer 模型的预训练权重文件。该预训练权重文件是在 ImageNet-21k 数据集上训练的 ViT-Base 模型。ImageNet-21k 是一个包含 1400 多万张图像和 21 841 个类别的大规模图像分类数据集。ViT-Base 模型是 Vision Transformer 模型的基础版本,它具有 12 层 Transformer 编码器和 768 维度的嵌入参数。在该预训练权重文件中,模型使用的是 16×16 的图像块和 224×224 的输入图像大小。

使用预训练权重可以更快地训练模型,并且可以提高模型的表现。由于 ImageNet 数据集非常大,因此从头开始训练一个 Vision Transformer 模型需要非常长的时间,而使用预训练权重可以在较短的时间内得到一个能够取得不错表现的模型。此外,由于预训练权重已经在大规模数据集上训练过,因此它们已经学习了许多通用的图像特征。这意味着,即使在较小的数据集上训练 Vision Transformer 模型,使用预训练权重也可以提高模型的表现。

在使用预训练权重时,通常会将预训练模型的参数作为初始化参数,然后在自己的数据集上对模型进行微调。在微调过程中,可以选择冻结预训练模型的一些参数,只微调其他参数,以避免过拟合。此外,还可以使用不同的学习率来微调不同层的参数,以便进一步地提高模型的表现。

16.1.3　训练 Vision Transformer 模型

下载完成预训练权重与数据集,就可以搭建 Vision Transformer 模型的训练代码了,其模型训练的代码如下:

```
#第 16 章/16.1.3/训练 Vision Transformer 模型
import os
import math
import argparse
import torch
import torch.optim as optim
import torch.optim.lr_scheduler as lr_scheduler
from torch.utils.TensorBoard import SummaryWriter
from torchvision import transforms
from my_dataset import MyDataSet
from vit_model import vit_base_patch16_224_in21k as create_model
from utils import read_split_data, train_one_epoch, evaluate
def main(args):
    #设置设备,如果有 GPU 就使用 GPU,否则使用 CPU
    device = torch.device(args.device if torch.cuda.is_available() else "cpu")
    if os.path.exists("./weights") is False:   #创建保存权重的文件夹
        os.makedirs("./weights")
    tb_writer = SummaryWriter()                 #创建 TensorBoard 写入器,方便可视化
    train_images_path, train_images_label, val_images_path, val_images_label =
read_split_data(args.data_path)              #读取数据集
    #定义数据集格式化,包括统一图片尺寸,将图片转换到 tensor 变量等
    data_transform = {
        "train": transforms.Compose([transforms.RandomResizedCrop(224),
                                transforms.RandomHorizontalFlip(),
                                transforms.ToTensor(),
                                transforms.Normalize([0.5, 0.5, 0.5], [0.5,
0.5, 0.5])]),
        "val": transforms.Compose([transforms.Resize(256),
                                transforms.CenterCrop(224),
                                transforms.ToTensor(),
```

```
                                        transforms.Normalize([0.5, 0.5, 0.5], [0.5, 0.5,
0.5])])}

    #实例化训练数据集
    train_dataset = MyDataSet(images_path=train_images_path,
                                images_class=train_images_label,
                                transform=data_transform["train"])

    #实例化验证数据集
    val_dataset = MyDataSet(images_path=val_images_path,
                                images_class=val_images_label,
                                transform=data_transform["val"])
    #设置批量大小和训练进程数
    batch_size = args.batch_size
    nw = min([os.cpu_count(), batch_size if batch_size > 1 else 0, 8])
#创建数据加载器
    train_loader = torch.utils.data.DataLoader(train_dataset,
                                        batch_size=batch_size,
                                        shuffle=True,
                                        pin_memory=True,
                                        num_workers=nw,

collate_fn=train_dataset.collate_fn)

    val_loader = torch.utils.data.DataLoader(val_dataset,
                                        batch_size=batch_size,
                                        shuffle=False,
                                        pin_memory=True,
                                        num_workers=nw,
                                        collate_fn=val_dataset.collate_fn)
    #搭建 ViT 模型
    model = create_model(num_classes=5, has_logits=False).to(device)
    #加载预训练权重
    if args.weights != "":
        assert os.path.exists(args.weights), "weights file: '{}' not exist.".
format(args.weights)
        weights_dict = torch.load(args.weights, map_location=device)
        #删除不需要的权重
        del_keys = ['head.weight', 'head.bias'] if model.has_logits \
            else ['pre_logits.fc.weight', 'pre_logits.fc.bias', 'head.weight',
'head.bias']
        for k in del_keys:
            del weights_dict[k]
    #冻结权重
    if args.freeze_layers:
        for name, para in model.named_parameters():
            #除 head 和 pre_logits 外,其他权重全部冻结
            if "head" not in name and "pre_logits" not in name:
                para.requires_grad_(False)
            else:
```

```
                print("training {}".format(name))
    #定义优化器
    pg = [p for p in model.parameters() if p.requires_grad]
    optimizer = optim.SGD(pg, lr=args.lr, momentum=0.9, weight_decay=5E-5)
    #定义学习率调度器
    lf = lambda x: ((1 + math.cos(x * math.pi / args.epochs)) / 2) * (1 - args.lrf) +
args.lrf #cosine
    scheduler = lr_scheduler.LambdaLR(optimizer, lr_lambda=lf)

    for epoch in range(args.epochs):
        #训练模型
        train_loss, train_acc = train_one_epoch(model=model,
                                        optimizer=optimizer,
                                        data_loader=train_loader,
                                        device=device,
                                        epoch=epoch)

        scheduler.step()

        #验证模型训练的效果
        val_loss, val_acc = evaluate(model=model,
                                data_loader=val_loader,
                                device=device,
                                epoch=epoch)
        tags = ["train_loss", "train_acc", "val_loss", "val_acc", "learning_rate"]
        tb_writer.add_scalar(tags[0], train_loss, epoch)
        tb_writer.add_scalar(tags[1], train_acc, epoch)
        tb_writer.add_scalar(tags[2], val_loss, epoch)
        tb_writer.add_scalar(tags[3], val_acc, epoch)
        tb_writer.add_scalar(tags[4], optimizer.param_groups[0]["lr"], epoch)
        torch.save(model.state_dict(), "./weights/model-{}.pth".format(epoch))
#保存模型
#主函数
if __name__ == '__main__':
    parser = argparse.ArgumentParser()
    parser.add_argument('--num_classes', type=int, default=5)
    parser.add_argument('--epochs', type=int, default=10)
    parser.add_argument('--batch-size', type=int, default=8)
    parser.add_argument('--lr', type=float, default=0.001)
    parser.add_argument('--lrf', type=float, default=0.01)

    #数据集所在根目录
    parser.add_argument('--data-path', type=str,
                    default="flower_photos")
    parser.add_argument('--model-name', default='', help='create model name')

    #预训练权重路径
    parser.add_argument('--weights', type=str, default='jx_vit_base_patch16_
224_in21k-e5005f0a.pth', help='initial weights path')
```

```
#是否冻结权重
parser.add_argument('--freeze-layers', type=bool, default=True)
parser.add_argument('--device', default='cuda:0', help='device id (i.e. 0 or
0,1 or cpu)')
opt = parser.parse_args()
main(opt)
```

在训练过程中,模型会不断地调整其参数以最小化训练集上的损失函数,因此模型可能会过拟合训练集,即模型在训练集上表现很好,但在未见过的数据上表现不佳。为了评估模型在未见过的数据上的表现,需要使用一个独立的测试集。区分训练集与测试集是机器学习中的标准做法,其目的是评估模型在未见过的数据上的表现。执行以上代码后,模型会自动进行训练,并把训练完成后的权重自动保存在 weights 文件夹下。

由于数据集只有 5 个标签,因此这里将 num_classes 设置为 5,若想训练自己的数据集,则需要修改成自己的数据标签的数量,并按照花卉数据集的文件夹结构保存自己的数据集图片,而其他训练参数,例如批量大小,则需要根据计算机内存与 GPU 的数量进行设置;训练轮次数量越多,其模型收敛得越好,但是其训练时间也会更长;大的学习率可以加速收敛,但是也可能导致模型无法收敛的情况;所有参数的选取,可以进行微调。

16.1.4　使用 Vision Transformer 预训练模型进行对象分类

训练完成后,代码会自动保存预训练权重,可以直接使用预训练权重进行推理工作,代码如下:

```
#第 16 章/16.1.4/ 使用 Vision Transformer 预训练模型进行推理
import os
import json
import torch
from PIL import Image
from torchvision import transforms
import matplotlib.pyplot as plt
from vit_model import vit_base_patch16_224_in21k as create_model
def main():
    #设置设备,如果有 GPU 就使用 GPU,否则使用 CPU
    device = torch.device("cuda:0" if torch.cuda.is_available() else "cpu")
    #定义图像预处理的转换操作
    data_transform = transforms.Compose(
        [transforms.Resize(256),              #将图像缩放到 256×256
         transforms.CenterCrop(224),          #将图像中心裁剪成 224×224
         transforms.ToTensor(),               #将图像转换成 Tensor
         #将图像归一化到[-1,1]
         transforms.Normalize([0.5, 0.5, 0.5], [0.5, 0.5, 0.5])])
    #加载需要进行图片分类的图片
    img_path = "demo.jpg"
    assert os.path.exists(img_path), "file: '{}' dose not exist.".format(img_path)
    img = Image.open(img_path)
```

```
        plt.imshow(img)
        img = data_transform(img)                        #对图片进行预处理
        #扩展 Batch Size 维度,使其变成[1, C, H, W]
        img = torch.unsqueeze(img, dim=0)
        json_path = 'class_indices.json'                 #读取识别标签
        assert os.path.exists(json_path), "file: '{}' dose not exist.".format(json_path)
        with open(json_path, "r") as f:
            class_indict = json.load(f)
        #搭建 ViT 模型
        model = create_model(num_classes=5, has_logits=False).to(device)
        #加载预训练权重
        model_weight_path = "weights/model-9.pth"
        model.load_state_dict(torch.load(model_weight_path, map_location=device))
        model.eval()                                      #将模型设置为评估模式
        with torch.no_grad():
            #模型进行推理
            #将模型输出的 Tensor 变成一维的,并且转换到 CPU 上
            output = torch.squeeze(model(img.to(device))).cpu()
            #对输出的概率分布进行 Softmax 归一化
            predict = torch.softmax(output, dim=0)
            #取概率最大的类别,并将其转换成 NumPy 数组
            predict_cla = torch.argmax(predict).NumPy()
    #打印预测结果
        print_res = "class: {} prob: {:.3}".format(class_indict[str(predict_cla)],
                                                predict[predict_cla].NumPy())
        plt.title(print_res)
        for i in range(len(predict)):
            print("class: {:10} prob: {:.3}".format(class_indict[str(i)],
                                            predict[i].NumPy()))
        plt.show()                                        #可视化输出
if __name__ == '__main__':
    main()
```

由于输入图片的尺寸不一致,所以在进行图片预测时,需要使用统一的预处理操作。把输入图片格式化到 224×224 的 tensor 变量,并将图像归一化到[−1,1],然后就可以传递到 Vision Transformer 模型进行预测了。运行以上代码后,其输出如下:

```
class: daisy         prob: 0.00878
class: dandelion     prob: 0.00841
class: roses         prob: 0.946
class: sunflowers    prob: 0.00668
class: tulips        prob: 0.0302
```

模型预测出了输入图片的标签概率,选择最大概率的标签,并进行图片可视化操作。可以看到,roses 的概率最大(0.946),其可视化预测结果如图 16-1 所示。

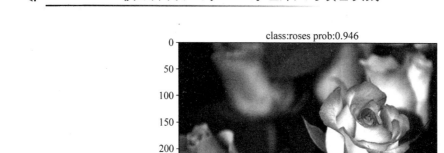

图 16-1　Vision Transformer 模型预测结果

16.2　Swin Transformer 模型实例

同样可以使用花卉数据集对 Swin Transformer 模型进行训练并使用训练后的模型进行预测。在训练模型前需要下载 Swin Transformer 模型的预训练权重。

16.2.1　Swin Transformer 预训练模型

swin_tiny_patch4_window7_224 是 Swin Transformer 的一个预训练权重。

（1）swin 表示该模型是 Swin Transformer。

（2）tiny 表示该模型是 Swin Transformer 的一个较小的变体,具有较少的参数和计算量。

（3）patch4 表示该模型使用的是 4×4 的 Patch 分割,即将输入图像分割成多个 4×4 的 Patch,作为 Transformer 的输入。

（4）window7 表示该模型使用的是 7×7 的窗口,即在计算注意力时,其窗口尺寸为 7×7。

（5）224 表示该模型的输入图像的分辨率为 224×224。

除了 swin_tiny_patch4_window7_224 外,Swin Transformer 还有其他的预训练权重,主要包括以下几个。

（1）swin_small_patch4_window7_224：Swin Transformer 的一个比较小的变体,具有较少的参数和计算量,输入图像的分辨率为 224×224。

（2）swin_base_patch4_windows 7_384：Swin Transformer 的一个基础变体,输入图像的分辨率为 384×384。

（3）swin_large_patch4_windows 12_384：Swin Transformer 的一个较大的变体,输入图像的分辨率为 384×384,窗口大小为 12×12。

16.2.2　训练 Swin Transformer 模型

Swin Transformer 模型的预训练代码如下：

```
#第 16 章/16.2.2/ Swin Transformer 模型的预训练代码
import os
import argparse
import torch
import torch.optim as optim
from torch.utils.TensorBoard import SummaryWriter
from torchvision import transforms
from my_dataset import MyDataSet
from model import swin_tiny_patch4_Windows 7_224 as create_model
from utils import read_split_data, train_one_epoch, evaluate


def main(args):
    #设置设备,如果有 GPU 就使用 GPU,否则使用 CPU
    device = torch.device(args.device if torch.cuda.is_available() else "cpu")
    #创建保存权重的文件夹
    if os.path.exists("./weights") is False:
        os.makedirs("./weights")
    tb_writer = SummaryWriter()
    #加载数据集
    train_images_path, train_images_label, val_images_path, val_images_label =
read_split_data(args.data_path)
    img_size = 224
    #格式化数据
    data_transform = {
        "train": transforms.Compose([transforms.RandomResizedCrop(img_size),
                                     transforms.RandomHorizontalFlip(),
                                     transforms.ToTensor(),
                                     transforms.Normalize([0.485, 0.456, 0.406],
[0.229, 0.224, 0.225])]),
        "val": transforms.Compose([transforms.Resize(int(img_size *1.143)),
                                   transforms.CenterCrop(img_size),
                                   transforms.ToTensor(),
                                   transforms.Normalize([0.485, 0.456, 0.406],
[0.229, 0.224, 0.225])]) }

    #实例化训练数据集
    train_dataset = MyDataSet(images_path=train_images_path,
                    images_class=train_images_label,
                    transform=data_transform["train"])

    #实例化验证数据集
    val_dataset = MyDataSet(images_path=val_images_path,
                    images_class=val_images_label,
                    transform=data_transform["val"])
```

```python
batch_size = args.batch_size
nw = min([os.cpu_count(), batch_size if batch_size > 1 else 0, 8])
#创建数据加载器
train_loader = torch.utils.data.DataLoader(train_dataset,
                                           batch_size=batch_size,
                                           shuffle=True,
                                           pin_memory=True,
                                           num_workers=nw,

collate_fn=train_dataset.collate_fn)
val_loader = torch.utils.data.DataLoader(val_dataset,
                                         batch_size=batch_size,
                                         shuffle=False,
                                         pin_memory=True,
                                         num_workers=nw,
                                         collate_fn=val_dataset.collate_fn)
#创建模型
model = create_model(num_classes=args.num_classes).to(device)
#加载预训练权重
if args.weights != "":
    assert os.path.exists(args.weights), "weights file: '{}' not exist.".format(args.weights)
    weights_dict = torch.load(args.weights, map_location=device)["model"]
    #删除有关分类类别的权重
    for k in list(weights_dict.keys()):
        if "head" in k:
            del weights_dict[k]
    print(model.load_state_dict(weights_dict, strict=False))

if args.freeze_layers:
    for name, para in model.named_parameters():
        #除 head 外,其他权重全部冻结
        if "head" not in name:
            para.requires_grad_(False)
        else:
            print("training {}".format(name))
#定义优化器
pg = [p for p in model.parameters() if p.requires_grad]
optimizer = optim.AdamW(pg, lr=args.lr, weight_decay=5E-2)

for epoch in range(args.epochs):
    #模型训练
    train_loss, train_acc = train_one_epoch(model= model,
                                            optimizer=optimizer,
                                            data_loader=train_loader,
                                            device=device,
                                            epoch=epoch)

    #模型验证
```

```
        val_loss, val_acc = evaluate(model=model,
                                     data_loader=val_loader,
                                     device=device,
                                     epoch=epoch)

        tags = ["train_loss", "train_acc", "val_loss", "val_acc", "learning_rate"]
        tb_writer.add_scalar(tags[0], train_loss, epoch)
        tb_writer.add_scalar(tags[1], train_acc, epoch)
        tb_writer.add_scalar(tags[2], val_loss, epoch)
        tb_writer.add_scalar(tags[3], val_acc, epoch)
        tb_writer.add_scalar(tags[4], optimizer.param_groups[0]["lr"], epoch)
        torch.save(model.state_dict(), "./weights/model-{}.pth".format(epoch))
#模型保存


if __name__ == '__main__':
    parser = argparse.ArgumentParser()
    parser.add_argument('--num_classes', type=int, default=5)
    parser.add_argument('--epochs', type=int, default=10)
    parser.add_argument('--batch-size', type=int, default=8)
    parser.add_argument('--lr', type=float, default=0.0001)

    parser.add_argument('--data-path', type=str, default="flower_photos")

    #预训练权重路径
    parser.add_argument('--weights', type=str, default='swin_tiny_patch4_
Windows 7_224.pth',
                        help='initial weights path')
    #是否冻结权重
    parser.add_argument('--freeze-layers', type=bool, default=False)
    parser.add_argument('--device', default='cuda:0', help='device id (i.e. 0 or
0,1 or cpu)')
    opt = parser.parse_args()
    main(opt)
```

执行以上代码,模型会自动进行训练,待训练完成后会自动保存其预训练权重,使用此预训练权重就可以执行图片分类的预测操作了。

16.2.3　使用 Swin Transformer 预训练模型进行对象分类

实现 Swin Transformer 模型推理,代码如下:

```
#第16章/16.2.3/ Swin Transformer 模型的推理
import os
import json
import torch
```

```
from PIL import Image
from torchvision import transforms
import matplotlib.pyplot as plt
from model import swin_tiny_patch4_Windows_7_224 as create_model
def main():
    #设置设备,如果有 GPU 就使用 GPU,否则使用 CPU
    device = torch.device("cuda:0" if torch.cuda.is_available() else "cpu")

    img_size = 224
    #定义图像预处理的转换操作
    data_transform = transforms.Compose(
        [transforms.Resize(int(img_size *1.14)),
         transforms.CenterCrop(img_size),
         transforms.ToTensor(),
         transforms.Normalize([0.485, 0.456, 0.406], [0.229, 0.224, 0.225])])

    #加载图片
    img_path = "demo.jpg"
    assert os.path.exists(img_path), "file: '{}' dose not exist.".format(img_path)
    img = Image.open(img_path)
    plt.imshow(img)
    img = data_transform(img)                     #对图像进行预处理
    img = torch.unsqueeze(img, dim=0)             #扩展批次维度,使其变成[1, C, H, W]

    #读取类别字典
    json_path = 'class_indices.json'
    assert os.path.exists(json_path), "file: '{}' dose not exist.".format(json_path)

    with open(json_path, "r") as f:
        class_indict = json.load(f)

    #搭建 Swin Transformer 模型
    model = create_model(num_classes=5).to(device)
    #加载预训练权重
    model_weight_path = "weights/model-9.pth"
    model.load_state_dict(torch.load(model_weight_path, map_location=device))
    model.eval()                                  #将模型设置为评估模式
    with torch.no_grad():
        #预测类别
        #将模型输出的 Tensor 变成一维的,并且转换到 CPU 上
        output = torch.squeeze(model(img.to(device))).cpu()
        #对输出的概率分布进行 Softmax 归一化
        predict = torch.softmax(output, dim=0)
        #取概率最大的类别,并将其转换成 NumPy 数组
        predict_cla = torch.argmax(predict).NumPy()
    #打印预测结果
    print_res = "class: {} prob: {:.3}".format(class_indict[str(predict_cla)],
                                               predict[predict_cla].NumPy())
```

```
    plt.title(print_res)
    for i in range(len(predict)):
        print("class: {:10} prob: {:.3}".format(class_indict[str(i)],
                                                  predict[i].NumPy()))
    plt.show()                    #可视化预测结果
if __name__ == '__main__':
    main()
```

运行以上代码后,其输出如下:

```
class: daisy          prob: 7.59e-05
class: dandelion      prob: 4.42e-05
class: roses          prob: 0.989
class: sunflowers     prob: 1.47e-05
class: tulips         prob: 0.0106
```

模型成功地预测出了每个标签的概率,其 5 个概率的和为 1,而模型需要从中挑选最大概率的标签,并进行可视化操作,其图片分类可视化结果如图 16-2 所示。

图 16-2 Swin Transformer 模型的预测结果

16.3 使用 DETR 预训练模型进行对象检测

DETR 模型提供了预训练模型以供用户下载使用,利用预训练模型很容易实现对象检测,代码如下:

```
#第 16 章/16.3/使用 DETR 预训练模型进行对象检测——第一部分
import math
from PIL import Image
import requests
import matplotlib.pyplot as plt
import ipywidgets as widgets
```

```
from IPython.display import display, clear_output
import torch
from torch import nn
from torchvision.models import resnet50
import torchvision.transforms as T
torch.set_grad_enabled(False);
#COCO 数据集 classes 标签
CLASSES = [
    'N/A', 'person', 'bicycle', 'car', 'motorcycle', 'airplane', 'bus',
    'train', 'truck', 'boat', 'traffic light', 'fire hydrant', 'N/A',
    'stop sign', 'parking meter', 'bench', 'bird', 'cat', 'dog', 'horse',
    'sheep', 'cow', 'elephant', 'bear', 'zebra', 'giraffe', 'N/A', 'backpack',
    'umbrella', 'N/A', 'N/A', 'handbag', 'tie', 'suitcase', 'frisbee', 'skis',
    'snowboard', 'sports ball', 'kite', 'baseball bat', 'baseball glove',
    'skateboard', 'surfboard', 'tennis racket', 'bottle', 'N/A', 'wine glass',
    'cup', 'fork', 'knife', 'spoon', 'bowl', 'banana', 'apple', 'sandwich',
    'orange', 'broccoli', 'carrot', 'hot dog', 'pizza', 'donut', 'cake',
    'chair', 'couch', 'potted plant', 'bed', 'N/A', 'dining table', 'N/A',
    'N/A', 'toilet', 'N/A', 'tv', 'laptop', 'mouse', 'remote', 'keyboard',
    'cell phone', 'microwave', 'oven', 'toaster', 'sink', 'refrigerator', 'N/A',
    'book', 'clock', 'vase', 'scissors', 'teddy bear', 'hair drier',
    'toothbrush'
]


#定义一些颜色，便于对象检测的可视化
COLORS = [[0.000, 0.447, 0.741], [0.850, 0.325, 0.098], [0.929, 0.694, 0.125],
          [0.494, 0.184, 0.556], [0.466, 0.674, 0.188], [0.301, 0.745, 0.933]]


#输入图片预处理
transform = T.Compose([
    T.Resize(800),
    T.ToTensor(),
    T.Normalize([0.485, 0.456, 0.406], [0.229, 0.224, 0.225])
])


#输出 box 方框预处理
def box_cxcywh_to_xyxy(x):
    x_c, y_c, w, h = x.unbind(1)
    b = [(x_c - 0.5 * w), (y_c - 0.5 * h),
        (x_c + 0.5 * w), (y_c + 0.5 * h)]
    return torch.stack(b, dim=1)


def rescale_bboxes(out_bbox, size):
    img_w, img_h = size
    b = box_cxcywh_to_xyxy(out_bbox)
    b = b * torch.tensor([img_w, img_h, img_w, img_h], dtype=torch.float32)
```

```
        return b

#可视化最终的对象检测
def plot_results(pil_img, prob, boxes):
    plt.figure(figsize=(16,10))
    plt.imshow(pil_img)
    ax = plt.gca()
    colors = COLORS *100
    for p, (xmin, ymin, xmax, ymax), c in zip(prob, boxes.tolist(), colors):
        ax.add_patch(plt.Rectangle((xmin, ymin), xmax - xmin, ymax - ymin,
                            fill=False, color=c, linewidth=3))
        cl = p.argmax()
        text = f'{CLASSES[cl]}: {p[cl]:0.2f}'
        ax.text(xmin, ymin, text, fontsize=15,
                bbox=dict(facecolor='yellow', alpha=0.5))
    plt.axis('off')
    plt.show()
```

第一部分主要是一些预处理操作,首先需要定义 COCO 数据集的对象标签,方便对象
检测后的标签对齐,然后初始化输入图片的预处理操作及输出图片的预处理操作。有了以
上初始化函数,就可以搭建 DETR 模型来完成对象检测任务了,代码如下:

```
#第 16 章/16.3/使用 DETR 预训练模型进行对象检测——第二部分
#加载预训练模型
model = torch.hub.load('facebookresearch/detr', 'detr_resnet50', pretrained=
True)
model.eval()
im = Image.open('demo.jpg')          #加载一张图片
#对输入图片进行预处理
img = transform(im).unsqueeze(0)
#使用模型进行对象检测
outputs = model(img)
#获取对象检测的置信度
probas = outputs['pred_logits'].softmax(-1)[0, :, :-1]
keep = probas.max(-1).values > 0.7

#预测对象的 box 方框位置,并进行可视化
bboxes_scaled = rescale_bboxes(outputs['pred_boxes'][0, keep], im.size)
plot_results(im, probas[keep], bboxes_scaled)
```

执行以上代码后,模型开始进行对象检测推理,并可视化最终的推理结果,如图 16-3
所示。

图 16-3　DETR 对象检测模型识别结果

16.4　本章总结

　　本章主要介绍了 Vision Transformer 和 Swin Transformer 两种视觉 Transformer 模型的训练和推理过程的代码实现。首先，对于 Vision Transformer 模型，介绍了数据集的准备、模型的结构和训练过程，以及模型的推理和评估过程，并提供了具体的代码实现；其次，对于 Swin Transformer 模型，介绍了其模型结构、训练过程和推理过程的代码实现。通过本章的学习，读者可以了解到 Transformer 模型在计算机视觉任务中的应用，并掌握 Vision Transformer 和 Swin Transformer 模型的训练和推理过程的具体实现方法。同时，也可以通过对比两种模型的异同点，深入理解 Transformer 模型在视觉任务中的优势和不足之处。

　　最后介绍了卷积神经网络与 Transformer 模型结合的视觉模型 DETR 模型。介绍了基于 DETR 预训练模型的代码实现过程，通过学习 DETR 模型，可以学习到如何把卷积神经网络与 Transformer 结合使用。

Transformer 模型音频领域实例

Transformer 模型强大的注意力机制不仅在自然语言处理领域取得了成功,更是把 Transformer 模型带入了计算机视觉领域。随着 Transformer 模型在计算机视觉领域取得了成功,其注意力机制的应用同样在其他领域也发挥了重大的作用。

17.1 语音识别模型

语音识别模型是一种将语音信号转换为文本的模型,它通常主要包括以下几部分。

(1) 特征提取:将原始语音信号转换为特征向量,以供后续处理。常用的特征提取方法包括梅尔频谱倒谱系数(MFCC)、滤波器银克(FBANK)和声谱图(Spectrogram)等。

(2) 语音 Activity Detection(VAD):用于检测语音信号中的有声段和无声段,以便在后续处理中剔除无关的信息。

(3) 音素模型:用于将特征向量映射到音素序列。常用的音素模型包括隐马尔可夫模型(HMM)和深度学习模型,如卷积神经网络、循环神经网络和 Transformer 等。

(4) 语言模型:用于根据音素序列生成文本。语言模型通常是一个统计模型,用于在给定前几个词的情况下预测下一个词的概率。在训练语音识别模型时,通常需要使用大量的语音数据和文本数据进行训练。训练过程通常包括以下几个步骤。

① 数据预处理:对原始语音数据进行预处理,包括去噪、切分、特征提取等。

② 模型训练:使用训练数据训练音素模型和语言模型,通常使用深度学习框架,如 TensorFlow、PyTorch 等。

③ 模型评估:使用验证数据对模型进行评估,计算识别错误率(WER)等指标。

④ 模型部署:将训练好的模型部署到生产环境中,提供语音识别服务。

目前,深度学习在语音识别领域取得了很大的成功,尤其是基于 Transformer 的模型在多个语音识别任务中取得了很好的效果。此外,端到端的语音识别模型也越来越受到关注,它可以在一个模型中结合特征提取、音素模型和语言模型,提高模型的准确性和效率。

17.1.1 Whisper 语音识别模型简介

Whisper 是由 OpenAI 开源的一款先进的自动语音识别(Automatic Speech

Recognition, ASR）系统，其模型在论文 *Robust Speech Recognition via Large-Scale Weak Supervision* 中提出。该系统利用深度学习技术，将音频信号转换为文本。自动语音识别系统旨在将语音音频转换为书面文本，现代的自动语音识别系统大多基于深度学习，特别是 Transformer 架构。Transformer 模型在处理序列数据（如语音和文本）方面表现出色，成为自动语音识别系统的主流模型框架。

Whisper 模型基于 Transformer 架构，但在实现细节和应用上有所创新，以满足语音识别的特定需求，模型框架如图 17-1 所示。

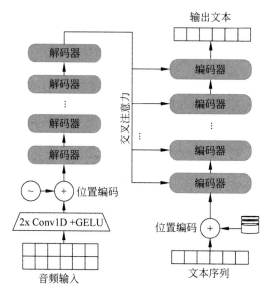

图 17-1　Whisper 模型框架

Whisper 模型的主要组成部分如下。

（1）前端处理模块：将音频信号转换为数据特征表示（如梅尔频谱图）。

（2）编码器：使用多层 Transformer 编码器，将特征编码表示为高维向量。

（3）解码器：使用多层 Transformer 解码器，将编码向量转换为目标文本序列。

Whisper 基于 Transformer 架构，使用编码器-解码器结构。与标准 Transformer 模型一样，利用自注意力机制来捕捉输入音频特征之间的关系；采用多头注意力机制，提高模型对音频信号的表征能力；添加位置编码记录音频数据的相对位置信息；采用嵌入方式把输入特征数据转换到高维向量。虽然 Whisper 基于 Transformer 架构，但是也存在一些细微的差别。

（1）前端处理：Whisper 在前端处理模块中加入了特征提取步骤，将原始音频信号转换为梅尔频谱图，而标准 Transformer 通常直接处理文本序列。

（2）目标任务：Whisper 的目标是将音频转换为文本，而标准 Transformer 用于机器翻译等任务，输入和输出都是文本序列。

（3）训练数据：Whisper 在训练中使用了大量的语音和对应的文本数据，特别注重处理带有噪声的音频，以提高模型在实际应用中的稳健性。

（4）嵌入方法：Whisper 在处理音频信号时，使用了特定的嵌入方法。

Whisper 模型嵌入主要方法如下。

（1）音频特征提取：将音频信号转换为梅尔频谱图。这是通过短时傅里叶变换（STFT）和梅尔滤波器组实现的。

（2）特征嵌入（Feature Embedding）：将梅尔频谱图进一步转换为高维向量表示，输入 Transformer 编码器中。

（3）位置编码：为梅尔频谱图的特征向量添加位置信息，保持音频序列的时序关系。

如图 17-1 所示，其输入部分增加了一层 2×Conv1D＋GELU，表示两个一维卷积层与一个 GELU 激活函数。具体来讲，这一层在 Whisper 模型中用于对音频信号进行特征提取。首先，将音频信号转换为频谱图，然后将频谱图作为输入传递给两个一维卷积层。这两个卷积层分别使用不同的卷积核大小对频谱图进行卷积运算，以提取不同的音频特征。接着，对两个卷积层的输出进行拼接，并通过一个 GELU 激活函数进行非线性变换，可以有效地提取音频信号中的特征，为后续的语音转文本任务提供关键的信息。

Whisper 模型主要具有以下特点。

（1）支持多语言：Whisper 支持多种语言，包括英语、法语、德语、西班牙语等。

（2）支持流式处理：Whisper 支持流式处理，可以在音频文件还在播放时实时地将音频转换为文本。

（3）支持端到端训练：Whisper 使用了端到端的训练方法，可以直接在音频和文本之间进行训练，而无须中间的语音识别模型。

（4）使用了 Transformer 模型结构：Whisper 使用了 Transformer 模型结构，可以更好地处理长序列的音频数据。

（5）支持多种采样率：Whisper 支持多种采样率，可以处理不同采样率的音频文件。

（6）高稳健性：Whisper 在嘈杂环境下仍能保持较高的识别准确率，这是通过在训练过程中引入各种背景噪声数据实现的。

（7）预训练模型：Whisper 提供了多种预训练模型，包括 tiny、base、small、medium、large 等，以适应不同的计算资源和满足准确度需求。

（8）易用性：Whisper 库设计简洁，API 易于调用，开发者可以快速地集成语音识别功能。

17.1.2　Whisper 语音识别模型的代码实现

要使用 Whisper 库，首先需要在系统中安装该库及其依赖项。可以通过 pip 安装 Whisper，安装命令如下：

```
pip install openai-whisper
```

Whisper 依赖 FFmpeg 来处理音频文件。使用以下命令安装 FFmpeg：

```
sudo apt-get install ffmpeg
```

安装完成后,就可以使用 Whisper 进行语音识别了,代码如下:

```
#第 17 章/17.1.2/ Whisper 语音识别模型的代码实现
import whisper
#加载预训练的 Whisper 模型(base 模型)
model = whisper.load_model("base")
#加载需要转换的音频文件(假设文件名为 audio.mp3)
audio_file = "audio.mp3"
#将音频文件转换为文本
result = model.transcribe(audio_file)
#打印转换后的文本
print(result["text"])
```

(1) 首先需要导入 Whisper 库,以便使用其提供的语音识别功能。

(2) 使用 whisper. load_model 函数加载预训练的 Whisper 模型。这里选择的是 base 模型。Whisper 预训练模型提供了 5 个不同大小的预训练模型,包含 tiny、base、small、medium、large,其中 large 模型是参数最多且规模最大的模型。使用此模型可以得到更加精确的文本,但是也降低了推理速度,并大大地增加了推理的硬件成本。

(3) 指定需要进行语音识别的音频文件路径。在这个示例中,假设音频文件名为 audio. mp3,输入不仅可以支持 MP3 格式的音频文件,同样也支持直接输入视频文件格式,模型会自动从视频流中提取音频文件。

(4) 使用模型的 transcribe 方法将音频文件转换为文本。transcribe 方法会返回一个包含多种信息的字典,转换后的文本保存在 result["text"]中。

当然基于 Whisper 可以在其他应用场景中使用,比较常见的场景如下。

(1) 客服系统:将客户来电语音自动转换为文本,帮助客服人员快速地理解客户需求。

(2) 字幕生成:为视频自动生成字幕,提高视频内容的可访问性。

(3) 语音助手:提升语音助手的识别能力,增强用户体验。

(4) 会议记录:自动记录会议内容,节省人工记录时间。

17.2　语音合成模型

语音识别模型的反向工程便是语音合成,语音合成模型是一种用于将文本转换为语音的模型。它通常包括以下几部分:

(1) 文本预处理:将原始文本转换为适合模型处理的格式,包括文本标准化、分词、转换为音素序列等。

(2) 音高模型:用于生成语音的音高信息,包括音高、音量、语速等。常用的音高模型包括统计参数化语音合成(SPSS)和基于深度学习的音高模型,如 Tacotron、WaveNet 和 Transformer TTS 等。

（3）声码器：用于将音高信息转换为语音信号。常用的声码器包括 Griffin-Lim 算法、WORLD 算法和 WaveGlow 等。

在训练语音合成模型时，通常需要使用大量的语音数据和文本数据进行训练。训练过程通常包括以下几个步骤。

（1）数据预处理：对原始语音数据进行预处理，包括去噪、切分、特征提取等。对原始文本数据进行预处理，包括文本标准化、分词、转换为音素序列等。

（2）模型训练：使用训练数据训练音高模型和声码器，通常使用深度学习框架，如TensorFlow、PyTorch 等。

（3）模型评估：使用验证数据对模型进行评估，计算平均意见得分（MOS）等指标。

（4）模型部署：将训练好的模型部署到生产环境中，提供语音合成服务。

由于语音合成涉及音色、音调、语速、情感等信息，相比语音识别增加了不少难度，而以往的语音合成计算，只是把文本转换成了语音，并没有音色、音调与语速的控制。让人一听便知道是机器人的声音，更别说添加上人类的情感及情绪了。随着人工智能技术的不断发展，语音合成技术已经得到了极大发展，特别是数字人的使用，让人不知到底哪些是虚拟的，哪些是真实的。

17.2.1　ChatTTS 语音合成模型简介

ChatTTS 是专门为对话场景而设计的文本转语音模型（Text To Speech，TTS），它支持英文和中文两种语言。最大的模型使用了 10 万小时以上的中英文数据进行训练。ChatTTS 不仅能生成自然流畅的语音，还能控制笑声、停顿、语气词啊等副语言现象。这个韵律超越了许多开源模型，并且模型免费开源，可以直接在官方网站体验。

（1）对话式 TTS：ChatTTS 针对对话式任务进行了优化，实现了自然流畅的语音合成，同时支持多说话人。

（2）细粒度控制：该模型能够预测和控制细粒度的韵律特征，包括笑声、停顿和插入词等。

（3）更好的韵律：ChatTTS 在韵律方面超越了大部分开源 TTS 模型。同时提供了预训练模型，支持进一步地进行研究。

（4）ChatTTS 是一个开源模型，可以根据开源代码进行文本转语音的生成，当然，官方网站上线了网页版 Demo，直接免去了代码的部署，在线就可以生成高质量的语音。

17.2.2　ChatTTS 语音合成模型的代码实现

ChatTTS 语音合成代码如下：

```
!git clone -q https://github.com/2noise/ChatTTS        #复制整个项目
%cd ChatTTS
!pip install -q omegaconf vocos vector_quantize_pytorch pynini WeTextProcessing
#安装第三方库
```

```
import torch
torch._dynamo.config.cache_size_limit = 64
torch._dynamo.config.suppress_errors = True
torch.set_float32_matmul_precision('high')

import ChatTTS
from IPython.display import Audio
chat = ChatTTS.Chat()                        #初始化 ChatTTS
chat.load_models()                           #加载模型
#参数设置
params_infer_code = {'prompt':'[speed_4]', 'temperature':.2}
params_refine_text = {'prompt':'[oral_2][laugh_1][break_5]'}
#语音合成
wav = chat.infer('Chat TTS 是一个文生语音大模型,可以输入对应的文本,生成对应的语音信
息,且模型富含人类的感情,包含笑声,停顿等', \
    params_refine_text=params_refine_text, params_infer_code=params_infer_code)
#播放语音
Audio(wav[0], rate=24_000, autoplay=True)
#保存语音
torchaudio.save("demo.wav", torch.from_numpy(wavs[0]), 24000)
```

ChatTTS 是一个开源项目,其代码开源在 GitHub 上,在运行 ChatTTS 项目时,需要整体复制 ChatTTS 的代码,并在 ChatTTS 文件夹下安装相关的依赖库,当然模型基于 PyTorch 开发,若在本地运行,则需要配置 GPU 版本的 PyTorch,也可以选择在云服务器上搭建 ChatTTS 的环境。部署完成后,就可以实现语音合成技术了。

代码第 1 次执行后会自动下载预训练模型,后期无须再次下载预训练模型。只需修改代码中需要合成的文本,执行代码便可合成语音。当然,模型支持更多高级用法,例如选择发音人、设置停顿和笑声等,具体操作可以在 GitHub 上查看。也可以在 ChatTTS 的官网直接在线使用,避免部署代码的困扰。

17.3　本章总结

Whisper 是 OpenAI 开源的一种语音转文本模型,它基于 Transformer 模型结构,但进行了一些改进和优化。Whisper 模型的主要组成部分包括特征提取模块、编码器和解码器,其中特征提取模块使用了"2 × Conv1D ＋ GELU"结构,编码器和解码器则分别采用了 Transformer 编码器和 Transformer 解码器结构。

在使用 Whisper 模型进行语音转文本任务时,可以通过设置不同的参数来控制模型的输出结果,例如可以设置语言类型、翻译任务等。在实际应用中,可以使用 Whisper 提供的 API 或直接加载预训练模型来对语音文件进行转录。

Whisper 是一种高效、准确的语音转文本模型,它结合了 Transformer 模型的优点,并进行了一些创新性的改进,使其更适应语音转文本任务的特点。通过 Whisper 模型,可以

轻松地实现对语音文件的转录和翻译,为语音识别和自然语言处理等提供强有力的支持。

ChatTTS是一款强大的对话式文本转语音模型。它有中英混读和多说话人的能力。使用ChatTTS可以很方便地合成语音,并且ChatTTS富有情感,可以控制语音语调,模仿真人的声音,其效果确实难以分辨。

当然,基于 Transformer 模型的模型框架层出不穷,还有很多大模型同样使用了Transformer 模型。虽然 Transformer 模型占据了大模型框架的半壁江山,但是相信随着人工智能技术的不断发展会有其他更好的模型超越 Transformer 模型,我们拭目以待。

参 考 文 献

参考文献可扫描下方二维码获取。

致　　谢

大概 6 年前,笔者了解到了人工智能领域,从此爱上了人工智能技术。当自己第 1 次运行 OpenCV 的计算机视觉代码时,那种激动的心情无法用言语表达。也正是自己对人工智能技术的热爱,从此走上了自媒体创作的道路。跟广大网友一起学习人工智能技术,一起探讨科技给生活带来的便利。自媒体创作是一个极其需要耐力和毅力的事业,而正是自己对人工智能技术的热爱,才坚持走到了今天,也有了一定的收获。首先感谢广大用户对自己创作的文章、视频、教程的热爱,也正是用户的支持,自己才有坚持走下来的信心。

再次感谢自己的家人,无论是自媒体创作,还是本书的编写都占用了大量的空闲时间,而家人的支持也是自己一直创作的动力。特别感谢自己的太太,正是她的无私奉献,照顾家庭,照顾孩子,才让自己有更多的空闲时间来创作。本书从编写到初稿完成,前前后后经历了差不多一年的时间,而这一年中,自己不仅要上班,下班空闲时间还要创作编写本书。留给家人,留给孩子的时间少之又少。也希望本书的出版能给自己及家人带来一丝安慰,也希望自己多把时间留给家人,陪伴家人。

2023 年,有幸认识了清华大学出版社赵佳霓编辑,赵编辑推荐把相关的技术文章整理成书出版,而自己也正好在头条平台有 Transformer 模型的系列视频教程,这样跟赵编辑一拍即合,打造出本书。自媒体创作与出版书籍有较大的区别,而赵编辑也对笔者的稿件多次审稿,提出很多宝贵的修改意见。

最后感谢这个时代,正是时代的发展,造就了现在的科技进步,网络发达,人工智能技术有了革命性的更新。感谢 ChatGPT、Mistral AI、文心一言等大语言模型,正是各大公司的无私奉献,让人们更容易获取知识,学习知识。感谢 GitHub 社区,感谢为开源无私奉献的网友。正是开源的力量,才让本书有了完整的体现,才能如期跟大家见面。

感谢有你,感恩遇见!

图 书 推 荐

书　名	作　者
HuggingFace 自然语言处理详解——基于 BERT 中文模型的任务实战	李福林
动手学推荐系统——基于 PyTorch 的算法实现(微课视频版)	於方仁
轻松学数字图像处理——基于 Python 语言和 NumPy 库(微课视频版)	侯伟、马燕芹
自然语言处理——基于深度学习的理论和实践(微课视频版)	杨华 等
Diffusion AI 绘图模型构造与训练实战	李福林
全解深度学习——九大核心算法	于浩文
图像识别——深度学习模型理论与实战	于浩文
深度学习——从零基础快速入门到项目实践	文青山
AI 驱动下的量化策略构建(微课视频版)	江建武、季枫、梁举
LangChain 与新时代生产力——AI 应用开发之路	陆梦阳、朱剑、孙罗庚 等
自然语言处理——原理、方法与应用	王志立、雷鹏斌、吴宇凡
人工智能算法——原理、技巧及应用	韩龙、张娜、汝洪芳
ChatGPT 应用解析	崔世杰
跟我一起学机器学习	王成、黄晓辉
深度强化学习理论与实践	龙强、章胜
Java＋OpenCV 高效入门	姚利民
Java＋OpenCV 案例佳作选	姚利民
计算机视觉——基于 OpenCV 与 TensorFlow 的深度学习方法	余海林、翟中华
量子人工智能	金贤敏、胡俊杰
Flink 原理深入与编程实战——Scala＋Java(微课视频版)	辛立伟
Spark 原理深入与编程实战(微课视频版)	辛立伟、张帆、张会娟
PySpark 原理深入与编程实战(微课视频版)	辛立伟、辛雨桐
ChatGPT 实践——智能聊天助手的探索与应用	戈帅
Python 人工智能——原理、实践及应用	杨博雄 等
Python 深度学习	王志立
AI 芯片开发核心技术详解	吴建明、吴一昊
编程改变生活——用 Python 提升你的能力(基础篇·微课视频版)	邢世通
编程改变生活——用 Python 提升你的能力(进阶篇·微课视频版)	邢世通
编程改变生活——用 PySide6/PyQt6 创建 GUI 程序(基础篇·微课视频版)	邢世通
编程改变生活——用 PySide6/PyQt6 创建 GUI 程序(进阶篇·微课视频版)	邢世通
Python 语言实训教程(微课视频版)	董运成 等
Python 量化交易实战——使用 vn.py 构建交易系统	欧阳鹏程
Python 从入门到全栈开发	钱超
Python 全栈开发——基础入门	夏正东
Python 全栈开发——高阶编程	夏正东
Python 全栈开发——数据分析	夏正东
Python 编程与科学计算(微课视频版)	李志远、黄化人、姚明菊 等
Python 游戏编程项目开发实战	李志远
Python 概率统计	李爽
Python 区块链量化交易	陈林仙
Python 玩转数学问题——轻松学习 NumPy、SciPy 和 Matplotlib	张骞
仓颉语言实战(微课视频版)	张磊
仓颉语言核心编程——入门、进阶与实战	徐礼文
仓颉语言程序设计	董昱

书　　名	作　　者
仓颉程序设计语言	刘安战
仓颉语言元编程	张磊
仓颉语言极速入门——UI 全场景实战	张云波
HarmonyOS 移动应用开发(ArkTS 版)	刘安战、余雨萍、陈争艳 等
openEuler 操作系统管理入门	陈争艳、刘安战、贾玉祥 等
AR Foundation 增强现实开发实战(ARKit 版)	汪祥春
AR Foundation 增强现实开发实战(ARCore 版)	汪祥春
后台管理系统实践——Vue.js＋Express.js(微课视频版)	王鸿盛
HoloLens 2 开发入门精要——基于 Unity 和 MRTK	汪祥春
Octave AR 应用实战	于红博
Octave GUI 开发实战	于红博
公有云安全实践(AWS 版·微课视频版)	陈涛、陈庭暄
虚拟化 KVM 极速入门	陈涛
虚拟化 KVM 进阶实践	陈涛
Kubernetes API Server 源码分析与扩展开发(微课视频版)	张海龙
编译器之旅——打造自己的编程语言(微课视频版)	于东亮
JavaScript 修炼之路	张云鹏、戚爱斌
深度探索 Vue.js——原理剖析与实战应用	张云鹏
前端三剑客——HTML5＋CSS3＋JavaScript 从入门到实战	贾志杰
剑指大前端全栈工程师	贾志杰、史广、赵东彦
从数据科学看懂数字化转型——数据如何改变世界	刘通
5G 核心网原理与实践	易飞、何宇、刘子琦
恶意代码逆向分析基础详解	刘晓阳
深度探索 Go 语言——对象模型与 runtime 的原理、特性及应用	封幼林
深入理解 Go 语言	刘丹冰
Vue＋Spring Boot 前后端分离开发实战(第 2 版·微课视频版)	贾志杰
Spring Boot 3.0 开发实战	李西明、陈立为
Spring Boot＋Vue.js＋uni-app 全栈开发	夏运虎、姚晓峰
Dart 语言实战——基于 Flutter 框架的程序开发(第 2 版)	亢少军
Dart 语言实战——基于 Angular 框架的 Web 开发	刘仕文
Power Query M 函数应用技巧与实战	邹慧
Pandas 通关实战	黄福星
深入浅出 Power Query M 语言	黄福星
深入浅出 DAX——Excel Power Pivot 和 Power BI 高效数据分析	黄福星
从 Excel 到 Python 数据分析：Pandas、xlwings、openpyxl、Matplotlib 的交互与应用	黄福星
云原生开发实践	高尚衡
云计算管理配置与实战	杨昌家
移动 GIS 开发与应用——基于 ArcGIS Maps SDK for Kotlin	董昱